HISTORY OF INFORMATION

資訊大歷史

吳大猷科普寫作獎得主

吳軍

資訊是不確定性的辨析度。

——克勞德・向農

目錄

第二編
自覺時代

推薦序一

我們不預測未來，我們創造未來

本文作者為中國工程院院士　鄔賀銓

今天，我們生活在資訊技術時代。能夠稱為一個時代，不全是因為它有著以摩爾定律命名的每十八個月處理能力加倍的發展速度，摩爾定律是一九六五年提出的，但那時還不能稱為「資訊時代」，我更願意用資訊技術產品普及程度來衡量一個時代。得益於摩爾定律持續作用的效果，二〇一九年底，全球行動通信普及率超過百分之一百零八，全球接入網際網路的家庭超過百分之五十七，資訊化已廣泛滲透到社會生活的方方面面。

資訊的內涵本來與承載它的方式無關，只有當以電磁波的方式來承載時，加速了資訊的傳播，才會對社會經濟的貢獻越來越大，而我們所感受到資訊呈現的業態也才會演進得越來越快。從一八四四年開始，商用電報持續了一百多年，從一八七六年發明固定電話到現在有一百二十多年了，網際網路從發明到現在才五十年，而行動通信從發明到現在還不到四十年，網際網路與行動通信的普及率及其發展速度，遠超過電報與電話。

資訊技術的發展是否有其物理極限？摩爾定律是否已走到盡頭？網際網路還會發展成什麼樣？行動通信的未來是什麼？這些都是大眾關心的問題。這本書雖然不直接回答這些問題，但通過回顧資訊技術發展的歷程，可以開拓我們思考的空間，展望資訊技術發展的前景，使我們能體會到資訊技術呈現的模式不會停止，創新的前路永遠是開放的。更重要的是，這本書透過介紹資訊技術發展史上做出卓越貢獻的大師，再現了他們於一步步創新之路上所累積的問題的驅動、思想的火花、執著的追求和不懈的努力，讓讀者體會到，這些才是創新者走向成功的共同要素。

對於一個多世紀資訊科技的發展特點，吳軍先生做了這樣的總結——用更少的能量，傳遞、處理和儲存更多的資訊。這是對資訊科學、技術和產業通俗而準確的概括，它讓我們可以準確判斷未來哪些技術和產品是符合資訊科學發展趨勢的，哪些是我們需要避免的誤區。

吳軍先生有著在國內外知名資訊技術公司工作的經歷，善於觀察，勤於學習，精於思考，近年來潛心研究科學發展史特別是資訊技術發展史，已發表《數學之美》、《浪潮之巔》、《文明之光》、《大學之路》、《矽谷之謎》、《智能時代》等多部暢銷書，深受讀者的喜愛。他的新作《資訊大歷史》秉承上述著作的寫作風格，以故事的方式描述事件，不僅寫實，而且可從中透視研究探索本來的曲折與多彩，過程不乏柳暗花明，但又順理成章，靈機一動的背後是多年積累才能達到的水到渠成。這些故事情節生動，引人入勝，彷彿資訊技術大師與我們正在近距離對話。

同時，這本書對技術講解的深淺把握到位，抽象的資訊理論用通俗的文筆表述又不失嚴謹，將哲理融入歷史則豐富了這本書的內涵，從中我們不僅能夠了解技術原理，還可以學習思考和解決問題的方法。在強調自主創新的今天，每一個科技行業的從業者，每一位相關的上級主管都需要瞭解資訊的歷史，瞭解這個行業科技和產業興起與發展的內在原因和動力。因此，《資訊大歷史》的出版恰逢其時，為我們認識這個領域的規律提供了線索和指南。

現在工業網際網路和智慧社會的建設為資訊技術的發展開拓出更廣闊的空間，其未來將更加精彩。網際網路界有一句名言：「我們不預測未來，我們創造未來。」期待更多的有志之士能夠投身資訊化的大潮，續寫《資訊大歷史》的新篇章！

推薦序二

資訊時代，每個人的必修課

本文作者為中國工程院院士、清華大學教授 鄭緯民

我非常高興為吳軍的《資訊大歷史》一書作序。作為吳軍在清華大學讀書時畢業設計的指導教師，我非常高興看到他這些年事業有成，並且能夠不斷寫出佳作。《資訊大歷史》一書通過述說資訊前世今生的故事，揭示了資訊技術發展的規律。

我和今天每個人一樣，都有幸見證了資訊革命。正是因為有資訊革命，我們才得以過上人類歷史上最好的生活，也正是因為趕上了資訊革命的浪潮，中國才在短短四十年間完成了西方國家兩百多年才得以完成的現代化歷程，並且給了今天無數青年人自身發展的機會。因此，我們每個人都有必要瞭解資訊技術，瞭解它的本質和發展規律。

我們通常理解的資訊革命始於二十世紀六〇年代，特別以一九六五年摩爾博士提出了著名的摩爾定律為標誌。對於摩爾定律，大家並不陌生，因為我們每個人今天的生活都受益於此。當每過十八個月，和電腦相關的產品性能翻番時，很多原來想都不敢想的事情變成了可

能。三十多年前，當吳軍還是一個在我們實驗室做課程設計和畢業設計的學生的時候，能夠每秒鐘完成一億次計算的電腦在世界上都屬於超級電腦了，價格超過當時一架小型噴氣式飛機；二十年前，我主持研製清華集群計算機系統時，我們已經將超級電腦的性能提升了上萬倍；今天，任何一款智慧手機的計算、存儲和網路傳輸能力，都遠遠超過三十年前的超級計算機，而最快的電腦則能在一秒內完成萬億億次的計算。正是因為資訊技術以如此高的速度進步，才使全社會資訊化和智慧化得以實現。

對於這段歷史大家都感同身受，但是資訊技術何以能夠如此快速發展，它今後會遵循什麼樣的發展規律，這是很多人不清楚的，也是我讀這本書最感興趣的地方。資訊科學和技術發展的歷史可以大致分為兩個階段——一九三六年圖靈提出可計算性理論和一九四八年向農提出資訊理論之前的「自發階段」，以及之後的「自覺階段」。在資訊科技發展的早期雖然出現了電報、電話、無線電、錄音錄影等近現代資訊技術，有了摩斯編碼、早期密碼學、載波通信、布林代數等和資訊相關的理論，但是人們對資訊科技的規律缺乏本質上的了解，以致於很多成功具有很大的偶然性，並且要以大量失敗為代價。比如，特斯拉在無線通訊上的失敗，巴貝奇在計算機上的失敗，都是因為缺乏理論指導所致。至於在資訊保密等方面的失敗，則更是家常便飯。

到了二十世紀中期，特別是二戰後資訊理論的成熟，為資訊技術發展以及產業形成奠定了基礎，此後的階段可說是資訊科技史上的「自覺階段」。科學家和工程師所做的事，其實就是在圖靈和向農等人理論的指導下，有目的地不斷尋找新方法，改進技術，採用新的工藝。由於避免了很多不必要的失敗，成功才成為這個領域的常態。瞭解了資訊科技發展的這段歷史，我們就會明確今後應該如何努力了。

今天，人們習慣於用摩爾定律來概括資訊技術和產業發展的規律。一個技術、一個行業能夠在半個多世紀裡按照翻番的速度發展，這是人類史上的第一次。為什麼在歷史上只有資訊產業能夠做到這一點，《資訊大歷史》一書中給出了答案。

首先，在資訊產業中原材料成本的占比非常低，它們不過是沙子和銅線，在這個產業中有價值的，是附加在廉價材料上的技術；其次，是工程師有意識地按照摩爾定律規定的速度發展新技術、採用新技術，才使得這個行業能夠幾十年保持高速成長。這其實也在做事方法上啟發了我們每一個人，那就是重視技術，同時要不斷學習新的技術。作為一個在資訊領域奮鬥了五十年的科研人員，我對此深有感觸。在這個領域，任何人都需要終身學習，接受新思想，否則就會落伍。

至於今後摩爾定律是否會失效，《資訊大歷史》一書也給出了答案，那就是今後需要朝著用更少的能量，傳輸、處理和存儲更多的資訊方向發展。沿著這個思路往前看，資訊領域發展的空間依然非常巨大。實際上，用更少的能量，傳輸、處理和存儲更多的資訊，也是對摩爾定律的另一種詮釋。書中用了一個很形象的例子來說明能量和資訊的關係：如果我們採用一九四六年埃尼亞克（ENIAC）的技術實現二〇一六年的電腦AlphaGo（阿爾法圍棋）的功能，需要消耗數百萬個三峽發電站的發電量，而今天，它所消耗的僅僅是一棟樓的用電量而已。

對於能量和資訊的關係，我作為一位計算機行業資深的研究人員深有體會。早在二〇〇二年，我主持研發高性能嵌入式CPU（中央處理器）——THUMP107，就是在保證與當時主流處理器同等處理能力的前提下，將處理器的功耗降低了很多。我相信今後這將是資訊產業發展的方向，特別是在萬物互聯（IoT）興起之後，資訊產業追求的將是同等能耗下處理和存儲能力的提升，而不是簡單追求高性能。

要把近兩個世紀資訊科技的歷史寫清楚，不是件容易的事情。所幸的是，吳軍在這方面做得很出色，這本書寫得通俗易懂，妙趣橫生。這一方面是因為他具有豐富的個人經歷，另一方面也得益於他在清華大學讀書時注重文理兼修。吳軍從清華大學計算機系畢業之後，先後從事過語音辨識和人工智慧領域的科研工作，並且長期在工業界擔任科研主管，有著良好的理論基礎和業界經驗。他的這本《資訊大歷史》具有很強的邏輯性，並且對現象背後的規律性進行了全面總結和深刻分析。

今天，我們正在經歷從過去那種科技含量較低的發展模式，朝向以技術為驅動的發展模式的轉變，正在從過去工業社會，朝向智慧化的社會轉型。在這樣的關鍵時期，我們特別需要看《資訊大歷史》這樣的好書。可以說，它是一本相關領域的管理階層、產業研究人員和從業者的必讀著作，因為它能讓我們在制定產業政策和選擇發展方向上具有超越時代的視野。對於一般讀者，它能夠幫助大家更有效率地了解資訊、資訊科技和資訊產業，在新的時代找到自己的位置。在這裡，我鄭重地將它推薦給相關領域的主管們、科技從業者，以及廣大的讀者朋友。

前言

資訊時代的底層邏輯

我們生逢資訊社會，需要對資訊有所瞭解。然而不同於農耕時代的穀物，或者工業時代的鋼鐵，資訊是看得見卻摸不著的東西。對於穀物和鋼鐵，我們可以從數量上衡量它們的多寡，同時度量相應的地區和文明的發達程度，但是資訊不同，我們很難度量它們。即便我們能夠度量它們，似乎也不能把它們直接和財富、經濟發展或者生活水準掛鉤。因此，我們雖然人人生活在資訊時代，卻很少有人能說明白資訊是什麼，它又是如何決定和影響我們的生活。這便是促使我寫《資訊大歷史》一書的原因。

要理解資訊，可以從以下三個方面入手。

什麼是資訊

七十多年前，我們這個星球上最聰明的一些頭腦，時常聚集在紐約最古老的比克曼酒店討論後工業時代的科學問題，其中包括馮．紐曼、圖靈、維納和向農等人。資訊的本質是大家討論的熱門話題。雖然有些科學家依然將資訊和其中所包含的具體涵義互相關聯，但是向農卻開宗明義告訴大家，所謂資訊的涵義根本不重要，它的表現形式（比如文字、圖形或聲音）更不重要，甚至很多資訊本身就沒有涵義。所謂資訊，不過是對一些不確定性的度量。而資訊的意義就在於，它能夠消除一個藏在黑盒子裡未知世界的不確定性，從而達到瞭解它的目的。用這種方式認識世界，是資訊時代最根本的世界觀和方法論。

自從人類進入文明社會以來，能量和資訊就是衡量我們這個世界文明程度的硬性標準。一種文明能夠開發和利用的能量越多，文明水準就越高；同樣的，一種文明能夠創造、使用和傳輸的資訊越多，手段越有效，文明水準就越高。中國古代文明能夠在長達上千年的時間裡在世界上維持較高的水準，和便宜的紙張、普及的印刷術有很大的關係。

進入十九世紀之後，電的使用催生出近代的資訊產業，而我們能夠說得出對人類影響最大的那些發明和創造，大半都和資訊有關，包括電報、電話、電影、無線電、大眾傳媒、電腦、行動通信、衛星技術、網際網路等。自那時開始，資訊技術的發展史就可謂半部技術和商業的進步史，資訊可說是帶動經濟和社會發展的火車頭。

今天，我們已無法想像每天的生活如果離開了資訊或資訊技術，會是什麼樣子。二〇一八年，世界上製造出來的積體電路晶片首次超過了一萬億片，它們廣泛存在於各種生活用品之中，幫助我們進行生產和提供服務，替我們節省了許多體力和腦力。如今，我們對整個社會的管理，對經濟生活的維持，都是在上萬億片晶片的幫助下完成的。而這些晶片的背後，則是流動的資訊。

資訊技術的本質

理解了資訊是什麼，我們或許應該更進一步瞭解資訊技術的本身，以便在日常工作學習中更有效率地收集和利用資訊。

資訊技術從本質上來說，大致涵括了資訊的傳輸、處理和存儲技術。電報、電話、手機通信和網際網路，都是傳輸資訊的手段，電腦和各種控制系統則是處理資訊的工具，紙張、膠捲、磁帶、光碟、半導體存儲器，則是存儲資訊的媒介。全世界資訊技術的發展，都是遵循著「用更少的能量傳輸、處理和存儲更多的資訊」這條主線來進行的。

我們知道，電報比「六百里加急」（古代驛站傳送資訊的方式）快，電話傳輸的資訊比電報多，網際網路則更方便而有效。其實，從本質上來說，這些進步都可以看成單位能耗所傳輸資訊量的提高。在行動通信中，從1G（第一代行動通信技術）到5G（第五代行動通信技術），單位能耗的資訊傳輸率提高了五個數量級[1]左右，這就是通信發展的根本趨勢。

處理資訊也是如此。儘管一九四六年世界上第一台電子計算機埃尼亞克耗電量高達一百五十千瓦，但是進行一次計算依然比機械計算機更能節省能量。二〇一六年，谷歌的AlphaGo在圍棋比賽中戰勝了世界冠軍的九段棋手李世石，如果用埃尼亞克的技術來實現AlphaGo的計算量，需要消耗掉四百萬個三峽發電站的峰值發電量。同樣地，在資訊存儲方面，今天一台伺服器就可以存下世界上最大的圖書館——美國國會圖書館紙質媒體上的全部內容。這就是技術進步，而且進步的速度比起資訊時代到來之前加快了許多。

今天，每個人對摩爾定律幾乎都不陌生，它道出了資訊產業高速發展的規律。但很多人擔心，當半導體積體電路技術達到物理的極限水準，未來的世界該如何發展。其實，我們的

1 編按：數量級是指數量的尺度或大小的級別，每個級別之間保持固定的比例。通常情況下，數量級指一系列十的冪（次方），即相鄰兩個數量級之間比為十。例如説兩數相差三個數量級，其實就是説一個數比另一個大一千倍。

世界依然會依循著用更少能量傳輸、處理和存儲更多資訊的趨勢繼續演進。二〇一七年，谷歌和輝達推出了人工智慧晶片，用於機器學習。這些晶片單位能耗的計算速度比英特爾的處理器要快上千倍，儘管那些晶片的複雜程度相比後者並沒有提高。

資訊的歷史

這本書述說的是資訊的歷史，它的起點是摩斯發明電報碼。我們之所以選擇這件事作為起點，而非更早的一些事件——比如文字的起源和印刷術的發明——不僅因為電報是第一項近代的通信技術，更因為它和我們今天理解的資訊有較大的相關性。或者說，我們今天用到的很多資訊技術，比如資訊編碼技術、資訊傳輸技術，都和電報有承襲性。因此，對電報的瞭解，可以幫助我們理解今天技術發展的脈絡。

資訊的歷史大致可以分為兩個階段——「自發時代」和「自覺時代」，而劃時代的代表人物是向農。在向農（Claude Elwood Shannon）之前，雖然人類有了電報、電話、無線電、電視機與機械電腦等資訊技術的成就，但是人類並不瞭解資訊的本質和它的規律，因此依然處在黑暗中摸索的階段，那時候的成功有著很大的偶然性。如特斯拉和巴貝奇這樣的天才，他們完全無法明白自己的很多努力其實完全走錯了方向。特斯拉的競爭對手馬可尼與其說比特斯拉水準更高，不如說比他更加幸運。由於不瞭解資訊的本質，有時甚至還會受丟失資訊和相信錯誤資訊之害。因此，這個階段還只能被稱為資訊科技發展的「自發時代」。

在向農之後，從資訊的角度來看，整個世界為之一變。向農用一個被稱為「熵」的概念和三個非常簡潔的定律，描述了資訊科學的本質——這些就是我們今天所說資訊理論的核心。此後資訊科學和工程的發展，其實都是在向農資訊理論的指導下進行的，人類從此幾乎沒有再犯過什麼大的錯誤，也沒有走太多的彎路。

從1G到5G行動通信的發展，無非是工程師按照向農第二定律指出的方向，根據各個時代能夠獲得的技術，對資訊編碼和傳輸技術進行持續改進而已。在第二次世界大戰之後，世界上沒有再發生過災難性的密碼被破譯的事件，這很大程度要感謝向農道出了資訊加密的本質，即在雜訊通道中的通信問題。因此，從那時到今天，可稱為資訊科技發展的「自覺時代」。

在資訊的歷史上，一方面我們會看到一些極為聰明與智慧的頭腦，他們幾乎以一己之力改變了文明的發展進程。一九三六年，二十四歲的圖靈和二十歲的向農分別解決了使用機器處理資訊的兩個基礎理論問題，促成了後來電腦的誕生。從摩斯開始，這種宛如超新星爆發的時刻時有發生，那些歷史讀起來讓人盪氣迴腸，也構成了本書很重要的一部分。但是，另一方面，資訊科學和產業的進步，則是很多科學家和工程師共同努力的結果。從1G到今天的5G，我們很少能聽到某個特殊貢獻者的名字，但是我們今天每一個人都在享受著這個行業從業者們的貢獻。同樣地，雖然我們把描述資訊產業規律的定律以摩爾的名字命名，但真正讓這個產業在半個多世紀輪番增長的原因，卻是英特爾等公司默默奉獻的工程師們。

我們希望這本書可以幫助大家進一步瞭解資訊，瞭解資訊的歷史，這有助於我們在現今的工作和生活中利用資訊進行決策，也有助於我們理解資訊技術和經濟發展的趨勢。同時，也希望歷史上那些成功的人、成功的做事方法能夠為讀者們提供有益的借鑒和啟發，讓大家能夠事半功倍地做事，獲得可重複性的成功、可疊加式的進步。

在本書的寫作過程中，我得到了很多人的幫助。中國工程院的鄔賀銓院士和鄭緯民院士給了我極大的幫助和鼓勵，並為本書撰寫了序言。中信出版集團經管分社趙輝副社長和主編張豔霞女士為本書做了很多工作，從策劃、編輯到校對都投入了大量心血。出版社的同事楊博惠、範虹軼、王振棟等人完成了本書編輯、排版和行銷發行等工作。特別是副總編朱虹女士在這個過程中給予很多關心和指導，在此我要向他們致以最誠摯的感謝。

在本書的創作過程中，我得到了家人的全力支持，特別是夫人張彥女士協助核對了初稿，在此我也向他們表示感謝。此外，我還要感謝鄭婷女士長期以來對我在圖書出版方面的幫助。

由於本人學識有限，書中難免有這樣或那樣的錯誤和遺漏，也望讀者朋友不吝指正。

第一編
自發時代

第一章
因喪妻之痛而發明電報的畫家

一八二五年三月，一位中年人坐著長途馬車奔馳在從華盛頓到紐黑文泥濘的道路上。幾天前，他還沉浸在見到各種大場面，見到總統、侯爵和眾多社會名流的喜悅中，但現在他思緒混亂，一言不發。因為父親來信非常沉痛地告訴他，他感情篤深的妻子突然離世了。

美國東北部的冬春時節多雨雪，道路並不好走。從華盛頓出發，一天後到達巴爾的摩。因為天氣的原因，他不得不耽擱了一下。再往北，他進入上紐約和新英格蘭地區，那裡還被冰雪覆蓋著，路途也更加艱難。等他趕回家中，愛妻已經下葬，他沒能見她最後一眼。喪妻之痛，讓他好一陣子十分消沉，什麼事都不想做。但是還有三個年幼的孩子要養活，他不得不打起精神，帶著一個孩子回到他在紐約的畫室繼續工作，同時將另兩個孩子留給了父親和保姆照料。畢竟他無法兼顧工作和帶孩子。

為了忘卻喪妻之痛，他沒日沒夜地工作，一週七天，從早到晚。同時，他還和幾個同行一起創辦了美國國家設計學院（National Academy of Design），創作之餘，他開始培養藝術家。這所藝術學院今天依然維持著很高的水準，而這位創始人也被譽為美國史上最好的畫家之一。他的名字叫塞繆爾．芬利．摩斯，家裡人稱他為芬利。不過，今天他的另一個身分更為人所知——摩斯電報碼的發明人和「電報之父」。

畫家摩斯

摩斯一七九一年出生於美國麻塞諸塞州的清教徒家庭。他的父親加迪亞．摩斯是一位喀爾文派牧師，和大部分喀爾文派的信徒一樣，他的父親也相信教育能夠傳播美德。摩斯在這樣的家庭環境中成長，從小不僅受到良好教育，而且養成了做事一絲不苟的習慣。他還很小的時候，他的父親就要求他寫字一定要工整，做事情要有規矩。

十九歲時，摩斯進入父親的母校耶魯大學。那時的耶魯並不教人謀生的手段，只是進行一些通識教育。因此雖然他學的是宗教、數學和動物學，但是他靠畫畫養活自己，並且後來以此為生。一八一〇年，摩斯從耶魯大學畢業後，在英國學習了三年繪畫。在那裡，他獲准進入皇家學會，看到了米開朗基羅和拉斐爾的很多真跡。這讓他的繪畫水準有了質的飛躍，年紀輕輕，在美國已經相當有名。

那時沒有攝影，因此稍微有點錢的人都要畫師為自己畫肖像。摩斯畫一張肖像能夠收入六十至八十美元，這在當時是一個人半年的收入。而他生意最好的時候，要完成的各種合同總金額達到四千美元。一八一九年，他為當時的美國總統門羅畫肖像，獲得七百五十美元的報酬。這張肖像畫，至今依然保存在白宮。

他和沃克小姐在談戀愛時，感情就非常好。摩斯因為繪畫有時不得不離開家，兩個人就通過書信傳遞思念之情。婚後兩人在康乃狄克州的紐黑文安了家，在隨後的幾年內孩子們陸續出生。畫家這個職業收入並不穩定，摩斯運氣不好的時候，兩週只能賺上四十美元，但花費卻高達六十美元。因此，一八二五年當他贏得為法國拉法耶特侯爵畫像的合同，雖然要遠赴華盛頓，他還是答應了。畢竟紐約市答應為此給他一千美元。

塞繆爾·摩斯（Samuel Finley Breese Morse）
1791年4月27日至1872年4月2日

歷史上許多著名的科學家都是極其優秀的「斜槓青年」。發明了摩斯電碼、傾十餘年心血研製成功電報機的「電報之父」摩斯，最初的職業其實是畫家。《降落的朝聖者》（*Landing of the Pilgrims*）是他最著名的作品。他還曾是《紐約觀察者》的專欄作家，著有《外國陰謀美國的自由》一書。

拉法耶特是美國獨立戰爭期間幫助美國作戰的法軍統帥，因此美國人一直將他視為恩人。一八二四年，拉法耶特決定最後一次訪問美國，走遍美國當時全部二十四個州。當他來到紐約，紐約市出於對他的感激，決定招標為他畫一幅肖像作為紀念，市政府選中了摩斯。但是拉法耶特的行程很滿，馬上要去華盛頓，摩斯只能跟隨他前往美國首都，因為只有這樣才有機會為他畫像。當時摩斯的妻子剛剛生下孩子兩週，他雖然捨不得離開，但為了生計，還是決定前往華盛頓。

在華盛頓，摩斯參加了一系列重大的國事活動，包括門羅總統告別白宮的晚宴。除了門羅，他還見到了新當選總統亞當斯，以及在競選中輸給門羅的傑克遜將軍。傑克遜在不久前的第二次英美戰爭中全殲了英國軍隊，被譽為「美國的拿破崙」，後來也當上了總統。摩斯見到他們興奮不已，寫信告訴遠方的妻子自己的所見所聞，卻一直沒有收到回信。過了段時間，摩斯收到了父親的來信，告訴他愛妻去世的噩耗，這就有了前面的那一幕。如果他能早點收到消息，也不至於見不到妻子最後一面。

這件事促使摩斯這位美國歷史上著名的畫家，後來把全部財富和精力都用在發明一種能夠迅速傳遞資訊的設備上。不過，在一八二五年，摩斯並不知道如何讓資訊傳遞得比輪子轉動的速度更快。他的靈感來自幾年後在歐洲的經歷。

作為一名藝術家，到歐洲，特別是法國和義大利，見識人類歷史上最偉大的畫家的作品，一直是摩斯的夢想。一八二八年底，摩斯終於解決了前往歐洲的費用問題，第二次踏上歐洲大陸。雖然在這次長達三年的歐洲之行，他將大部分精力放在了研習繪畫上，但正是這次歐洲之行，讓他最終成為改變世界的人。

在法國期間，摩斯見到了已經遍及法國城市鄉村的訊號塔通信系統。早在法國大革命期間，法國發明家克勞德・查佩就發明了一種類似中國古代烽火臺那樣傳遞資訊的訊號塔。不過這種高塔不是靠煙火，而是靠巨大的機械臂來傳遞資訊。機械臂的不同姿勢，表示了不同的字母。由於訊號塔又高又大，在幾千公尺以外就能看到機械臂的姿勢。這樣一條消息就可以變成一連串機械臂的動作，透過一個個訊號塔傳遞到遠方。雖然當時還沒有資訊編碼的概念，但是用不同的機械臂動作表示不同的字母，卻是對語言和其他資訊進行系統性編碼的開始。

當摩斯在法國見到這種通信系統，它已經被法國人廣泛使用三十多年了。它不僅從法國大革命時期開始就用於傳遞重要的軍事情報，而且政府還用它發布重要訊息。比如，拿破崙就曾用它把自己兒子誕生的消息告訴整個帝國。很多美國人早已見識過這種通信系統，但是誰也沒有想過在美國建造它們。這有兩個主要原因。

首先，法國屬於地中海型氣候，晴天比較多，而且平原上大部分是一望無際的農田。美國當時的發達地區在東北部，那裡多霧多雨，不適合使用這種需要靠人眼識別機械臂動作的通信系統。其次，在全國範圍內建立高大的訊號塔成本非常高，而傳輸效率又低，一天只能傳遞幾百個字母。就連發明這種裝置的查佩都說，遠端通訊是權力的象徵。這在中央權力較大的法國可行，但在權力極為分散、講究成本和利潤的美國則完全行不通。因此，最初見到訊號塔時，並沒有引起摩斯太多的注意。他對訊號塔的評價是：「訊號塔系統比郵政好，但它不夠快，用閃電的話更好」。

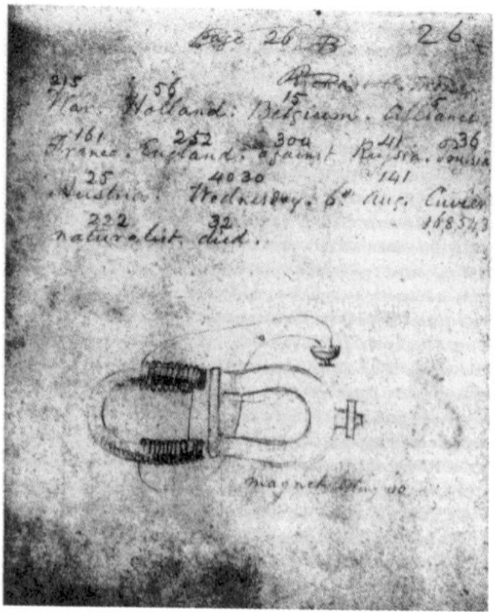

圖 1-1　摩斯在返回紐約的船上畫的電報機草圖（現收藏於史密森博物館）

摩斯並不懂電學，因此需要一個契機才能將電和資訊傳輸連結在一起，而這個契機在他返回美國的旅途中發生了。

轉眼三年過去，摩斯登船返回紐約。這是一次漫長的旅程，途中大家無事可做，只能高談闊論。一些人談論有關電磁學的話題，吸引了摩斯的注意。其中一位，大家都叫他傑克遜博士（Charles Thomas Jackson），他精通電磁學。他向摩斯展示了電磁感應現象——一塊馬蹄形的鐵塊纏繞著銅線，當銅線連上電池後，馬蹄鐵就有了磁性。摩斯被電磁學迷住了。一路上他向傑克遜學習了許多電磁學的基礎知識，開始構思發明電報機，還畫了張草圖（見圖1-1）。這張草圖保留到了今天，不過按照這張草圖，根本發不出電報。

船終於到了紐約，摩斯下船前對船長說：「用不了多久，我就會發明電磁電報了。」為什麼叫電磁電報呢？因為「電報」的英文單詞 telegraph 早就有了，它是遠端傳遞圖形的意思，並沒有「電」的涵義。摩斯後來發明的電報被稱為 electrical telegraph，這個片語的涵義才是真正的「電報」。只是後來不再使用機械臂通信，telegraph 和電報就畫上了等號。

對資訊進行編碼

從歐洲回來後，摩斯開始學習電磁學，研究起電報來。他把畫室改成了實驗室，用電池、電線做起了電學實驗。對於大部分的人來說，這個轉變似乎有點突然，但摩斯其實是個很冷靜的人。多年來他一直在考慮如何能快速地傳遞資訊，只是想不出比輪子更快的方式。他在歐洲見識到了訊號塔的效率，但覺得它在美國不實用，現在有了電，發明新的通信方式的時機到來了。

世界上有兩種發明家，一種是發明了一種現象，或者知道了一些新理論，然後試圖找到應用的方式，比如原子彈的發明就是如此。另一種是看到了一種需求，知道了一種應用場景，然後看看實現這個目的需要用到什麼理論，愛迪生以及摩斯就屬於後者。

摩斯回到美國後，先補齊了所需的電磁學知識。摩斯有非常好的數學基礎，學習電學對他來說並非難事。同時，他還是一位善於打交道的人，他結識了著名科學家亨利（Joseph Henry）。亨利是最早發現電磁效應的科學家，今天關於磁場強度的單位就是以他的名字命名的。摩斯在發明的過程中幾次碰到困難，都向亨利求教。

有了基本的電磁學知識，摩斯對前人在用電傳輸資訊方面所做的工作逐漸有了全面的瞭解。摩斯並不是第一個想到用電來傳輸訊息的人，早在十八世紀中期，就有人用二十六根導線代表二十六個字母，然後給導線的一端通上靜電（當時還沒有電池），導線的另一端就會吸引相應的小紙片。同時，另一端有個人觀察是哪個紙片被吸起來。這個實驗實際上毫無實用價值，因為靜電根本傳不遠，因此這項研究沒有下文。[1]

到了十九世紀，電池的發明和電磁感應現象的發現，使得電流可以驅動機械運動，也使得電報的出現成為可能。於是，在歐洲大批科學家試圖用電傳遞資訊，但因為他們的想法都不周全，這裡就不多說了。值得一提的是，在這些人中包括了一群大名鼎鼎的人物，比如安培和高斯，以及摩斯後來的主要競爭者——英國著名物理學家惠斯通。

歐洲科學家失敗的原因，是沒有解決好兩件事：一是如何對資訊進行編碼，二是如何保證在沒有大功率發電機的年代，僅僅靠電池供電，就能把資訊傳送到幾萬公尺以外。而摩斯的成功之處，在於他首先解決了這兩件事情。

摩斯一開始也和他的歐洲同行一樣繞了許多彎路。他總在想，英語有二十六個字母，需要二十六種傳輸方式，為此開始設計極為複雜和很難做出來的設備。摩斯在前三年裡並沒有意識到自己完全走錯了路，而是加倍努力工作，試圖研製出那些複雜的系統。但是，如果方向選擇錯了，你越努力，距離真理就越遠。

在這三年中，摩斯花光了所有的錢，毫無進展。他不得不承認，電雖然傳送速度極快，但是只能傳送最簡單的兩種訊號，就是連通和斷開。一般人如果認識到這個現實，可能就會乾脆放棄發明電報的嘗試，摩斯卻從與不同的視角來看待電通信這個問題——既然能夠讓遠方知道電路連通與斷開，那麼快速地連通、斷開五次，不就可以把數字五傳遞過去嗎？至於

1　E. A. Marland, *Early Electrical Communication*, Abelard-Schuman Ltd, London 1964,no ISBN, library of Congress 64-20875, pages 17–19.

兩位數，則可以在傳遞第一個數字之後，間隔一段時間，再傳遞第二個數字。比如下面的序列（見圖 1-2），分別代表數字五和二三，其中●表示電路連通，而◎表示電路斷開。

這種對資訊的編碼方式，實際上比中國人以畫槓表示一二三，或古羅馬人使用的羅馬數字高明不到哪裡去，但至少它是管用的，證明能夠用電傳輸數字。而能夠傳數字，就有希望傳文字。摩斯拿來一本有四萬多個單詞的通用字典，將裡面的單詞從頭到尾編號，然後用電路傳輸單詞的編號，而電路的另一端則根據編號查出對應的單詞。採用這種方式，摩斯成功傳輸了第一條資訊。

很長一段時間，摩斯想到的資訊編碼方式都是將所有資訊對應成數字。這種編碼方式其實今天依然在使用，它被稱為「向量量化」（vector quantization，VQ），即採用很短的編號來代表一組很長的資訊。比如，我們用一個九十六位二進制代表一幅圖像，或者用一百六十位二進制代表一個比特幣。摩斯在一八三七年第一次向大家展示電報傳遞資訊，採用的也是這種編碼方式。他當時成功將「注意了，宇宙」（ATTENTION，THE

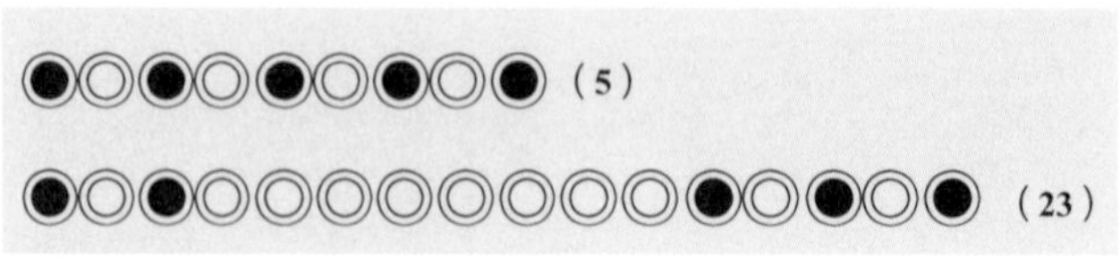

圖 1-2　摩斯設想的電路連通和斷開方式

UNIVERSE）這條資訊傳輸了十英里（約一萬六千公尺）的距離。

當然，如果摩斯的電報機最終採用了這種既缺乏靈活性、又缺乏效率的資訊編碼方式，未必能做到普及。在靈活性方面，它只適合對字典中有的詞進行編碼。如果想發送一個字典中不存在的，如「N95」這樣的代號，它就做不到了。在效率方面，傳遞數字九就要連通九次，顯然不是個好辦法，更何況為了防止將「二三」識別成「五」，中間的間隙要足夠長，稍微不留神，就識別不清楚了。所幸，摩斯當時還想到了另一種針對每個字母進行編碼的方法，這就是我們所熟知的摩斯電碼。

在摩斯電碼中，他把電路的連通方式分為短暫的接觸和長時間連通兩種。我們在諜戰片中聽到發報時總是發出「嘀嘀嗒嗒」的聲音，「嘀」就是開關的短暫接觸，「嗒」就是開關的長時間（至少是「嘀」的三倍時間）接觸。於是摩斯就用這兩種狀態對二十六個英文字母和十個數字進行編碼，這就是著名的摩斯電碼（如圖1-3所示）。

如果將這兩個操作分別對應成二進制的〇和一，那麼摩斯電碼實際上就是一種將英語文本轉換成二進制編碼的方法，比如 A 對應「〇一」，B 對應「一〇〇〇」。當時還沒有資訊理論，摩斯根據經驗發現，對經常出現的字母用較短的編碼，對不常見的字母用較長的編碼，這樣可以縮短一段資訊整體的編碼長度。可以看出，他對於英文中最常出現的兩個字母 E

和T用了長度僅為一的編碼，而對不常見的X、Y和Z等字母則採用了長度為四的編碼。對於數字，由於它們出現的次數應該是相同的，摩斯用了等長的編碼，即長度為五。

我們至今無法得知不懂得二進制編碼的摩斯是如何想出這種對字母和數字的編碼方式。傳記作家查閱了各種檔案，也沒有發現有用的線索。其中的原因可能是，摩斯當時只是將這種編碼方案作為備用方案，因此沒有做太多記錄，他甚至不知道這項發明是多麼了不起。事實上，最初在申請電報專利時，摩斯用的是給單詞編號的方案。正因為缺乏對自己想法的記

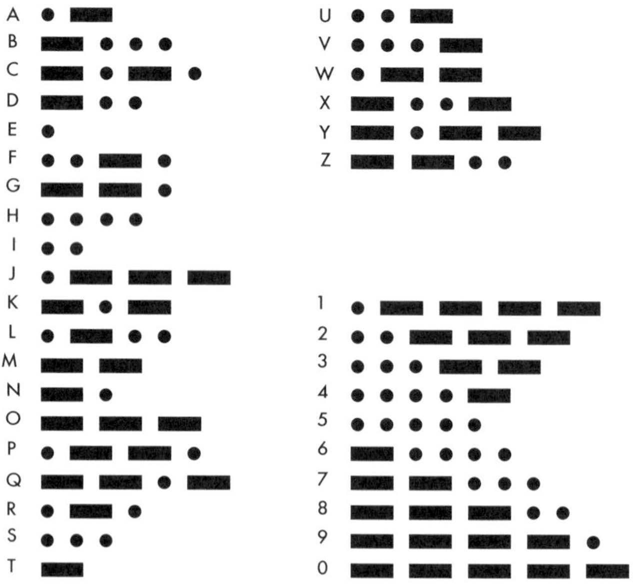

圖1-3 摩斯電碼對英文字母和數字的編碼

錄，甚至有人猜想摩斯電碼是否是他的合作夥伴韋爾（Alfred Vail）的想法。所幸韋爾在一封信中明確說明摩斯發明了一種給字母編碼的方法，後人才毫無疑義將這項發明歸功於摩斯。

摩斯的編碼方法並不是解決用電傳遞資訊的唯一方法，因為對同一種資訊的編碼，可以有很多種方案。這沒有對錯之分，但有好壞之別。正如世界上大部分發明都有替代方案，在摩斯的年代還出現過一些相互競爭的替代方法。比如惠斯通（Charles Wheatstone）和庫克（WilliamCooke）發明的「五指針」編碼方式。他們把二十個英文字母排成兩個三角形，然後用電磁場控制五根指針上下或左右的方向。這五根指針方向的組合可以確認二十個英文字母中特定的一個（如圖1-4所示）。

大家不必糾結於惠斯通和庫克的編碼方法是如何工作的。從圖1-4中，你馬上能得到一個印象，就是它很難理解，而且能表達的資訊有限。比如字母表中有六個字母就表達不了，更不用說數字了。其他編碼方法，包括摩斯原本更看好的對單詞編號的方法，

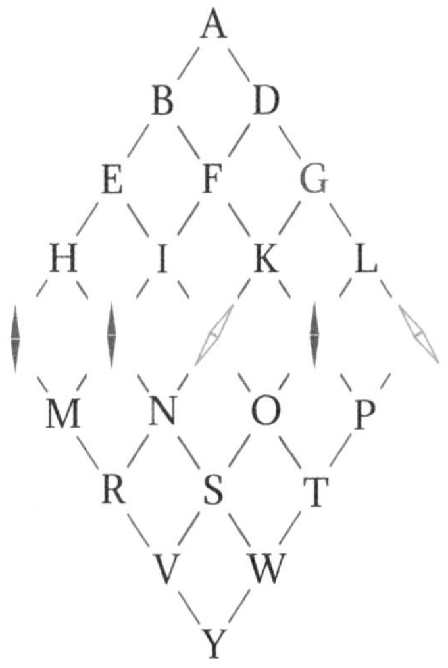

圖1-4　惠斯通和庫克的五指針電報編碼方式

在電報這種特殊的限定條件下，都不如基於二進制的摩斯電碼。因此，其他編碼不是根本沒成功，就是後來被淘汰了。

摩斯電碼能夠普及的最後一個重要原因，是摩斯為這種電碼發明了一套非常便於操作的接收裝置。早期的各種電通信都需要在接收端有個人盯著接收裝置，記錄發送的訊號。這種做法顯然不實用，因為接收者一旦不留意，資訊就丟失了。摩斯的第一代發報機也是這樣工作的，它使用的是把電火花作為接收訊號。在接收端的人要根據是否有火花判斷傳輸的是「〇」還是「一」。

一八三八年，摩斯發明出點線發報機。這個裝置頗為巧妙，當發報人將電路短暫連通後（也就是發出一個「嘀」），接收裝置上的紙帶就往前挪一小格，同時有油墨的滾筒就在紙帶上印出一個點。當電路連通較長時間後，接收裝置上的紙帶就往前移動一大段，同時油墨印出一段較長的線。這樣接收人就不需要目不轉睛盯著接收裝置，他可以隨時取走接收紙帶，根據上面的油墨印跡所對應的摩斯電碼轉譯電文。

由此可見，一項技術得以普及，是由諸多因素來決定的，只有各種相關條件都具備時，發明才能算真正地完成。

「上帝創造了如此的奇蹟」

摩斯不僅發明了電報編碼方法，而且還讓電報實現了城際通信。在他之前，所有的實驗方案都只能傳送幾千公尺；如果是這樣，即使想從北京發電報到天津，也是不可能的事。

早期電報傳不遠的原因是電壓不足。那時還沒有發電機，電信號的傳輸只能靠電池，再加上當時的銅導線純度不高，電阻很大，本來就不高的電池電壓，大部分都消耗在了導線上。摩斯一開始只用了一節電池，電訊號根本傳不遠，只能傳十幾公尺，還不如直接喊話來得痛快。

一八三五年，摩斯找到了紐約大學化學教授蓋爾（Leonard Gale）做合夥人。兩個人一起努力解決了這個問題。蓋爾雖然不是學電學的，但是他有很強的學習能力和研究水準，知道應該從哪個方向入手解決問題。為了研製電報機，他很快掌握了亨利的電磁學理論。當摩斯總是無法讓電報機的接收端工作時，蓋爾找到了原因——電壓不夠。於是，蓋爾建議把二十個電池串聯成一個電池組，形成二十倍的電壓，同時把接收端的電感線圈多纏繞幾圈，好讓大部分電壓降在接收端，而不是導線上。這個方法果然見效，電訊號的傳輸距離很快超過了三百公尺。至此，摩斯和蓋爾終於成功地使用電實現了「遠距離」傳輸資訊。一八三七年九月二日，摩斯和蓋爾在紐約大學第一次向大家展示了他們的發明——將電訊號傳遞了五百多公尺。當時正在美國訪問的牛津大學教授、皇家學會會員多布尼（Charles Daubeny）見證了這個歷史時刻。

第一次成功之後，摩斯信心倍增。兩個月後，他和蓋爾把傳輸距離增加到十英里。一八三八年一月六日，摩斯在新澤西的一家鋼鐵工廠展示了電報裝置。摩斯寫信給美國政府和國會，表示利用電，能夠建造全國範圍的通信系統，而且比法國訊號塔更有效、更便宜。但是當時的政府和國會對這項技術的實用性頗為懷疑：十英里可以，那麼一百英里、幾百英里以後呢？顯然，進行更遠距離的傳輸，光靠增加電池數量是不夠的。

大部分發明家在發明過程中能享受到的成功喜悅是短暫的，因為他們的大部分時間都要來應付永遠都解決不完的問題，摩斯也一樣。在沒有政府資助的情況下，他花光了自己的錢，那年又趕上經濟危機，眼看發明工作就要進行不下去了。這個時候，通常會有一位救星登場。這一次摩斯的救星是我們前面提到的三十歲的年輕人韋爾。

不知什麼原因，當時大學剛畢業的韋爾在學校看了摩斯的演示，對電報產生了濃厚的興趣。摩斯決定用一些股份換得韋爾為他工作。當然，他看上韋爾的另一個原因，是韋爾家裡有一個鐵廠，能夠給他們提供一些資助。果然，在韋爾家人的幫助下，摩斯算是暫時渡過難關。解決了財務危機後，摩斯和韋爾開始解決城市之間的通信問題。當時的電通信只能將資訊傳輸非常有限的距離，那麼能否將長距離通信變成很多的短距離通信，然後中間自動轉發呢？當時已經有了繼電器，即通過電磁鐵，而不是通過人連通或者斷開一個電路。

利用繼電器，摩斯和韋爾發明了中繼器（見圖1-5），也就是用第一個電路控制第二個電路的開關，再用第二個電路控制第三個電路的開關，並且每個電路都有自己的供電電源。這樣，每個電路只需要將電訊號傳遞有限的距離，很多這樣的電路在繼電器的連接下，就可以實現資訊的遠端傳輸。

中繼器的發明，不僅解決了資訊的遠端傳輸問題，也讓摩斯的電報設計方案變得完整，而且為後來利用資訊控制機械操作提供了思路。

在發明電報的過程中，摩斯向美國專利局遞交了專利申請。考慮到這項發明將來可能會對全世界產生影響，一八三八年，摩斯專門跑到歐洲申請專利並推廣這項技術，但遭到了冷落。在英國，因為惠斯通和庫克等人已經開始發明類似的通信工具，英國人直接拒絕了摩斯的申請。

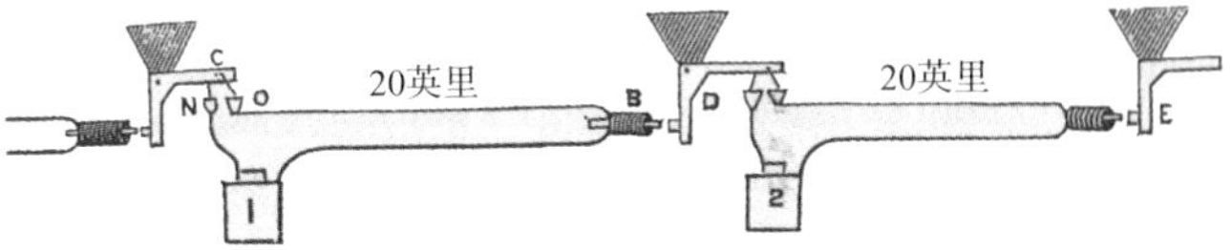

圖1-5 摩斯和韋爾電報專利中的中繼器示意圖

在法國，摩斯雖然獲得了專利，但是當他向法國政府展示這項發明，負責評估的朱爾斯・蓋伊特博士對此嗤之以鼻，認為這就是幾根破銅線，做不了什麼大事。在法國人心中，靠幾根電線搭起來的簡單設備，自然無法和高大的訊號塔相比。在技術進步的過程中，如果原先的技術應用發展得很成熟，新的替代技術在開始出現時，常常會受到冷落。在法國，訊號塔已經使用了近半個世紀，通信網路遍佈全國，人們自然不願意承擔風險，接受一種前途未卜的新技術。

不過，在法國的鄰國普魯士，參與軍隊後勤工作的毛奇將軍（Helmuth Karl Bernhard von Moltke）卻意識到這種新技術將在未來的戰爭中發揮巨大作用。後來，毛奇將國家的軍事戰略建立在鐵路和電報基礎之上，提出了著名的毛奇外線戰略，並且一舉打敗法國。這當然是後話了，因為當時摩斯還需要證明電報真的能實現城際通信。

有了全套的技術，只是真正實現城際電報通信的第一步，架設幾萬公尺長的城際電報線對個人來說是浩大的工程，需要大量資金。為了做成這件事，摩斯努力多年，他不斷宣傳這項技術的用途，但是沒證明城際通信可行之前，大家並不願意投資他。這就陷入了一個先有雞還是先有蛋的因果困境。最終，摩斯只得再次向過去不看好他的美國國會求助。一八四三年，他在一些朋友的幫助下向國會提出申請，希望獲得三萬美元的資金，建設從華盛頓到巴爾的摩約四十英里（約六萬四千公尺）長的電報線。

這一次，國會經過激烈辯論，批准了摩斯的計畫。時任美國專利局局長的艾爾斯沃斯是摩斯的同學，他的女兒安妮把這個好消息在第二天告訴了摩斯。摩斯高興地對她說，是妳為我帶來了這個好消息，等到電報開通的那天，妳可以選擇發出的第一條資訊。安妮說，那就發送「上帝創造了如此的奇蹟」！[2]

一年後，摩斯從國會大廈向巴爾的摩發送出這條資訊。至此，人類第一次實現了光速的通信。一百二十年後，人類在第一次實現衛星通話，所發送的第一條資訊也是「上帝創造了如此的奇蹟」。當然，這個奇蹟並非上帝創造的，而是摩斯和他的合夥人蓋爾、韋爾，以及曾經幫助過他的亨利教授創造的。

縱觀歷史，總會有些人在關鍵時刻站出來，改變人類的發展進程。有意思的是，這些人並不一定一開始就是最有資格起到這種作用的人。如果我們回到當時，很難在眾多可能創造奇蹟的人中注意到摩斯。他既不是掌握最新技術的科學家，或者善於製作設備儀器的工程師，也不是有足夠資本的商人。當時的人可能更會覺得摩斯不過是一個有著和身分不符的幻想的

---

2 「上帝創造了如此的奇蹟」（What hath God wrought）語出《聖經》。

人。但是，摩斯還是站了出來，冒著失去一切的危險，投入發明統治了人類通信半個多世紀的電報中。他有著很多人都不具備的特質——對新知識的渴望，對工作的狂熱，以及堅定甚至固執的信念。最終，他成為對電報貢獻最大的人，是當之無愧的「電報之父」。

摩斯後來獲得了巨大的榮譽。但是，和幾乎所有重大發明一樣，當這項發明普及後，關於發明權的爭議也隨之而來。就在摩斯申請電報發明專利後不久，他收到了與他同船從歐洲返回的傑克遜的來信，對方要求獲得屬於他的那一份發明榮譽。摩斯堅決回絕了傑克遜的要求。對於摩斯的這個做法，公眾並沒有異議，但是，對於多次幫助過他的亨利教授是否應該共用榮譽這個問題，大家卻有很大的爭議。

約瑟夫．亨利（Joseph Henry）是在電磁學發展歷史上佔有一席之地的科學家。如果不是因為當時美國科學家和歐洲同行交流較少，人們歸功於邁克爾．法拉第在電磁學上的很多發現，其實應該以他為濫觴。

亨利很早就解決了電報的一些關鍵技術問題，比如中繼器。只是他對發明毫無興趣，也沒有提出電報的設計方案，因此當同事建議他申請專利，他都未加理會。而當摩斯經常在遇到技術難題求助於亨利，亨利給予了無償的幫助。後來摩斯在申請國會資助時請亨利幫他寫推薦信，亨利一方面回覆摩斯這只是個實用的新型發明，但另一方面，他也建議了國會支持摩斯的發明。

一八四五年，已經功成名就的摩斯和合夥人韋爾出版了《美國電磁電報》（*The American Electro-Magnetic Telegraph*）一書，敘述了美國電磁電報的發展史，卻沒有提及亨利的貢獻。這件事讓亨利不滿，他聲稱自己才是電報的真正發明者。摩斯對此也感到不滿，雖然他曾經匿名撰文讚揚過亨利，但是他到死都沒有在公開場合提起過亨利在電報上的貢獻。一場功名之爭讓兩個朋友從此形同陌路。摩斯和亨利所爭的其實不是利益，而是榮譽，或者說，是面子。雖然兩人在內心都認可對方，但為了面子而不肯服軟，在這方面，他們與一般人沒有什麼區別。

相比同時代的類似發明，摩斯的電報系統要完美得多，以至全世界對此有興趣的商人和發明家紛紛放棄了其他可能的替代方案，專注於對摩斯電報的改進。這使得電報技術迅速完善，並且在世界各地得以推廣。一八五八年，歐洲一些國家為了感謝摩斯為人類帶來的偉大發明，聯合籌款發給摩斯一筆高達四十萬法郎的獎金。

開啟資訊科學

在摩斯的年代，絕大部分利用電線傳輸資訊的努力都失敗了。這裡面有一個主要原因，就是缺乏對資訊技術的瞭解，因此大家都處於盲目狀態。在人們的印象中，當時最有「資格」發明電報（或者廣義上說發明電通信）的科學家，應該是精通電磁學的物理學家。但是，資訊科學和物理學其實是兩回事。由於大家都處在自發的探索狀態，誰恰巧在無意中用到了資訊科學的原理，誰就能比別人做得好。摩斯的成功有很大一部分是靠運氣，當然，這也和他不受電磁學的約束、思路開闊有關。

雖然當時並沒有資訊理論，但是摩斯和他的合夥人已經意識到通信中的一些關鍵性問題。首先，傳輸資訊的訊號和雜訊的比例（也就是訊噪比）要足夠高，而且通常接收端的訊噪比和傳輸距離的平方成反比。當時還沒有人懂得訊噪比的概念，但是蓋爾在工作時發現，用電來傳輸訊號，電壓不足，訊號就傳不遠。今天我們知道訊號的能量和電壓的平方成正比，而通信中的雜訊通常是恒定的。蓋爾通過提高電壓的方式提高了電報的訊噪比，才讓電報能夠傳到遠處。今天，處理資訊的任何裝置都要有基本的工作電壓，就是要保證基本的訊噪比。在電報誕生後的一百多年裡，資訊技術發展的核心就是想辦法用更少的能量傳遞、處理和存儲更多的資訊。

事實上，在電報出現後，美國的另一位發明家康乃爾（Ezra Cornell）發明了絕緣電纜，解決了過去長途電纜容易漏電的問題，這樣在接收端就能保證較高的訊噪比。於是，同樣的電壓，在不使用中繼器時，可以讓電報傳遞到更遠的地方。隨後，康乃爾和一些合夥人創立了世界上最大的電報匯款公司「西聯」（Western Union），並且架設了第一條橫跨北美大陸的電報線。當然，今天大家知道康乃爾更主要的原因，是他聯合創辦了著名的康乃爾大學。

其次，電報的出現讓人們有了資訊傳輸率、通信通道以及瓶頸的概念，開始有的放矢地提高通信系統的傳輸率。

在依靠信件通信的時代，人們沒有傳輸率的概念，因為兩地之間發送一封信和十封信的時間是相同的。但在電報系統中則不同，字符要一個個發出去，那麼從發報員到收報員就形成了一個資訊通路。在通路中，電報線兩頭操作的人動作較慢；相比之下，訊號在電線中的傳送速度很快，因此前者就是通信的瓶頸。當時，即便是最熟練的報務員，每分鐘也只能收發二十組左右的英文單詞（或漢字），因此電報線所提供的通信能力就被浪費了。如此一來，每封電報必須定很高的價格，才能收回線路投資的成本。當然，如果定價太高就不會有人使用，這個產業也不可能出現。

摩斯等人意識到要降低電報的成本，就必須充分利用「電線」，盡可能多傳輸電報。於是，他們發明了一種自動快報機，它包括鍵盤鑿孔機、自動發報機和波紋收報機等設備。這些設備大多是由小型電動機帶動的。使用時發報員先用鍵盤鑿孔機在鑿孔紙條上鑿出摩斯符號孔，然後把鑿好孔的紙條送入自動發報機發報，收報方則用波紋收報機收報。由於發報和收報的步驟都用機器代替了人工，效率大幅提升，這讓後來的記者也能夠用得起電報。

在此之後，愛迪生發現城市之間的主幹線路，是電報系統中成本最高的，於是他發明了多路電報系統，讓幾個郵局或者收發報中心可以共用一根電報線，這讓電報在一些企業得到普及。

摩斯等人的工作為後來設計資訊編碼提供了經驗。摩斯在設計編碼時，讓常用字母使用較短的編碼，不常用字母使用較長的編碼，這樣就縮短了電文整體上的編碼長度。在向農提出資訊理論前，雖然大家不明白為什麼這麼做有效，但還是普遍採用這種編碼原則。

另外，摩斯在無意中發現，要想讓資訊傳輸可靠，需要在對不同資訊編碼時，讓編碼的差異性明顯一些，以免產生混淆。比如，被他淘汰的採用連通次數表示數字的方法，就很容易將二三和五混淆；此外，如果發報的速度快一些，七和八、八和九這種比較大的數字也容易混淆。而摩斯電碼每個字符和數字都有自己的編碼，這就避免了很多因混淆引起的錯誤。

此外，由於不同的單詞差異明顯，即使發錯一個字符，人們在收到電文後也常常能糾正傳輸錯誤。相反，如果採用數字和單詞對應的編碼方案，在傳輸中傳錯一個數字，整個單詞就會譯錯，更正起來也比較困難。後來資訊專家把不同編碼之間的差異，用「編碼距離」的概念來量化。任何一個有一定容錯能力的編碼方法，都會要求不同編碼之間的距離足夠大。

本章小結

電報的出現標誌著近代通信的誕生。相比過去採用信件或訊號塔這樣的資訊傳播方式，以電為載體的近代通信有兩項根本性的改變，即它解決了傳輸的即時性和速度問題。

電的傳播速度近乎無限，這邊發報，遠在千里之外的人馬上就能收到，資訊的傳輸幾乎沒有延時。而在過去，基本上是馬能跑多快，訊息就能傳多快。電報的資訊傳輸率雖然比不上後來的電話和網際網路，但在當時已經相當快了。在電報之前，最快的通信系統訊號塔，一天只能傳幾百個字符。但是電報一誕生，就能做到每分鐘傳三十個字符左右，相比訊號塔提高了至少兩個數量級。此外，電報系統的成本要比信號塔低得多，體積也小得多，因此也比較容易普及。

電報的出現，讓全球的資訊完全連成一個整體。當然，這種變化催生了很多新的產業，也改造了很多已有的產業，並逐漸改變了社會。

第二章
電報產業催生商業和社會新模式

直到十九世紀中期，人類的發展主要是靠能量的獲取和物質的生產。資訊雖然有用，但總體來說它的作用有限，也很少有人把資訊當作一個產業來經營。

一八四九年，一位德國人看到了金融資訊對社會的重要性，開始用信鴿在德國（更準確地說，是當時的德意志地區）和比利時之間傳遞股價資訊。在此之前經常出現這樣的情形：發生了影響證券市場的大事，幾天後消息才傳到市場上。這位德國人意識到金融資訊的重要性，便把傳遞金融資訊當作一門生意。雖然信鴿在一定程度上加速了資訊的傳遞，但效果有限。

所幸的是，這位德國人生逢其時，電報出現了。當意識到電報這一新型通信工具在效率和可靠性上具有巨大優勢後，他很快就開始用電報傳遞資訊。幾年後，英國和歐洲開始修建橫跨英吉利海峽的電報電纜，這位有遠見的德國人便把公司搬到了當時的世界金融中心倫敦，並且和倫敦證券交易所簽下一紙合約——通過海底電報線，向英國提供歐洲大陸的股市行情，以換取英國股市的資訊。隨後他的生意越做越大，傳遞的內容也從金融情報擴展到社會上的各種資訊。他所創辦的公司至今依然是世界上最有影響力的通訊社，那就是大名鼎鼎的路透社。

誰在為電報建設買單

路透社這樣的新聞社顯然受益於電報的發明，但電報的發展也要感謝這些新聞社，以及以新聞為生的媒體，因為沒有它們為電報買單，電報就不可能形成一個產業。

早期架設電報線路的成本很高，因此最初發電報每個字母的收費高達四分之一美分，而一份很簡短的電報，也要二十至五十美分。當時一美元可以買到九瓶波特酒或一雙皮鞋。高昂的費用讓電報一出來，就面臨做什麼用的問題，這也讓摩斯等人十分發愁。但出乎他們意料的是，人們很快就為這項實際效果非常好的通信工具找到了用途，並因此催生出傳媒產業。

雖然報紙的歷史要比電報久遠，但是在很長一段時間裡，除了官方的邸報，只有收集和編纂當地新聞的小冊子，裡面收集的都是張家長李家短的八卦和不確切的消息，當然也沒有正規的職業記者。一七七一年，英國國會正式通過了授予記者報導權的法律，反映社會大事、趣聞和活動的新聞業才算正式誕生。也就是在同一年，法國第一份日報《巴黎日報》(*Journal de Paris*) 誕生了。一七八五年，英國著名的《泰晤士報》誕生了，它很快成為高品質新聞的樣板。[1]

但是隨後的半個多世紀，報業並沒有形成規模，因為即使把記者派到千里以外的大城市，採訪到有價值的新聞再傳回來，時間已經過去好幾天。因此，那時報紙上大部分內容都是當地新聞，而訂閱者自然也只能是當地人。

電報的出現改變了這一切，它使資訊真正得以在全世界傳播。一八四六年，僅僅在華盛頓和巴爾的摩的電報線路開通兩年後，記者就開始用電報傳遞新聞了。只需幾分鐘，一篇新聞就傳到了幾百公里以外，這為任何有關資訊傳播的產業帶來了前所未有的便利。

面對這種變化，大部分人預測電報將使報紙產業進一步地方化，也就是說一個地區的人只要看當地的幾份報紙就夠了，因為上面會有全世界的新聞。如果真如此，就不會出現全國甚至世界範圍的傳媒了。當然，還有人預測，如果電報業足夠發達，報紙就會消失，大家直

1　Newspaper.[EB/OL]，https://www.britannica.com/topic/newspaper.

接發電報，然後看新聞稿就好了。

實際情況與大部分人的預測完全相反，報業在最先採用電報新技術後，形成了地方報紙全國性的競爭。一些原本只是當地的報紙，比如《泰晤士報》、《巴爾的摩太陽報》（早期不叫這個名字），突然變成了全國性乃至於世界性的報紙。一些原本因為內容不足而停刊的報紙也開始復刊，而且迅速發展，比如法國著名的《費加洛報》。

在電報出現之後誕生的一些報紙，比如《紐約時報》、《華盛頓郵報》，從一開始就針對全國的市場。報業的蓬勃發展，改變了人類幾萬年來主要靠八卦和講故事傳遞日常生活資訊的方式。報紙成為大家最新、最權威的訊息來源。這種方式極大程度上避免了資訊在口耳相傳中所產生的「雜訊」。今天我們所說的透明度、知情權、公信力等，在電報和近代報業出現之後才成為可能。

報業的發展讓媒體人有了前方記者、專欄作家和編輯等分工。一些記者開始深入一線採訪獲取當地的新聞，並在第一時間用電報將新聞發給報社換取報酬。為了用時效性和真實性吸引讀者，報社會在新聞開頭會標上來源和時間。比如，我小時候讀報，總會看到「新華社某年某月某日某時電」、「某某社記者某某報導」這類字樣。看到它們，你會覺得新聞不是三天前的「舊聞」，也不是信口瞎編出來的故事。當很多記者開始從事現場採訪，就催生出世界各大新聞社，其中較有代表性的就是美聯社和路透社。

美聯社誕生在十九世紀四〇年代末，具體的日期尚有爭議。一種說法是一八四六年，而另一種說法則是一八四九年，因為某些報社加入得較晚。當時紐約的六家報社記者組成了紐約港口新聞社，這些記者約定，一旦採訪到新聞，除了向自己的報社供稿，還得通過電報向其他城市的報社出售新聞。這個由記者組成的團體後來被正式命名為「紐約聯合新聞社」。幾年後芝加哥的記者也組織起類似的團體，叫作「西部聯合新聞社」，後來它們因為新聞的價格打起了官司，最後法院裁定這種新聞社屬於社會資產，兩家合併成為今天的「美聯社」。

接下來，讓我們把目光移向大西洋的東岸。就在美國多家報社共同組建美聯社時，本章開頭故事的主角——保羅・朱利斯・路透（Paul Julius Freiherr von Reuter）則單槍匹馬發展起他的資訊傳輸產業。路透的成功離不開三個因素，也就是看到了金融資訊的價值、看到了電報的重要性，以及果斷地把公司業務的中心從歐洲大陸搬到了倫敦這個金融中心。

待在英國的前幾年，路透只做傳遞金融資訊的生意。一八五八年，報業的發展給路透提供了新的商業機會，他開始為英國最有影響力的《泰晤士報》提供電報新聞。一八六五年，路透把他的私人通訊社由個人控股改成了股份有限公司——路透社電報公司。路透後來加入英國國籍，並將新聞社總部設在倫敦。這就是為什麼路透社今天是一家英國公司[2]，而不是德國公司。

新的商業和生活方式

獨立新聞社的出現和報業的極速發展培養了全民閱讀的習慣，商業資訊也就隨著報紙開始傳播，並且促進了全球化企業的誕生和形成。

在報紙上刊登商業資訊的歷史，可以追溯到十八世紀富蘭克林辦地方性報紙的時代，甚至可能更早。但是那些廣告大多數是地方企業或者個人花錢刊登一則啟事，而透過報紙進行品牌宣傳，大規模推廣宣傳產品，是十九世紀末的事。

一八七七年，美國人艾爾（Francis Wayland Ayer）開設了艾爾父子廣告公司，專門承攬報紙的廣告業務，他的客戶包括了醫院、百貨公司和工廠。此時，通過報紙廣告自我宣傳成為企業行銷不可或缺的手段，而在此之前，商業資訊主要靠口耳相傳。一八八二年，寶僑公司為了推銷新的象牙牌肥皂，花掉了一點一萬美元的廣告費，這在當時是筆鉅款。不過，和十七年後國家餅乾公司（National Biscuit Company，今日卡夫食品的子公司）為它的第一款預包裝餅乾 Uneeda 花掉的廣告費一百萬美元相比，真是小巫見大巫。

進入二十世紀，很多公司透過報紙廣告把自家的名聲和產品推廣到全世界。除了寶僑，還包括康寶食品、家樂氏、百事可樂和可口可樂等。以可口可樂為例，它在一九二七年進入中國，逐漸佔領市場，一九四八年就在中國創下了一百萬箱（二千四百萬瓶）的年銷售紀錄，不僅超過中國本土的任何飲料，而且在城市新派人群中的知名度要遠高於其他飲品。這主要是報紙廣告的功勞。

商業資訊的廣泛傳播不僅締造了一個領域的商業帝國，而且由於有了廣告收入，訂閱用戶只要花很少的錢就能閱讀報紙，這又反過來加速了報業的發展。結果就是，誰掌握了報業，誰就能影響輿論，並且在一定程度上影響商業。這其中，最典型的代表人物就是「報業大王」赫斯特。

赫斯特的父親在淘金熱時來到了加利福尼亞州，雖然他沒找到黃金，卻發現了大銀礦，從此成為加利福尼亞的富商。赫斯特本人對採礦毫無興趣，卻辦起了報紙。短短二十年內，他在美國全國範圍控制了上百家報紙，締造了當時最有影響力的報業帝國。隨後，赫斯特利

2 二〇〇七年，英國路透集團和加拿大的湯姆森集團合併，新的湯森路透集團總部在加拿大的多倫多。

用他掌握媒體所擁有的巨大影響力，在美國政壇呼風喚雨三十年。特別是他曾經利用輿論，迫使時任總統的威廉·麥金利發動了美西戰爭，使得美國勢力擴張到了西太平洋和中大西洋。

赫斯特的生平事蹟後來被拍成了電影，就是著名的《公民凱恩》。在電影中，主角被刻畫成一個野心勃勃、十分執著、冷酷和狹隘的人，這和生活中的赫斯特很相似。赫斯特報業帝國衰落的直接原因是一九二九至一九三三年的經濟大蕭條，但是背後更深層的原因，則是廣播、電影和電視這些傳播資訊新媒介的出現。

電報業務和報業的發展還受益於同期發展起來的鐵路業，因為長途電報線（以及後來的電話線）常常伴隨著鐵路的架設。事實上，早在摩斯發明電報之前，英國物理學家惠斯通和發明家庫克就在修建鐵路的同時架設了十幾公里的電報線，並且用他們發明的五指針電報機進行簡單的通信。但他們的電報機實在不實用，因此，當摩斯的電報機進入英國，那種早期實驗室的原型產品便再無人問津。

電報和鐵路的結合，讓鐵路沿線的各個車站在時間上得以統一。

威廉·赫斯特（William Randolph Hearst）
1863年4月29日至1951年8月14日

萬貫身家，哈佛畢業，身為紈綺子弟的他曾是野心勃勃的商人、毀譽參半的富豪，也是晚年落魄，但去世時手上仍有十八家報社、九種雜誌、八個廣播電臺以及一家國際通訊社的「報業大王」。

在過去，雖然全世界各個城市都有幾點幾分的時間概念，但各地的時鐘是不一樣的，大家只管按照各自的時間生活。有了鐵路，大家再以各自的時間為準，就會造成鐵路系統管理的混亂，甚至火車相撞或出軌。

在電報發明前，同步時間並不是一件容易的事情，電報系統的普及解決了這個問題。一八五二年，在倫敦格林威治站、劉易舍姆站和倫敦橋站通過電報線將電磁鐘相連，解決了同步問題。隨後，倫敦中央電報站通過沿線鐵路的電報網路，將標準的時間同步到倫敦各火車站。一八五五年，格林威治標準時間的訊號沿著英國全國的鐵路電報網發送到各地。不久，這項技術又被英國人推廣到了印度。

一八八三年，隨著美國和加拿大鐵路以及電報網的建設，兩國制定了自己的標準時間，並且根據不同地區日出時間的差異，將全國劃分為四個時區。全世界普遍採用時區則是在二戰之後。有了標準時間，全世界才得以按照一個時鐘運轉，而這要感謝電報網的建設。這一次，電報網傳遞的則是時間資訊。

當全世界有了統一的標準時間，守時的生活習慣才被城市居民廣泛的接受，因為不同地區的人必須按照同樣的時間節奏工作和生活。在此之前，它只被看成是一種美德。

新舊大陸的心臟一同搏動

在電報網的建設過程中，最富傳奇色彩的，莫過於跨大西洋電報電纜的鋪設。這裡面的英雄並非像摩斯那樣的發明家，而是一位企業家，他就是「大西洋電纜之父」菲爾德（Cyrus West Field）。

菲爾德透過經營造紙業生意獲得了第一桶金。一八五三年，他從朋友那裡聽到一個消息，一個叫吉斯伯勒（Frederic Gisborne）的加拿大電氣工程師要鋪設一條四百英里（約六百四十四公里）長、從加拿大東北部的紐芬蘭島到美國的海底電纜。由於紐芬蘭島到歐洲的距離，比美國到歐洲的距離要短，這樣原來完全要靠海上郵輪完成的歐美之間的通信，就可以部分改為由

圖2-1　設於英國格林威治皇家天文臺大門外的24小時制電子大鐘

電報完成，即海上郵輪只需要把資訊送到離歐洲最近的紐芬蘭就可以了。

在這項工程開始前，人類已經鋪設了好幾條海底電纜，不過那些電纜都只有幾十英里長，人們對鋪設幾百英里的海底電纜一點兒經驗都沒有。吉斯伯勒顯然運氣不太好，才鋪了四十英里，電纜就斷了，工程不得不被迫中止。

菲爾德一直有個夢想，就是鋪設一條連接新舊兩個大陸的海底電纜。一八五四年一月，菲爾德買下了吉斯伯勒公司在加拿大的權利，找了一些新的投資人和合夥人，包括電報的發明人摩斯，成立了一家新的公司——「紐約·紐芬蘭·倫敦電報公司」。這家新公司一方面完成了吉斯伯勒原本計畫的那條四百英里的海底電纜鋪設專案，另一方面融資完成了從紐芬蘭橫跨大西洋到英國的海底電纜建設。

為了完成第一個專案，菲爾德從私人投資者那裡籌集了一百五十萬美元。但是第二個專案實在太大，這條海底電纜的長度將超過兩千五百英里（約四千多公里），菲爾德必須爭取美英兩國政府的資助，此外還需要大量的投資人參與。菲爾德透過製造輿論，居然湊到了所需的資金。三年過去，直到一八五七年七月，長達兩千五百英里、重達兩千五百噸的電纜生產出來後，大家才意識到當時根本沒有一條船能裝得下這麼多的電纜。於是菲爾德等人只能用兩艘船各載一半的電纜，從大西洋兩端同時出發鋪設，然後在大西洋中間會合連接。

一八五七年八月四日，這條承載了很多人希望的電纜終於開始鋪設。投資人、政要、新聞記者，連同大量圍觀的群眾聚集在兩地的碼頭，目送裝載著電纜的輪船離港遠去。六天後，兩邊僅僅各自鋪了約兩百英里（約三百二十二公里），美洲大陸這邊的電纜就崩斷了，並且掉入了海中無法找回。第一次鋪設電纜的任務宣告失敗。

菲爾德並不氣餒，一年後，他帶領團隊再次出發。這次他們決定從大西洋中間開始向歐美兩個大陸進發。雖然選擇了大西洋通常會風平浪靜的六月施工，但運氣實在不好，遇上了罕見的風暴，已經鋪設的電纜很快就崩斷了。雖然兩艘船沿著電纜向中間靠攏，並且接上了斷頭，但是幾天後電纜再次崩斷，菲爾德只好放棄。

經過短暫的休整，菲爾德的工程船隊重新起航。一八五八年七月一日，他們開始了第三次嘗試。雖然這一次和第二次一樣遇到了很多麻煩，包括風暴、冰山和巨鯨的干擾，但總算有驚無險。

賽勒斯．韋斯特．菲爾德（Cyrus West Field）
1819年11月30日至1892年7月12日

1866年7月27日，菲爾德為之奮鬥了十三年的跨大西洋電纜終於架設成功，通信歷史從此改變。他是一位實業家、金融家，更是一位夢想家——這位越挫越勇的夢想家，用自己閃耀的智慧和驚人的毅力，在人類這條越走越寬的資訊通信之路上，留下了濃墨重彩的一筆。

兩艘船分別在八月四日和八月五日抵達大西洋的兩岸（美洲一側的紐芬蘭和歐洲一側的愛爾蘭），新舊兩個大陸第一次連為一體。

八月十六日，跨大西洋的電報業務正式開通，英國維多利亞女王給當時的美國總統詹姆斯·布坎南發來了賀電，這是人類歷史上第一次運用電報跨越大洋成功傳送的資訊。但是由於距離太長，訊號太弱，這封只有九十八個單詞的電報，用了十六個半小時才傳完。[3] 布坎南總統隨後也給女王回電。他說道，這件事對人類的意義超過了通過任何一次戰爭征服領土的意義。第二天整個紐約沸騰了，軍隊鳴一百響禮炮以示慶祝。

接下來的兩個星期，這條電纜開始為商業提供服務。九月一日，紐約舉行了盛大的慶功宴（見圖2-2），菲爾德像古羅馬凱旋的英雄般受到熱烈歡迎。然而菲爾德那次只當了幾個小時的英雄，因為當晚就傳來一個令人沮喪的消息，電纜的訊號越來越弱，已經無法發送電報了。雖然當時的工程師想盡了辦法修復，但是回天乏術，這條電纜被迫棄用。菲爾德一下子從英雄變成了騙子，很多時候，天堂和地獄相距並不遙遠。

雖然菲爾德並不害怕失敗，努力東山再起，但公眾對他的信譽已經失去信心，他隨後

3 我們在本書後文會提到，通信系統的傳輸率和訊號的清晰程度是直接相關的。

為挽救公司所做的努力都是徒勞。直到一八六四年，在英國鐵路工程大王布拉西（Thomas Brassey）和電纜公司老闆彭德（John Pender）的幫助下，菲爾德才再次成功籌集到鋪設跨大西洋電纜的資金，重新啟動了這個專案。

那時，大量的海底電纜已經被鋪設在地中海、紅海和其他淺海海域，人們已經擁有了很多鋪設海底電纜的工程經驗。更重要的是，那時生產的銅導線純度要比過去更高，而多層的絕緣外皮能保證導線的防水性能。此外，在過去的幾年，新建造的輪船排水量也比過去大了很多。因此，這次電纜鋪設工作實際上要比一八五八年容易得多。

即便如此，要鋪設幾千公里長、幾公里深的海底電纜，依然不是件容易的事。一八六五至一八六六年，菲爾德的企業經過多次失敗，最終在一八六六年九月七日完成了電纜的鋪設（見圖2-3）。不久，菲爾德鋪設的第一條電纜也修好了，從此兩條電報線讓舊大陸歐洲和新

圖2-2　1858年9月1日，紐約慶祝跨大西洋電報開通的大遊行。

大陸美洲的脈搏一同跳動。

早期跨洋電纜的資訊傳送速度非常緩慢，因為經過了幾千公里，電訊號的衰減很厲害。第一根電纜線大約是兩分鐘傳一個字母，這樣傳遞一個英文單詞平均需要十分鐘、甚至更長的時間。第二根電纜線由於提高了銅導線的純度，並且是一組電纜纏在一起，因此資訊傳輸速度提高了八十倍！

在隨後的一百多年，人類將通信速度提高了一億億倍。[4]今天大家在家裡跨洋傳輸資訊，幾乎感覺不到任何延時，但是，如果要歷數人類在建設通信設施上最偉大的壯舉，依然要歸功於菲爾德。五十年後，奧地利著名傳記作家

圖2-3　1866年登陸時的跨大西洋電纜

4　二〇一七年，由西班牙電信、微軟和臉書共同鋪設的跨大西洋海底光纜，資訊傳送速度高達每秒160Tbps（太比特每秒），相當於每分鐘能傳送1.2×10^{15}個字符，比一八五八年的第一根海底電纜提高了一點二億億倍。

茨威格在《人類群星閃耀時》一書中，用了一整章的篇幅來記述這個歷史性的事件。在他看來，這件事的意義並不亞於一八一五年滑鐵盧戰役，或者一四五三年鄂圖曼土耳其帝國攻陷君士坦丁堡對世界產生的影響。

新技術的碾軋性優勢

近代通信讓很多行業因此受益，當然也讓一些行業從此退出歷史舞台。在歐洲和美國，由快馬和馬車承載的快遞業務在電報出現後不久就消失了。在電報出現的前十年，電報網在美國東部城市中的覆蓋率已經很可觀，但是穿越美洲大陸的資訊傳輸依然得靠快馬，因為沒有商人願意出錢穿越幾千公里的蠻荒之地，將電報線架設到西海岸。

美國當時最著名的快馬郵遞公司是「小馬快遞公司」（Pony Express），它可以在二十天內將資訊從美國東海岸的紐約送到西海岸的三藩市，距離超過四千公里。這個速度如果放在古代來看，仍是相當高的。一八六〇年，美國國會才授權給美國郵局每年六萬美元的經費，用於電報線的建設。在陸地上架設電報線，顯然要比在海裡鋪設電纜容易得多，也便宜得多。因此，第二年，也就是一八六一年，從美國的紐約到三藩市的電報線就架設完成了。從此，二十天的通信時間被縮短為一瞬間，而小馬快遞等企業也從此退出了歷史舞臺。當時的美國人畫了一幅油畫（見圖2-4），一個穿著紅色制服的小馬快遞公司的快遞員穿過正在架設的電報杆，暗示著兩個不同時代技術的碰撞。

當兩個不同時代的資訊傳播技術開始競爭，新技術常常具備碾軋性的優勢。就拿菲爾德鋪設的第一條資訊傳播速度不是很快的海底電纜來說，在一八五八年它被發現損壞之前的兩週，一共傳送了七百三十二封電報。僅這七百多封電報就節省了超過五萬英鎊的費用，更不用說節省的時間了。

在受到新技術的碾軋後，聰明的商人會採用新技術或者轉型。和小馬快遞同時代的

圖2-4 小馬快遞公司的快遞員與正在架設電報線路的工人相遇

快遞公司還有「美國快遞公司」（American Express）和「威爾斯・法戈公司」（Wells Fargo），它們為商業企業提供快遞服務，特別是股票和有價證券的快遞。這兩家公司曾經合併為一家公司。但是，隨著電報業務的發展和傳統資訊快遞服務的衰落，這家合併後的公司果斷地改變了商業模式，也就是改為給購買股票和證券的人提供貸款，後來分別發展成了美國著名的信用卡公司「美國運通」和當時美國最大的銀行「富國銀行」。這兩家公司也許該慶幸當初電報業為它們帶來的衝擊，促使它們轉型，這才有了今天的輝煌。

相比蒸汽機和火車，電報在全球的普及速度要快得多。一八七〇年，英國到印度已經可以用電報通信了，這離摩斯實現華盛頓到巴爾的摩的電報通信僅僅過去了二十四年。一八七一年，電報進入中國上海的租界區。一八七二年，貫穿南太平洋的電纜將世界上最後一個有人居住的大陸澳大利亞和其他大陸連接了起來。

一八七七年，電報進入中國。熱衷洋務的丁日昌在臺灣建設了第一條電報線。當時臺灣還是蠻荒之地，因此這條電報線建成的象徵意義，要大於實際意義。兩年後的一八七九年，在時任北洋通商大臣兼直隸總督李鴻章的支援下，中國在天津、大沽和北塘之間架設了電報網，用於傳遞軍事情報，隔年李鴻章在中國開辦了電報總局，一八八一年開通了天津至上海的電報服務。

電報可以算是洋務運動的主要成果之一，它在中國推廣普及的速度比發明電報的美國還快。一八八五年，李鴻章在奏章中寫道：「五年以來，創設沿江沿海各省電線，綿亙一萬數千里，國家所費無多，鉅款悉由商集。」[5]當時正值中法戰爭，前線將帥報告軍情、朝廷傳達指示，都靠電報，非常方便。因此李鴻章認為，建設電報系統是一舉三得：在國防方面，中國自古用兵從未如此神速；在外交方面，出使大臣往來問答，朝發夕至，相隔萬里好似同居庭院；在商務方面，有利於做生意。從此，中國使用了兩千年的「驛站加上六百里加急」傳遞資訊的時代一去不復返。

值得強調的是，中國人在編碼技術上，對電報是有貢獻的。電報進入中國時，遇到了後來電腦進入中國遇到的同樣麻煩，就是漢字編碼問題。為了用電訊號傳送漢字，中國發明了用四位阿拉伯數字（或三位羅馬字母）對漢字進行編碼，也就是中文電報碼。二十世紀當郵局還提供電報服務時，在我們收到的電報上除了有翻譯的電文外，還有發送的四位數的電報碼。這項經驗為往後中國人發明各種電腦鍵盤的輸入法，提供了靈感。

接下來，有個問題我們必須回答，那就是為什麼電報技術比其他技術在世界上普及得更

5 參考：〈光緒十一年八月十五日直隸總督李鴻章奏〉，《洋務運動》（六），第三六九頁。

快。實際上直到今天，通信技術和資訊處理技術依然是各種新技術中普及最快的。這其中主要有三個原因。

第一，通信技術（包括電報）的投資相對較少，運營方便，容易在世界範圍內進行基礎建設。第二，通信技術通常和一個國家的語言文化沒有太大的關係，而是全世界通用的。這是今天科學家在研究資訊處理時最基本的前提。因此，在美國和英國驗證過的電報技術，就能直接拿到印度和中國使用。相比之下，源於歐洲的現代醫學在中國和印度的普及時間，就非常漫長。第三，資訊網路的價值常常和它所延伸範圍的平方成正比。也就是說，一張連接一百個城市的電報網，可能比一張連接十個城市的電報網價值大百倍。這就促使運營現有通信網路的企業願意出錢建設新的網路，提升原有網路的價值。

十九世紀下半葉，英國積極在全世界鋪設海底電纜，這使英國的通信網路價值按照平方關係增值。直到今天，世界上主要的網際網路公司都是全球化的，因為各國局域性的同類企業很難和它們競爭。

本章小結

從電報產業改造、取代和升級現有產業的歷史中，我們可以看到每次重大的資訊技術革命改造了商業和社會的模式。今天網際網路對產業和社會的改造，不過是一百多年前電報發展的翻版，這就是了解資訊歷史對理解當下的意義。

早期通信業的發展並沒有得到什麼資訊理論的指導，因為根本不存在所謂的理論。因此，一種努力或一種嘗試是否能成功，運氣的成分非常大。我們介紹了那麼多的成就，其實不過是大量嘗試中成功的，並且產生結果後被後人記住的那些，而大量的失敗幾乎無人知曉。在諸多失敗中，最讓人惋惜的就是巴貝奇和艾達在計算機方面的嘗試。

第三章 計算機的奠基者

在英格蘭中部萊斯特郡的柯比—馬婁里莊園，住著一對母女。一八一六年初那個多雨的季節，二十三歲的安妮．伊莎貝拉．米爾班克（暱稱安妮貝拉）和丈夫分手，帶著剛剛出生的女兒艾達回到了娘家。在最初的幾個月，她依然思念著丈夫，寫了很多充滿愛意的信件，而她母親也希望女婿來莊園和女兒團聚，但是信寄出去後都如石沉大海。

安妮貝拉那個一生追求自由的丈夫已經踏上了去歐洲大陸的旅程。家裡的律師建議他們還是離婚算了，安妮貝拉接受了律師的建議，從此一個人撫養女兒長大。艾達從小就是個天才，學什麼東西都快，安妮貝拉對此感到非常欣慰。但是艾達總在詢問爸爸在哪裡，這讓安妮貝拉無法回答，她一直沒有向女兒透露父親的任何訊息。轉眼八年過去了，一條讓整個英國都感到悲傷的噩耗傳來，讓安妮貝拉不得不告訴女兒關於她父親的故事。被譽為英國驕傲的大詩人拜倫在希臘病逝，而他正是女孩艾達的父親。今天沒有人知道八歲的艾達在得知身世之後是什麼感覺，但這個出身非同一般的女子註定過上一種非同常人的生活，而且要做一番常人不敢想的事。

世界上第一位程式設計師

艾達的故事要從她的父母說起。詩人拜倫自不待言，他是整個十八世紀和十九世紀英國最偉大的詩人。他的代表作《唐璜》是史詩般的巨著，在英語詩歌中的地位堪比《神曲》在義大利語、《浮士德》在德語中的地位。拜倫出身貴族，雖然從小腿腳就不好，卻沒有影響他長大後成為女人圈中的明星。不過拜倫天性無拘無束，不擅理財，花錢又任意揮霍，因此總是債臺高築。一八一五年，二十七歲的拜倫和二十二歲的安妮貝拉小姐結婚，他們之間有多少真愛很難說。安妮貝拉對拜倫的愛更像女粉絲對詩人的愛，而後者可能更在意前者從伯父那裡繼承的遺產，因為這可以幫助他度過財務危機。

安妮貝拉出生在非常富有的家庭，從小受到良好的教育，但是她的興趣愛好卻是數學。這種情況雖然在英國上流社會的女子中並不多見，但也非絕無僅有。因為當時工業革命對社會的改變，也讓女子開始關注科技。拜倫好友雪萊的第二任妻子瑪麗就是個科技迷，她寫下著名的小說《科學怪人》，述說了那個時代機器人的故事、以及機器如果獲得智慧，可能對人類產生的衝擊。

安妮貝拉婚後很快懷了孕，生下了艾達。也就是在這時，她和拜倫的婚姻走到了盡頭。一八一六年一月，拜倫和妻子過完結婚一週年紀念，便提出搬離他們倫敦皮卡迪利的豪宅，並建議妻子帶著剛出生的女兒到娘家暫住。此時，拜倫再次陷入財務危機。大量的詩作並沒有為他帶來財富，而每日巨大的花銷讓他負債累累。安妮貝拉認為丈夫瘋了，她給他找來了醫生，這也激怒了拜倫。在他們一起生活的一年裡，安妮貝拉覺得拜倫依舊風流成性，而且和他的同父異母姐姐奧古斯塔·莉關係曖昧。婚姻走到這一步已經很難挽回，接下來發生的就是本章開頭的那一幕，拜倫乾脆離開了英國。

他先是到了義大利，在那裡結識了另一位大詩人雪萊，然後來到了歐洲文明的起點希臘。當時希臘人正在反抗奧斯曼土耳其帝國的統治，爭取獨立。對於詩人拜倫來說，希臘是歐洲文明的發源地，他對那片土地的感情猶如遊子之於母親。於是他毅然投身希臘民族的解放運動，並成為軍隊統帥之一。每日繁重的工作和在各地奔波讓拜倫一病不起。一八二四年四月十九日拜倫病逝於希臘軍營，希臘為這位偉大的詩人舉行了國葬，而英國得知這個消息，也是舉國哀悼。

生前，拜倫並沒有忘記他唯一在世的女兒艾達。雖然他對孩子的母親並沒有太多感情，但是對艾達卻時時刻刻都在思念，希望得到她的消息。拜倫說：「等她長到這麼大，我才意識到原來自己對她一往情深，也對她的未來有著種種設想。只不過即便我現在說出來，別人也不會相信，因此我最好還是把它們藏在心裡……這個女孩有想像力嗎？」[1]或許正是因為拜倫沒有機會把自己對艾達的設想付諸實踐，艾達才在母親的關照下，走上了一條非同尋常的道路。

安妮貝拉在艾達很小的時候就教她數學，這在當時英國上流社會的女子教育中是非常罕見的，而艾達無論接觸什麼數學知識，幾乎都是一學就會。同時，艾達繼承了父親的想像力。十二歲時，她就對飛行器著迷，那時凱利爵士還沒有試飛他的載人滑翔機。為了研究飛行，她對鳥類的身體構造產生了興趣，但又不忍心解剖鳥類，便讓母親找來了一本鳥類解剖圖解。在艾達的一生中，她一直保持著對數學和自然科學的極大熱情。

一八三三年，十八歲的艾達正式進入英國上流的社交圈。在一個又一個晚會上，艾達見到了英國國王和王后，甚至還有世界外交史上最富傳奇色彩的塔列朗[2]。但是，改變了艾達

1 Byron to Augusta Leigh. Byron's letters and journals，Vol 7，1823-10-12.
2 夏爾·莫里斯·德·塔列朗（Charles Maurice de Talleyrand-Périgord，一七五四至一八三八）是法國大革命時期的政治人物。

艾達・洛夫雷斯
（Augusta Ada King, Countess of Lovelace）
1815年12月10日至1852年11月27日

她是拜倫之女，是奧古斯塔・艾達・金，是洛夫雷斯伯爵夫人，但更值得被銘記的是，她是一位偉大的數學家、電腦程式的創始人，是寫出人類第一份「程式設計流程圖」的第一位程式設計師。遺憾的是，她與父親拜倫一樣英年早逝，但是她終生美麗。

一生命運的，則是在一次沙龍上她見到了發明差分機的科學家巴貝奇，並見到了被她母親稱為「能思考的機器」的差分機。

艾達比大部分的大學畢業生（當時只有男性可以上大學）有著更高的數學和機械素養。當大家還只是驚訝於這種機械能夠計算，艾達已經琢磨出了它的大致原理，並且對此著了迷。她後來寫信給朋友說，那是所有機械中的珍寶，她流露出對那台機器的渴望。巴貝奇的科學家氣質也吸引著年輕的艾達。巴貝奇當時四十一歲，舉止沉穩，輪廓分明的臉上散發出機智和魅力。艾達希望借助一個高智商的頭腦，來實現當時女性在科學上難以實現的夢想，而眼前這位男子，以及他所從事的事業，正是指引她在黑暗中前行的明燈。

此時的巴貝奇已經在計算機研究領域花了近二十年的時間。前十年他是成功的，但是接下來的十年就遇到了瓶頸，而他的想法則又遠遠超出當時自己所研製的那台機器。長期以來，巴貝奇都是孤軍奮戰，他需要一個高智商的助手，他沒想到的是，這位頂著英國最有名的姓氏、後來成為洛夫雷斯伯爵夫人[3]的年輕女子，就是他尋找多年的合作者。從那一刻起，兩個人開始了在資訊發展史上偉大而悲壯的「奧德賽」。

巴貝奇發明小型差分計算機

一七九二年，巴貝奇出生於倫敦一個富有的銀行家家庭，十八歲進入著名的劍橋大學三一學院，成為牛頓的校友。後來他擔任了牛頓擔任過的「盧卡斯數學教授」[4]職務。在進入大學之前，他就展現出極高的數學天分。

進入大學後，巴貝奇發現，當時英國人普遍接受的牛頓建立在運動基礎之上的微積分，不如萊布尼茨基於符號處理的微積分那樣便於理解和傳播。為了推廣已被歐洲大陸普遍接受的萊布尼茨的微積分，他和其他人一同創辦了英國的（數學）分析學會。不過巴貝奇並不是一個安分的學生，他一方面顯現出超凡的智力，另一方面又不按照要求完成學業，為此他不

3　艾達嫁給了威廉·金（William King）。婚後不久，金被授予伯爵封號——洛夫雷斯（Lovelace）的第一伯爵。

4　編注：「盧卡斯數學教授」席位（Lucasian Chair of Mathematics）是英國劍橋大學的一個榮譽職位，授予物件為數學及物理相關的研究者，同個時間只授予一人，此席位的擁有者被稱為「盧卡斯教授」（Lucasian Professor）。

得不轉了一個學院，才能繼續學業。在學校裡，他還對很多超自然的現象感興趣。

如果不是趕上工業革命，巴貝奇或許會尋找某個傳統的數學領域或者自然哲學領域做一輩子研究，並且留下一個巴貝奇定律或者巴貝奇定理。但是，工業革命的大背景，讓他把畢生精力和金錢都投入研究一種能夠處理資訊的機械中。這也不奇怪，因為工業革命為資訊處理提供了思想上的依據、技術上的條件和廣闊的市場。工業革命是人類歷史上最偉大的事件。它不僅第一次讓人類從此進入可持續發展的時代，也改變了人們的思想。人類從相信神，到今天開始變得自信起來，相信這個世界是確定的、有規律的，而自己能夠發現世界上所有的規律。早在牛頓時代，著名物理學家玻意耳（Robert Boyle）在總結牛頓等人的科學成就之後，就提出了「機械論」，也被稱為「機械思維」。

玻意耳等人（包括牛頓、哈雷等）認為，世間萬物的規律都可以用機械運動的規律來描述，包括蒸汽機和火車在內的工業革命中那些最重要的發明，都受益於機械思維。人們熱衷於用機械的方法解決問題，從精密的航海導航，到能夠奏樂的音樂盒，再到能織出各種圖案的紡織機。

既然能想到的所有規律都可以用運動規律來描述，那麼就很容易想到讓具有特殊結構的齒輪組運動來完成計算，這便是設計機械計算機的思想基礎。其實，這種想法早在十七世紀就有人嘗試過。法國數學家帕斯卡（Blaise Pascal）發明了一種手搖計算器——雖然有時人們將它稱為最早的機械計算機，但實際上它和我們今天理解的電腦概念沒有太多相似之處，稱之為「計算器」更為恰當（見圖3-1）。

帕斯卡計算器從外觀上看有上下兩排旋鈕，每個旋鈕上都刻著〇至九這十個數字。在做加減法時，只要將參加運算的兩個數字分別撥到相應的位置，然後轉動手柄，計算器裡的一組組齒輪就會轉動，完成計算。

帕斯卡計算器最初只能做加法，後來經過改良，可以做減法和乘法，但做不了除法。在帕斯卡之後，萊布尼茨改良了計算器（見圖3-2）。他發明了一種以他名字命名的轉輪「萊布尼茨輪」，方便實現四則運算中的進位和借

圖3-1 早期帕斯卡計算器

位。到了十九世紀初，經過近兩個世紀的改進，機械計算器已經能夠完成四則運算，但是計算速度很慢，精度也不夠高，而且設備造價昂貴。不過，這種計算器更大的缺陷在於，對於複雜的運算（比如對數運算和三角函數運算）都做不到。

十九世紀機械工業的發展需要進行大量的複雜計算，比如三角函數的計算、指數和對數的計算等。在微積分出現之前，完成這些函數的計算是幾乎不可能的事。十八世紀之後，歐洲數學家用微積分找到了很多計算上述函數的近似方法，不過這些方法的計算量極大，需要很長的時間，而且當時除了數學家，一般人是完成不了那些計算的。為了便於工程師在工程中和設計時完成各種計算，數學家設計了數學用表，如此一來工程師就可以從表中直接查出計算的結果。

圖 3-2 萊布尼茨計算器

不過，那個時代的數學用表錯誤百出，為生產和科學研究帶來了很多麻煩。而這個問題很難避免，因為手算很難保證完全不出錯。如果很多數學家分別獨立計算，還可以比對結果發現錯誤。但是巴貝奇發現，那些不同版本的數學用表都是抄來抄去，而犯的錯也都一樣。因此，巴貝奇想設計一種機械來完成微積分的計算，然後用它來計算各種函數值，得到一份可靠的數學用表。當時他只有二十二歲。

在隨後的十年裡，巴貝奇造出來一台有六位精度（巴貝奇最初的目標是達到八位精度）的小型差分計算機[5]。隨後巴貝奇用它算出了好幾種函數表，用於解決航海、機械和天文方面的計算問題。值得指出的是，巴貝奇的這次成功受益於工業革命的成就——當時機械加工的精度比瓦特時代已經高出了很多，這讓巴貝奇能夠加工出各種尺寸獨特的齒輪。但是，當時並沒有二十世紀的精密加工技術，製造小批量特製齒輪和機械部件的成本高、難度大，這給巴貝奇後來的工作帶來了諸多不便。

不過，首次成功還是讓巴貝奇獲得了英國政府的資助，用以打造一台精度高達二十位的計算機。幾年後，他又獲得了劍橋大學盧卡斯數學教授的職位，讓他有了穩定的收入。在此

5 由於計算機並不能計算連續變數的函數，只能用離散的變數來近似，因此微積分中連續變數積分的計算變成了離散變數差分的計算。

之前，他一直在花自己繼承的十萬英鎊遺產。勝利女神似乎正向他招手，但接下來的時日，他在計算機研究方面一籌莫展。

從表面上看，巴貝奇遇到的困難是因為那台差分機太複雜了，裡面有包括上萬個齒輪的二點五萬個零件，當時的加工水準根本無法製造。但更本質的原因是，巴貝奇並不真正理解計算的原理。他不懂得對於複雜的計算來說，不是要把機器做得更複雜，而是要用簡單的計算單元來實現複雜的計算。當然，在那個年代沒有人瞭解這些。作為現代計算機基礎理論的布林代數要再等十幾年才會被提出來，而且要再過近一個世紀，才會被應用到計算技術中。

用卡片記錄指令和思想

在支持了巴貝奇十年後，英國政府對那個永遠造不出來的機器已經失去了興趣，只好對已投入的一點七萬英鎊經費自認倒楣。而知識界對此也普遍不看好，認為那台機器就算造出來，也不會有什麼作用。

巴貝奇從來就不是個輕易放棄夢想的人。失去政府的資助後，巴貝奇仍然繼續工作，而且有了更龐大的計畫——製造一台能夠完成一系列計算、而不是單一計算，甚至具有存儲功能的機器，巴貝奇稱它為「分析機」。他的這個靈感來自法國人雅卡爾（Joseph Marie Jacquard）在一八〇四年發明的「雅卡爾提花機」。在發明提花紡織機之前，想織出漂亮的布匹，需要工匠站在紡織機後方用手控制各種顏色的絲線。雅卡爾發明了一種用打孔卡片控制的紡織機，紡織機可以根據預先設置好的「程式」（雖然當時還沒有「程式」這個概念）移動絲線，織出漂亮的布匹。

雅卡爾並不知道他的這項發明在資訊史上具有重大的意義，因為這是第一次把資訊通過一個機器能夠識別的載體記錄下來，再由這個資訊來控制機器的運轉。多年後，IBM 公司發明了用於統計的製表機，原理其實和雅卡爾提花機差不多。

巴貝奇在見到雅卡爾提花機後，馬上就想到了計算也可以由記錄在卡片上的資訊來控制。這樣一來，計算機不僅能完成三加五這樣的數值運算，而且能夠完成X加Y這樣變數之間的運算，而變數X和Y的值，既可以由卡片輸入進去，也可以是

查爾斯·巴貝奇（Charles Babbage）
1792至1871年

1843年，一位英國數學家提出了分析機原理，這個構思將在一百零三年後由後人付諸實踐，並有了一個為大家熟知的名字——計算機（今日俗稱電腦）。很遺憾，查理斯·巴貝奇終其一生也沒能實現造出分析機的願望，但他依舊是當之無愧的計算機先驅。直到今天，許多計算機書籍扉頁裡仍然刊載著他的照片，以表紀念。

前一次運算的結果。這其實就是最原始的程式和迴圈的概念。

不僅如此，巴貝奇想像的計算機還應該具有邏輯判斷的功能，比如一個變數是否大於三，然後根據判斷的結果，決定走哪條路徑繼續計算。這其實就是今天電腦程式設計中分支的概念。由於當時沒有現成的詞語描述他的想法，所以他的手稿今天讀起來非常難以理解。

比如，他用「貨倉」（store）表示存儲單元，用「作坊」（mill）表示計算單元。但在這些彆扭用詞的背後，卻閃爍著超越時代的思想光輝。按照巴貝奇的設想，在這台機器中，數據是流動的，它們從卡片中流入「作坊」進行計算，然後再流入「貨倉」。這其實就是今天我們所說的「數據流」或「資訊流」的概念。

艾達的加入讓巴貝奇終於有了可以對話和討論問題的對象。她很快從一個助手變為一種思想的來源，並且為他們即將建造的這台機器賦予了無限的想像空間。這種身分的轉變在很大程度上，要歸功於艾達寫的一份報告。

一八四〇年，失去英國政府的支持後，巴貝奇和艾達開始尋求歐洲其他國家的支持，畢竟實現如此龐大的計畫實在是太花錢了。巴貝奇把目光投向了義大利。對這個曾經出現了數學家阿基米德的國度[6]，巴貝奇充滿了希望。當時義大利負責制定國家科學報告的梅納布雷亞（Luigi Menabrea）在看了巴貝奇的設計圖後興奮不已，想將它變成一份類似於「歐洲分析機報告」的建議書，推薦給歐洲學術界。

巴貝奇不懂義大利語，這份報告的翻譯工作就由艾達來完成。艾達在翻譯這份報告時加入了很多自己的想法，這些想法實際上比報告本身的內容更有價值。[7]或許是艾達覺得自己的想法不夠成熟，或許是其他原因，三年後她才將自己翻譯的報告連同她加進去幾倍篇幅的內容拿給巴貝奇看，巴貝奇興奮不已。

艾達提出了今天程式設計中迴圈和遞迴思想的雛形。當時數學家都在為無窮級數的展開和求和發愁，如果有一種能夠實現自動迴圈計算的機器，那麼那些令人煩惱而又枯燥無比的計算將迎刃而解。為了證明這點，艾達沒日沒夜地工作，試圖設計一種讓機器自動算題的方法，裡面包括一些步驟或者流程以及具體的運算。那些流程和運算結合在一起，其實就是我們今天電腦程式設計的思想。

梅納布雷亞雖然喜歡巴貝奇的想法，但他當時只是一個給政府當顧問的普通數學家，不是後來的義大利首相[8]，因此無法給予對方直接的支援。這樣一來，巴貝奇和艾達還得自己

---

6 阿基米德是希臘科學家，但是他主要生活於西西里島敘拉古城，位於當時的義大利。

7 Sketch of the Analytical Engine Invented by Charles Babbage, Ada Lovelace, in *Scientific Memoirs*, Vol 3 (1842).

8 編者注：「首相」一般指的是王國的首席文官，義大利在一九四六年廢黜國王後，就不再有首相了。現在的義大利政體實為內閣制，總統是國家的象徵，而政府的首腦則是總理，總理的行政權力比較大。

努力。他們沒有外來的經費，甚至沒有助手。

這年巴貝奇已經五十一歲了，而艾達只有二十七歲，不過他們的關係卻有點像今天創業公司的 CTO（首席技術官）和 CEO（首席執行官），後者更多地在控制全局。這可能是因為艾達更具想像力，而且善於把事情說清楚。艾達有一次不無得意的對巴貝奇說：「我覺得你的預見性不及我的一半。我不認為我父親是詩人，和我要成為分析師（相當於今天所謂的電腦科學家）這兩件事，有什麼矛盾之處。」[9]

事實上，艾達正是從父親那裡繼承了一個詩人所特有的想像力。比如艾達意識到，這個由卡片控制的機器不僅能計算，還能操作（operate）其他東西，比如操控語言、譜寫音樂。艾達甚至預測了計算機科學會成為一門獨立的學科。她認為，「那是一門獨立的學科，有其抽象的真理和價值……獨立於我們那些借助邏輯推理進行研究的課題」。今天，如果按照《美國新聞與世界報導》對學科的分類，計算機科學在大學中的研究者人數，是僅次於生命科學的第二大「科學類」學科，但這是一百年之後的事情，艾達沒有機會看到這天的到來。

為了製造出這種能夠操作其他東西的分析機，艾達不僅投入了後半生的精力，甚至變賣了珠寶。但是巴貝奇的分析機始終沒有製造成功，甚至離成功還差得遠。不過，艾達的想像力確實驚人，她假定能夠發明出一種操作其他東西的計算機，然後設計出在計算機能夠進行迴圈計算的流程，這其實就是今天在虛擬機器上開發程式的概念。艾達因此被譽為世界上第一位程式設計師。一九八一年，美國國防部開發出了一種新的高級程式語言，用艾達的名字ADA命名，以紀念這位計算機科學的先驅。

今天我們回過頭來看巴貝奇和艾達設計的分析機，它和我們使用的真正的計算機有些相似之處，也就是有了硬體和軟體之分。在硬體上，它除了有運算單元，還有寄存器；在軟體上，除了能做直接的數學運算，還可以根據對數值大小的判斷，決定採用不同的計算流程，並且允許在計算時採用「迴圈」和疊代方式分步驟完成。不過這台分析機和巴貝奇的差分機一樣，實際上也沒有製造完成。

悲劇英雄的錯選

一八五二年，身患子宮癌的艾達不幸去世，年僅三十七歲，令人十分惋惜。已經六十歲的巴貝奇痛失知己和合作伙伴，餘生他不得不自己解決問題。事實上，在艾達去世的前幾年，

9. Sketch of the Analytical Engine Invented by Charles Babbage，in Charles Babbage and His Calculating Engines by Philip Morrison.

或許是因為看到他們的計畫太過宏偉，預感到有生之年沒有實現的可能，巴貝奇又回到了最初的想法，製造一台精度極高的差分機，世稱「巴貝奇差分機二號」。直到一八七一年巴貝奇去世，他只完成了這台龐大機器的六分之一。

所幸的是，他和艾達留下了五萬張圖紙及大量的設計文檔。一百多年後，人們根據他們的圖紙製作了這台差分機，證明當初他們的想法是正確的。但是巴貝奇在一八七一年去世時，不僅留下了一堆債務，而且失去了所有榮譽。大家覺得他是個失敗者，甚至是個騙子。

巴貝奇失敗的原因是多方面的。矽谷電腦歷史博物館的負責人舒斯特克（Len Shustek）認為，巴貝奇的失敗在很大程度上是管理的問題。他總是在設計發明的半路又產生了新想法；他在進行工程項目時不知道做減法；此外，在獲得英國政府資助後，他並沒有集中精力完成一台當時亟需的、能夠進行高精度科學計算的機器。當時無論是高精度的航海導航、天文學計算還是工程計算，都需要這樣一台計算機。巴貝奇和艾達看得太遠，他們對分析機的設想超出了所處時代至少半個世紀。儘管巴貝奇和艾達都很聰明，但在當時其他條件都不具備的情況下，完全沒有實現他們設想的可能性。

假使巴貝奇像舒斯特克所說的，集中精力造一台專用的處理數據的計算機，是否可能成功？歷史不能假設，但是這種成功的可能性要大得多。就在巴貝奇去世後十三年的一八八四年，IBM 公司的前身——「計算、製表和記錄公司」（Computing-Tabulating-Recording Company）發明了利用卡片進行統計的製表機，獲得了巨大成功。它讓本來需要十年才能做完的人口統計工作，只需幾個月就能完成。

製表機和巴貝奇所設計的分析機一樣，都是受到雅卡爾提花機的啟發，它利用卡片控制簡單的計算和統計，想法和分析機如出一轍。不同的是，這種機器只是為特定的統計任務而設計，本身簡單了許多。

當然，巴貝奇和艾達失敗最根本的原因，是選錯了技術路線，甚至可以說是完全搞反了。他們為了實現複雜的計算功能，把計算機搞得越來越複雜，甚至複雜到難以製造出來。因為當時全世界的習慣做法就是如此。而用簡單部件實現模組來完成複雜的功能，是十九世紀末才出現的設計思維。像摩斯那樣能夠想到把複雜的事用簡單的辦法來實現，在那個年代實屬異類。

具體來說，在處理資訊方面，最有力的化繁為簡的工具是布林代數，但是當時它才剛剛被提出來，還沒有多少人瞭解它的用途。巴貝奇即使有機會瞭解，也想不出它和計算機的關係。在巴貝奇的時代，人們因為使用了幾千年十進制計算，已經習慣成自然，根本不會想到機器在處理資訊時需要用更簡單的二進制。所有這一切，都決定了巴貝奇和艾達必然成為悲劇英雄。

本章小結

從巴貝奇研製計算機的失敗過程中可以看出，資訊處理是需要理論指導的。在資訊史的自發時代，人類很難製造出具有通用性的處理資訊的機器。

在巴貝奇去世後大約七十年，即二十世紀三〇年代末，德國計算機科學家和機械師楚澤（Konrad Zuse）用機械實現了製造人類第一台可編程的計算機 Z-1。和巴貝奇不同的是，楚澤瞭解布爾的理論，知道應該用簡單的計算搭建起實現複雜計算的模組，再用模組搭建通用的計算機。

第四章
來自失聰家庭的聲學家

歷史的延續常常是由那些偉大人物的謝幕和登場來銜接的。一六四二年，當義大利最偉大的科學家伽利略走完了他傳奇的一生，在英國有一位早產兒呱呱墜地，他就是後來帶領人類進入科學時代的牛頓[1]。

同樣，一八七一年當巴貝奇爵士在英國悄無聲息地謝幕，一位蘇格蘭人也默默地從加拿大來到了美國波士頓，在那裡展開了改變歷史的偉大事業。這個人就是大名鼎鼎的亞歷山大·格雷厄姆·貝爾（Alexander Graham Bell）。雖然當時他還只是聾啞學校的一名十分普通的老師，但是他後來開啟了人類的電話時代，並且建立了世界上最了不起的資訊研究中心——「貝爾實驗室」，就連資訊理論的創始人向農都是從那裡走出來的。

1　按照儒略曆，牛頓誕生的時候正是那年的耶誕節，但如果按照西曆，他的出生日期則是第二年（一六四三年）的一月四日。

蘇格蘭的聾啞人教師

一八四七年，貝爾出生於蘇格蘭的愛丁堡，並在那裡接受初等教育。在近代科學和工業史上，有許多傑出的人才來自蘇格蘭，這要感謝一個世紀前在蘇格蘭興起的啟蒙運動。這場啟蒙運動帶來了人類文明的巨大進步，以至西方人說，除了古希臘，沒有哪個地區像蘇格蘭這樣，人口如此之少，對世界的貢獻卻如此之大。

我們不妨列出一份從那裡走出來的、影響人類至今的偉人名單——思想家休謨（David Hume）和哈奇森（Francis Hutcheson）、經濟學鼻祖亞當·斯密（Adam Smith）、發明家瓦特（James Watt）、科學家麥克斯韋（James Clerk Maxwell）、開爾文勳爵（William Thomson）和「地質學之父」詹姆斯·哈頓（James Hutton），當然還應該列上這位貝爾先生。在這樣的環境裡，蘇格蘭是整個英國、乃至全世界最崇尚技術和工程的地區。當時，中上階層家庭的年輕人往往以研究科學技術和發明創造為榮，而大學教授的則是實用技術，而非像牛津和劍橋大學那樣把很多課程都用來教授拉丁文、古希臘文和神學。在這樣的大環境下，貝爾從小就開始了發明創造，並且後來在愛丁堡大學學習和掌握了很多實用的科學知識。

貝爾的父親老貝爾是一位語音學教授。貝爾十二歲時，他母親的聽力開始下降，最終不幸成為聾啞人。為了便於和母親交流，貝爾嘗試著直接在母親的額頭處發音，並試圖控制音調，以便能夠讓她聽清楚自己說的話。正是因為母親的失聰，貝爾開始研究聲學，在研究過程中逐漸積累起來的聲學知識，幫助他後來發明了電話。

一八七〇年，貝爾隨著全家移民加拿大，在那裡建造了他們自己的農場和作坊，而一直在研究聲學的貝爾則建造了自己的實驗室，進行了很多次用電傳輸聲音和資訊的實驗。

當時電報已經開始普及，因此很多發明家埋頭研究用電傳輸訊息的技術，僅僅是為了改進電報，以便提高傳遞資訊的效率。比如，愛迪生試圖通過不同的載波來調製電報信號，讓一條電報線能夠同時傳遞多份電報。貝爾（和電話的另一名發明人格雷）一開始做的很多研究工作也是圍繞這個中心展開，原理其實並不複雜。

首先，它通過某種方式，讓電報線裡的電流（也可理解成電報線兩端的電壓）按照一定的頻率波動。其次，將摩斯電報信號載入波動的電流中，這種波動就被稱為載波。當時物理學家已經發現頻率相差較大的兩種波在一個載體（電線）中傳播，是不會相互干擾的，利用這個原理，就可以讓一根電報線來傳輸多份電報。今天在無線電通信中，根據不同頻率傳輸不同的信號，基本原理和一百多年前的這種電報差不多。

亞歷山大·格雷厄姆·貝爾（Alexander Graham Bell）
1847年3月3日至1922年8月2日

讓聲音在同一時刻於世界的另一端響起——也許是我們早已習慣了這件事，才時常忘了這是多麼的不可思議！繼承了祖輩衣缽的貝爾，一生都致力於聾啞人的教育與聲音的研究。他創建了貝爾電話公司，是世界上第一台可用的電話機專利權的擁有者，同時也是美國著名女作家、教育家、慈善家、社會活動家海倫·凱勒一生的摯友。

不過，雖然貝爾和愛迪生等發明家研究的技術大同小異，但貝爾除了想改進電報，還希望用這種技術來幫助聾啞人恢復聽力。今天看來，這個想法遠沒有貝爾以為的那麼容易實現。不過貝爾透過這些研究工作發現，聲音的振動可以改變電路，於是試圖用這種方法來傳遞音樂，但是沒有成功。

不過，他和父親在幫助聾啞人恢復聽力所獲得的成就，還是得到了社會的廣泛認可。波士頓特地邀請他們來幫助培訓聾啞學校的教師，於是就有了我們最初看到的這一幕。一八七一年，貝爾和父親來到了美國波士頓。在波士頓培養聾啞人學校教師的過程中，貝爾發現那裡有很多聾啞人需要幫助，包括他所結識的一位失聰女士，後來成為他的太太。一年後，他和父親在美國開設了一所聾啞人學校（見圖4-1），吸引了一大批聾啞人來上學，其中就包括了後來美國著名的聾啞女作家海倫·凱勒（Helen Keller）。

海倫·凱勒回憶，貝爾把一生精力都用來幫助聾啞人，而正是這種善意的初衷，引導他轉入了一個全新的研究領域——用電來傳輸聲音。貝爾把這種通信系統叫作語音電報，因為那時還沒有「電話」這個詞。但這種語音電報和我們所理解的傳遞文字的電報，其實是兩回事。

在當時，用電傳輸語音是個嶄新的領域，並沒有得到發明家的廣泛關注，因為沒有多少人覺得它很有必要。甚至在貝爾發明電話之後，英國無線電先驅、後來擔任英國郵政總局首席電氣工程師的威普利斯（William Henry Preece）依然認為這個東西沒有什麼用處，並且一直把精力花在改進電報上。他常常對人說：「我的辦公室裡就有一部電話，不過更多的是用來展

圖 4-1 貝爾為波士頓的聾啞學校教師提供指導

示。如果想發條資訊，我可以使用發報機，或者派個男童跑一趟。」

正因為歐美的發明家把過多注意力都放在了進一步改進電報的傳輸上，讓原本對電學不是很精通的貝爾成為第一個發明實用電話的人。當然，這個過程注定不會一帆風順。

「華生先生，快來這裡，我需要你幫忙……」

移居波士頓以後，貝爾才發現那裡有著一種無與倫比的發明創造的氛圍。波士頓不僅有歷史悠久的哈佛大學，還有美國最著名的麻省理工學院，並且有著良好的商業環境和堅實的工業基礎。這裡的科學家和發明家熱衷於各種各樣的科研專案和發明創造，常常舉辦各種科研論壇，發布和展示自己的創造和成果。

這種濃郁的研究氣氛有點像今天的矽谷，如果你不發明點東西，都覺得不好意思待下去。在這裡，貝爾被波士頓大學聘為生理聲學和語言學教授，除了教授聾啞學生，白天還要到大學講課。因此，他只有晚上有時間在他那個並不寬敞的公寓裡進行實驗，經常工作到淩晨。除了是個夜貓子，貝爾還有發明家特有的兩個習慣：一是認真記錄每天的實驗，二是把用於記錄的筆記本鎖起來。為了保證筆記本的安全，他訂製了一張特殊的工作臺，安全的藏起他的筆記本。

長期夜以繼日的工作很快讓貝爾的身體垮了下來，當時他才二十五歲。幾經權衡，貝爾決定放棄教授聾啞學生的工作，集中精力從事發明。貝爾的這個決定讓他失去了大部分收入，不過他依然留下了兩名學生，一個是六歲的男孩桑德爾（Georgie Sander），以及後來成為他太太的女學生哈伯德（Mabel Hubbard）。這兩名學生對貝爾發明電話都發揮了重要的作用。

桑德爾的父親老桑德爾是一位富裕的商人，他為貝爾提供了實驗室，並安排自己的孩子和貝爾一同工作，以便向貝爾學習。作為交換，老桑德爾還為貝爾提供免費食宿，讓貝爾能夠專心研究電聲學。哈伯德小姐在給貝爾當學生時成為他的摯愛，她的父親加德納．格林．哈伯德（Gardiner Greene Hubbard）先生是美國有名的律師兼實業家，很早就涉足電報行業，並且創立了電報匯款公司西聯。老哈伯德是貝爾一生的朋友和贊助者，後來和貝爾一道創立了貝爾電話公司，即今天 AT&T 公司（美國電話電報公司）的前身。

有了基本的生活保障，貝爾從一八七四年開始成為一名全職的發明家。和愛迪生一樣，此時的貝爾依然把心思花在了研究如何改進電報，提高資訊的傳輸效率。不過，貝爾這時預感到，電流的波動可以產生聲音的波動，於是設想讓不同振動頻率的電流來驅動（口風琴）不同的簧片，這樣就能發出不同的聲音。

由於貝爾對電學不算精通，所以也很難製造出他所想像的機械裝置。於是謙卑的貝爾跑去向電磁學泰斗亨利（Joseph Henry）教授請教，讓老科學家為自己的科研方向把把脈。亨利聽了貝爾的想法後鼓勵他：「年輕人，大膽去幹吧！雖然你不會製造機械，也缺乏相應的設備，但是只要你努力想辦法，這些難題也是可以解決的。」[2]在獲得亨利教授的大力鼓勵後，回到波士頓的貝爾幸運地遇上了托馬斯・華生（Thomas J. Watson）。華生當時還只是一個電器店的電器和機械工程師，後來成為貝爾電話的共同發明人，也是貝爾一生的合作者。

貝爾和華生早期的實驗都極不順利，原因是他們在無意中用了十分複雜的方法來解決同樣複雜的問題。貝爾一直試圖用多個簧片來傳輸和接收不同頻率的聲音，但是這麼複雜的裝置很難製作。貝爾和華生花了足足一年時間來研究，卻沒有獲得什麼進展。直至一八七五年六月二日，華生無意間在發射端用一根蘆葦撥動簧片，而貝爾在金屬線的接收端聽到了蘆葦撥動簧片的聲音。這時他們才發現用電線傳輸聲音，其實只需要一個簧片就可以做到，而不是多個簧片。

這次看似不經意的發現，實際意義遠比貝爾想像的更加重大，它蘊含了貝爾和華生一生都沒能理解的一個科學規律，那就是一根導線能夠傳輸的信號有一定的頻率範圍寬度，這個寬度後來被人們稱為「頻帶寬度」或者「頻寬」（Bandwidth）。只要我們傳輸的信號頻率範圍不超過這個頻寬，那麼一根導線就可以完成資訊的傳輸任務。

由於人說話的語音頻率範圍不大，因此只使用一根導線傳輸資訊就足夠了。當然，如果要傳輸頻率範圍極寬的信號，比如高清晰的視訊訊號，那麼一根導線就不夠了。比如說，如果我們把今天的HDMI（高清多媒體接口）導線切開，就會發現裡面有很多組信號線。人類真正客觀的認識到這個科學規律，是在向農提出資訊理論之後。在這次意外發現的基礎上，貝爾和華生成功設計出一種電聲系統，它可以傳輸模糊的聲音，但不能傳輸清晰的語音。

所幸，一項發明如果方向對了，剩下的問題就可以靠勤奮來彌補，通常只要實驗做得足夠充分，在某個時間點就會突然成功。接下來的九個月，貝爾和華生天天泡在實驗室。一八七六年三月十日，貝爾有事招呼華生，他對著麥克風（當時貝爾稱這個裝置為「喉舌」）喊道：「華生先生，快來這裡，我需要你幫忙……」貝爾這樣的呼喚顯然不是第一次，過去從來沒有成功過，但這一次，華生來了。這讓貝爾既驚訝又高興。華生說，他從接收裝置裡聽到貝爾在喊他，而且這次很清晰地聽到貝爾的聲音。貝爾有點不信，請他複述一遍。華生說：「你說，『華生先生，快來這裡，我需要你幫忙……』」這時貝爾才第一次感到成功離他

2 Robert V. Bruce *Alexander Graham Bell and the Conquest of Solitude*, Cornell University Press; 1st Edition, 1990.

們是那麼近。為了確保通話系統穩定，貝爾和華生對調了位置，再次進行實驗。華生拿起一本書隨便讀了幾句，在另一端的貝爾很快就聽到了華生的聲音。雖然音量較高，讀音聽來有點含糊不清，不過比起以前的實驗結果已經是個巨大的飛躍。

貝爾在工作日誌中對這件事的細節有著詳細記載，這本日誌至今依然完好保存在美國國會圖書館，影本也可以在美國國會圖書館網站查到（見圖4-2）。這份歷史文獻證實了一八七六年三月十日可以算作人類第一次實現遠距離語音通信的日子。但是，從貝爾的記錄中也可以看出，這時離發明實用電話依然有段相當長的距離。傳記作家常常喜歡渲染一項重大發明的戲劇性結果，但發明其實必須度過極

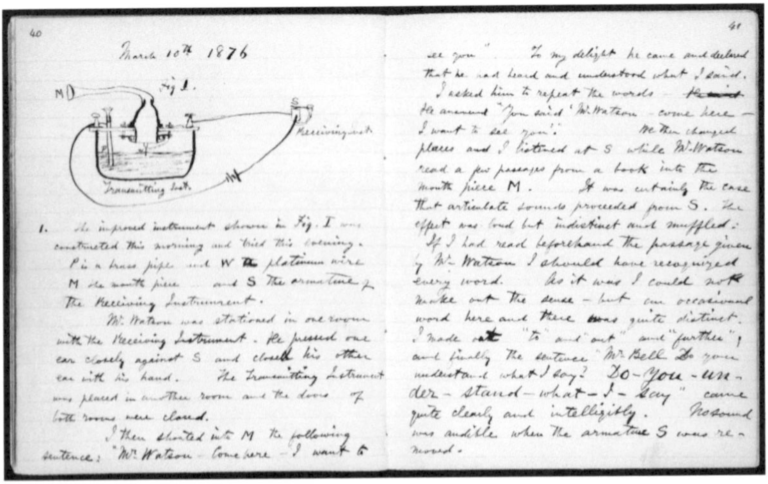
40

March 10th 1876

1. The improved instrument shown in Fig. I was constructed this morning and tried this evening. P is a brass pipe and W the platinum wire M the mouth piece and S the armature of the Receiving Instrument.

Mr. Watson was stationed in one room with the Receiving Instrument. He pressed one ear closely against S and closed his other ear with his hand. The Transmitting Instrument was placed in another room and the doors of both rooms were closed.

I then shouted into M the following sentence: "Mr. Watson — Come here — I want to

41

see you." To my delight he came and declared that he had heard and understood what I said. I asked him to repeat the words — He answered "You said 'Mr. Watson — come here — I want to see you.'" We then changed places and I listened at S while Mr. Watson read a few passages from a book into the mouth piece M. It was certainly the case that articulate sounds proceeded from S. The effect was loud but indistinct and muffled. If I had read beforehand the passage given by Mr. Watson I should have recognized every word. As it was I could not make out the sense — but an occasional word here and there was quite distinct. I made out "to" and "out" and "further"; and finally the sentence "Mr. Bell Do you understand what I say? Do-you-un-der-stand-what-I-say" came quite clearly and intelligibly. No sound was audible when the armature S was removed.

圖4-2 貝爾在1876年3月10日的工作日記。

其漫長的時光，而且是個連續過程，這個過程中會有很多里程碑，很多發明家往往只走到了某個里程碑就停下了前進的腳步，但是歷史只會記住走到最後的人，而貝爾和華生恰恰是走到最後的兩個人。

接下來近半年，貝爾和華生繼續進行各種實驗，不斷對電話進行改良。到了夏天，他們覺得已經可以嘗試進行遠距離語音通話了。由於當時沒有足夠長的電話線做實驗，貝爾於是跑到電報局，用電報線向四英里（約六點五公里）外打了個電話，在四英里外的華生能聽到微弱的聲音。第二天晚上，貝爾第一次向大眾展示了他發明的電話。他盡可能拉了一根足夠長的電話線，穿過一條隧道，然後請客人聽另一頭傳來的清晰的讀書聲和唱歌聲，所有人聽了之後都大為吃驚。在一八七六年八月十日這一天，貝爾在加拿大兩個小城間實現了相距八英里（約十三公里）的語音通話，這是世界上第一次實現城際之間的長途通話。它證明通過電，至少可以單方向讓語音傳到另一個城市。

兩個月後，貝爾和華生在波士頓和坎布里奇[3]第一次實現了雙向通話，至此，實用電話才算真正被發明出來。

3　坎布里奇是波士頓北邊的一個小城，哈佛大學和著名的麻省理工學院就坐落在那裡，與波士頓僅僅隔著一條查爾斯河。

托馬斯·奧古斯都·華生（Thomas Augustus Watson）
1854年1月18日至1934年12月13日

世界上的第一通電話，說的是什麼內容呢？這個問題恐怕就要問華生了。華生是貝爾的助手，更是載入人類史冊的發明電話的第一位見證者。「華生先生，快來這裡，我需要你幫忙……」簡簡單單的一句話，卻是照亮後世的一束光。

誰最先發明了電話

對於資訊傳輸來說，電話的應用市場遠比電報廣泛。電報並不是人與人之間的即時通信，直到二十一世紀初各國陸續停止電報業務，它也沒有普及家庭，甚至沒有普及一般企業。除非有急事，一般老百姓很少去郵局發電報。但是電話不同，它很容易普及家庭。電話的出現，使人類的遠端資訊傳輸量劇增。

此外，電報之所以不能實現即時的交互通信，是因為發報和譯報的複雜性決定了電報需要專業人員來操作，無法跟即時通信一樣便捷。但電話很簡單，拿起來就可以說，而且兩個人一來一往可以極為充分地交流資訊。雖然在貝爾沒有向公眾展示他的電話前，這項發明不被重視，但當大家真的看到這個神奇的電話機將改變世界時，圍繞它的發明權之爭便在所難免地爆發了。

世界上的絕大多數重大發明和發現都是水到渠成的結果，通常在同一時間有好幾個人獨自做出了實質性的貢獻，以至誰最早發明某些技術或發現某個規律，會存在爭議。電話的發明也是如此。在貝爾（和華生）發明電話後的十八年間，他的公司經歷了五百八十七次圍繞電話發明權的訴訟，其中有五項官司一直打到了美國最高法院，但是沒有一次的訴訟能夠否定貝爾電話專利的優先權。在這些發明權的訴訟中，最著名的當屬義大利人梅烏奇（Antonio Meucci）以及美國人格雷（Elisha Gray）對貝爾專利提出的挑戰。

如果僅僅單純看發明時間，在貝爾之前，梅烏奇和德國發明家賴斯（Johann Philipp Reis）都發明過用電流傳遞聲音的技術，但那些技術不僅傳輸聲音的效果極差，實際上根本無法正常用於兩地的長距通話，和後來大家使用的電話沒有任何關係。雖然美國國會在二〇〇二年認定電話技術的發明人是義大利人梅烏奇，但是美國民間並沒有把它當回事，而傾向認為此舉是為了討好義大利。與此同時，加拿大官方則鄭重聲明，貝爾是電話技術的發明人，因為梅烏奇的發明既不管用，也沒有申請過專利技術。

在和貝爾爭奪電話技術發明權的所有人中，一度讓貝爾頭疼的人是格雷，因為他的發明和貝爾的電話技術確實有不少相似之處。後來他和貝爾就電話的關鍵技術打了一場曠日持久的官司。

這件事要從一八七五年說起。那年，貝爾在研製聲學電報時發明了一項用電傳輸聲音振動的新技術。為了獲得英國專利權，貝爾指示律師暫時不要向美國專利局提出申請，因為當時英國只會向那些從未在其他地方獲得專利的發明授予英國專利權。因此，貝爾耽誤了一些在美國申請專利的時間。

不過，由於貝爾同意和贊助他做研究的老哈伯德及老桑德爾分享電話發明成果在美國獲得的利潤，老哈伯德在沒有通知貝爾的情況下，向美國專利局提交了電話發明專利申請。而就在他跨入專利局大門的幾小時後，格雷也提交了電話專利申請。格雷和貝爾的官司一直打到美國最高法院，大法官最終裁定貝爾為電話的發明者。

很多人都覺得，貝爾贏得官司只因為他們的專利提前提交了幾個小時，但如果是這樣，官司就不需要打到最高法院了。事實上，比早幾個小時提交專利更客觀的原因，是貝爾的實驗室日誌和各種來往信件證明他的發明是他和華生長期研究的結果。更重要的是，在與格雷和另一名提起訴訟的發明家多比爾（Amos Dolbear）的私人信件中，格雷和多比爾都承認了貝爾先前所做的電話發明和研究工作。但是，現在這兩個人站出來要求享有電話技術的發明權，最高法院認為這缺乏事實的依據，站不住腳的。

更需要指出的是，貝爾和格雷所爭奪的，是電話要用到的一項技術的發明權。涉及電話的技術其實很多，僅僅有了通過電傳輸語音資訊的技術，和發明電話還有相當大的距離。貝爾的過人之處就在於他走完了電話發明的全部過程，而其他人的發明最多只能算搭建了一些效果不太好的實驗裝置罷了。貝爾的電話專利在一八七六年三月三日，即他二十九歲生日那天被批准的，而這項技術被證明能夠用於通話，是我們前文提到的貝爾用麥克風呼喚華生的時候（一八七六年三月十日）。至於電話被證明能夠用於雙向通話，已經是半年之後的事了。

媒體往往為了吸引讀者，喜歡尋找某項技術最早的發明人，而且不少讀者出於獵奇的目的，也喜歡挖掘那些所謂的真相，特別是那些能夠否定社會普遍結論的說法。但是科學史家並不覺得這種事情有多重要，因為在很多時候，某項技術的第一個發明人往往是找不到的。這有以下三個原因。

第一，任何一項技術，永遠都可以追溯更早的發明人。如同電話的發明，雖然全世界大多數人公認發明的榮譽應該授予貝爾和華生，但是總能找到更早的人，比如梅烏奇。至於有沒有人在梅烏奇之前發明了和電話相關的技術，或者提出了相應的想法，如果深入考察也許還是能找到。

第二，也是更重要的原因，那些不斷回溯的相關發明和我們最終的使用，通常是無關的，對後面的發明也沒有什麼啟發。我在拙作《全球科技大歷史》中列舉了很多例子，比如青黴素的發明可以追溯到唐朝的裁縫，但是這和今天使用的抗生素並無相關性。

第三，一個實物（比如電話），或者一個實用方法（比如 CDMA（碼分多址）通信）的發明，通常要用到很多科學技術，但是在多數情況下，一項關鍵技術的發明，和這個實物或方法的發明，是兩回事。因此，我們不能把後者等同前者，這是很多人會犯的錯誤。比如 3G（第三代移動通信技術）使用了 CDMA 技術。雖然這項技術可以追溯到二戰時演員海迪·拉馬爾的專利，但是它和整個 3G 是兩回事。這項通信技術最初是由高通公司等機構在二十世紀九〇年代發明的。雖然兩者在時間上前後相差半個世紀，但兩項不同的技術並不具可比性。

基於上述原因，我們把電話裝置和這種通信系統的發明權給予貝爾，是十分公允的。正如同絕大多數發明的榮譽都是授予了最後一個發明者，貝爾就是電話的最後發明人。在此之後的電話技術的進步，只能算是改進，發明這件事到貝爾就結束了。

在科技史上，大家把一個人和一項發明聯繫在一起，除了他提出了原創性的設計，通常還因為他解決了從技術誕生到公眾受益之間的諸多難題，讓廣大受益者從感情上願意把他和發明連結起來。貝爾就是這樣的人。雖然一八七六年底，他和華生向大家演示了能雙向通話的電話，讓大家能使用並接受這種新的通信方式，但是接下來，他們還有很多工作要做。

當時，大家對於電話普遍存在的疑慮，就是它到底能把資訊傳送多遠，語音到底能多清晰。在那個年代，電報已經能夠將資訊發送到全球任何角落，而電話只能將語音傳送幾十公里，而且一些易混淆的語音也可能誤傳。傳輸距離和準確率，其實是通信技術兩個硬指標，電話如果不能在這兩個指標達到電報的水準，公眾就會對它的應用範圍和效果心存疑慮。實際上，在電話剛出現的年代，包括馬克．吐溫在內的許多名人都覺得這是種騙術。當然，馬克．吐溫因此失去了他一生最可能獲利的投資機會。

在貝爾和華生第一次實現雙向通話的一年後，基本上解決了電話傳輸語音的清晰度問題，並且在波士頓鋪設了一些電話線路。之後，記者開始用電話給《波士頓環球報》發送新聞消息，公眾才開始相信電話並非騙人的幻術。又經過了一年改良，到了一八七八年，貝爾和華生分別在波士頓和兩百英里（約三百二十二公里）外的紐約進行了首次長途電話實驗。

貝爾和華生在兩地觀眾眾目睽睽下進行交談，為了渲染現場效果，貝爾本來安排了一名歌手對著麥克風唱歌，然後將歌聲通過電話傳到華生的所在地紐約。但是這位歌手是第一次聽到電話聽筒裡傳出來的聲音，居然嚇得失聲了，貝爾只好讓遠在紐約的華生代替歌手演唱。華生此前從未在公眾場合表演過，這次他鼓足勇氣唱了一首歌。他那不在調上的演唱逗得兩邊聽眾哈哈大笑。這次公開實驗是對電話普及應用的絕佳宣傳，不僅讓公眾相信電話能夠成為遠端的通訊工具，而且打消了很多人對於那個時代資訊安全的顧慮。當時《紐約時報》報導：「如果裝了電話，無論門窗關得多緊，你說的每句話都可能被人偷聽。」正是貝爾和華生的公開演示，讓大家明白了電話是怎麼回事，它能做什麼，不能做什麼，從而消弭了人們對於電話不必要的擔心。

然而，將電話普及成為統治世界上百年的通信工具，還有很多事要做，而絕大部分的事是在貝爾時代完成的。

由電話到現代通信

電話是資訊史上第一種能夠實現大量用戶同時進行點對點雙向通信的技術。在學術界，關於通信的分類，根據資訊的傳輸方式可分為四種，也就是單點到多點的單向通信、單點到多點的雙向通信、多點到多點的單向通信，以及多點到多點的雙向通信。

從資訊傳輸的角度來說，第四種最為便利，但需要解決的技術問題多，需要投入的資金也多。從一八七七年開始，貝爾的電話研究工作和商業推廣就同步進行。這首先要感謝他商業上的兩個合夥人，也就是他兩個學生的父親老哈伯德與老桑德爾。貝爾的時代並沒有風險投資基金，要想從零開始做一門生意，只能靠個人關係找投資人。所幸，貝爾有這樣兩個對電話技術感興趣的投資人。

那年，貝爾在波士頓架設了第一條商用電話線路。一名住在波士頓北郊薩默維爾的工廠主威廉斯要和他在波士頓的工廠通話，他使用了貝爾提供的電話服務，成為全世界第一個電話使用者（見圖4-3）。隨後，記者開始用電話向各地報刊發送新聞消息。從發展過程可以看到，電報和電話最初的使用者都是企業家和記者，前者希望更快、更方便獲得和發送資訊，後者則看重資訊的時效性。資訊時代一旦開始，資訊的價值就和它的時效性密切相關，而且總有些人願意付費來獲得這種時效性。

圖4-3 美國架設第一條商業電話線的房子（威廉斯在薩默維爾的住宅）

威廉斯最初使用的電話就是單點對單點的通信，兩個點之間只要有一條電話線就可以通信。但是如果要實現多點到多點通信，就不能採用這樣的方法，因為線路數量和電話機數量的平方大致成正比[4]。比如說，實現十門電話機之間的通信需要大約五十條連線，而要架設

4 網路連接數量=$\left[\frac{(節點數-1)^2}{2}\right]$。

一個有一百門電話機的通信網路，就需要約五千條連線了。當這個網路增加到一千門電話機，就需要大約五十萬條連線。不過，早期大部分電話的使用者都是商人和記者，他們使用電話的主要目的是和公司或報社隨時保持聯繫，而不是互相通話。因此，貝爾等人也沒有注意到這種點對點直接連線的方式並不適合電話網絡的發展。

一八七八年，一位叫作科伊（George W. Coy）的美國人在聽了貝爾的報告後受到啟發，發明了電話交換機，從此，終端使用者使用的電話機不再是直接連到對方的電話上，而是先連接到交換機，再由交換機連到其他電話。這樣一來，即使不用那麼多的長途通信線路，也可以實現所有電話之間的通話。交換機的原理被用於今天所有點對點的資訊傳輸系統，比如網際網路的路由器、衛星電視系統的通信衛星、移動通信的基地台，交換機都扮演著重要的角色。

科伊隨後研製出了第一台交換機，並獲得了專利。他把交換機放在紐哈芬市，為當地人提供電話服務。有了交換機就需要有接線員，由於一開始電話的使用者不多，科伊自己承擔了接線員的工作。從交換機連出去的線路對應哪個用戶是固定的，為了保證不接錯電話，科伊在交換機每個電路的插孔處做了編號，然後按用戶姓名做了名字和編號的對應表。每次接到電話呼叫，通過查表就能知道該接通哪條電話線。

科伊的這種做法實際上涉及現代通信的一個基本問題，就是傳輸目標的物理位址和我們便於記憶的邏輯位址之間的對應。交換機某個插線孔後面的那條電線，是某個電話要連通的物理位址，而對應的使用者則是一個虛擬位址。通信時，資訊發送者的目的是把資訊傳到接收人（邏輯位址）那裡，而通信系統只能識別通信系統的物理地址，因此就需要建立物理位址與邏輯位址的對應關係。

隨著科伊業務範圍不斷擴大，連入交換機的電話使用者增加到了好幾百戶，他只得雇用一名專職接線員來為大家服務。當然，這時要記住幾百個人的名字和交換機面板上的插孔是如何對應的，幾乎是不可能的事，因此接錯線的情況時有發生。這時就需要發明一種能更好的將電話的物理位址和邏輯位址一一對應起來的方法，電話號碼和電話本應運而生。

電話號碼的發明是一次公共衛生事件直接導致的結果。一八七九年，波士頓周圍爆發了流行病。接線員一旦生病就需要有人代班，但代班的人常常找不到用戶對應的接線孔位置。位於波士頓洛厄爾市一位叫派克（Moses Greeley Parker）的醫生是電話最早的使用者之一，也是當地電話業務的投資人，他為了避免代班的人接錯線，就給每部電話配了一個號碼，這樣以後打電話的人不用說找誰，只需說要接通哪個號碼就可以了。這個號碼就直接寫到交換機的面板上，於是接線員的工作變得非常簡單，接錯線的情況就很少發生了。派克的這項改進，其實就是在交換機上將邏輯位址和物理地址統一起來。不過在整個通信系統中，邏輯位址和物理位址之間的對應關係並不能因此被省去，只是把統一對應關係的工作交給了打電話的人。

一開始，大家擔心記不住這些四到五位數的電話號碼（當時電話較少，只需要四、五位數字就夠了），但又很快發現這種擔心實在沒必要。在手機問世前，用電話的人總能記得住幾十個常用的電話號碼。當然，誰也不可能記住所有電話號碼，於是電話公司就把一個地區的電話號碼匯總在一起，印成一本厚厚的黃頁[5]，送給安裝電話的使用者。隨著網際網路興起，人們逐漸改變了從黃頁上查找電話號碼的習慣，紙質的黃頁也逐漸消失了。不過，類似黃頁的生意並沒有消失，它成了今天網際網路上的搜尋引擎。

發明了電話號碼之後，電話機也要隨之改變。早期的電話並不需要撥號，也沒有撥號盤。打電話時，只需要拿起話筒直接對著接線員呼叫對方的姓名就可以。有了電話號碼之後，大家一開始是呼叫對方的號碼，但是這樣顯然不方便，於是人們發明了轉盤式的電話機。這種電話機上面有一個圓形轉盤，每次把手指伸進對應的數字，然後撥到頭。每個數字對應到一個不同的脈衝，當不同的脈衝傳到交換機，就會通過相應的繼電器接通不同的線路，這樣就可以直接連通對方的電話了。今天這種轉盤式電話已經不常見了，不過大家在電影裡還能看到它們。

當然，不僅和電話相關的配套技術要發展，電話本身的核心技術也需要進步。在看到電話巨大的商業潛力後，很多發明家紛紛致力於電話技術的不斷改進，語音品質，特別是長途電話的語音質量因此不斷提高。在這些積極參與改進電話技術的發明家中，就有大名鼎鼎的科學家愛迪生。但是，他並不打算參與電話服務的市場競爭，而把技術賣給了貝爾。

由此可見，電話的成功是多項技術綜合作用的結果，而非單靠某一項技術的突破就能完全實現，更不是哪次偶然的通話成功所導致。

當然，電話的普及除了需要在很多配套技術上做好準備，還需要大量的投資和工程建設，特別是架設長途電話線路。一八八五年，在老哈伯德的幫助下，貝爾在自己的電話公司（貝爾電話公司）成立了一個專門從事長途業務的子公司——「美國電話電報公司」（American Telephone & Telegraph Company），即後來著名的 AT&T 公司[6]，這家公司的總經理並非貝爾本人，而是老哈伯德。

隨後，在老哈伯德的幫助下，AT&T 公司找到了大量的私人投資，逐漸完成了全美電話

5 在美國，商業電話號碼簿採用黃色紙張印刷，稱為「黃頁」，而個人電話號碼簿採用白色紙張印刷，稱為「白頁」。

6 後來AT&T公司成為所有貝爾公司的母公司。

網的建設。一八九二年，AT&T公司開通了從美國東部到美國中部芝加哥地區的長途電話業務，從此用一張巨大的電話網將當時美國最大的兩個工業區，即以紐約為中心的東北部工業區和以芝加哥為中心的五大湖工業區，緊密聯繫在一起。當時從紐約到芝加哥的通話費是兩美元一分鐘，而當時一美元的購買力超過了今天的一百美元。因此，電話的這個價格並不比電報便宜，但是它的優勢是比電報更方便。

一八九五年，無論是對貝爾電話公司還是對美國電信業來說，都是一個具有關鍵意義的年份。這一年貝爾電話技術的專利到期，一夜間美國冒出了六千多家電話公司。一方面，這使得電話技術在美國得到了快速的普及。在接下來的十幾年，美國的電話裝機數量從二百萬戶猛增到了三千萬戶。

另一方面，劇烈的市場競爭使得整個行業面臨著無錢可賺的不利局面。而貝爾電話公司將一如既往地成為電信行業的主導者，還是淪為六千分之一的競爭者，這便要考驗貝爾及其公司管理者的智慧了。

貝爾應該感到慶幸的是，他在早幾年收購了愛迪生關於電話的一些技術，讓他們的長途電話業務能夠做到語音更清晰，具有更加明顯的市場競爭優勢。進入新世紀之後，貝爾開始學愛迪生辦起了研究所，這就是後來貝爾實驗室的前身。當然，公司之所以能夠成功度過十年惡性競爭的艱難時期，強大的管理團隊發揮了巨大的作用。當時貝爾長期的合作夥伴老哈伯德年事已高，已經退休好幾年，不過他在退休前做了兩個明智的安排。

首先，他將董事長一職交給了新的投資人威廉·福布斯，即著名的福布斯家族第二代掌門人、鐵路大王的兒子。福布斯的加入為貝爾電話公司帶來了雄厚的資金。其次，老哈伯德將管理權交給了他觀察和培養了很多年的韋爾（Theodore Newton Vail）。這個韋爾是和摩斯一同發明電報的那個韋爾的堂弟。韋爾兩度出任 AT&T 公司總裁，他堅信電話服務就像供水、供電和郵政服務，是一種社會資源型服務，全世界範圍內，最好只由一家公司提供。

事實上，一八九五年電信市場的突然開放，很快促進了電話技術的普及，而 AT&T 公司迅速將大量電信資源集中在一起，有效避免了過度的惡性競爭。即便韋爾不再擔任 AT&T 公司總裁，也沒有放下電話業務，而是跑到南美洲去建立電話王國。通過不斷併購和整合，韋爾將貝爾電話公司和後來的 AT&T 公司變成了電信行業的壟斷型企業。當然，韋爾的瘋狂併購行為讓 AT&T 公司成為美國司法部眼中的反壟斷對象。最終在一九一三年，美國政府和 AT&T 公司雙方達成金斯堡協議[7]，AT&T 公司開始收斂它的擴張行為，但這時 AT&T

7 編注：金斯堡協議規定，AT&T公司將允許任何地方性電話公司無條件接入AT&T公司長途電話網路。

公司在世界電信產業的地位已經十分穩固，成為美國、加拿大、南美洲、日本以及歐洲很多國家最主要的電話公司。

一九一四年，AT&T 公司建成了首條橫跨美洲大陸的電話線路，將東海岸的紐約和西海岸的三藩市緊密連結在一起。這條線路長達三千多英里（約五千公里），用了一萬三千多根電線杆。一九一五年，這條線路第一次開通，六十八歲高齡的貝爾和六十一歲的華生分別坐在紐約和三藩市的電話機旁，實現了人類第一次橫跨美洲的通話（見圖 4-4）。當時的總統威爾遜和兩個城市的市長，連同上百名嘉賓，共同見證了這一偉大的歷史時刻。

華生在一八八一年退出了貝爾電話公司和通信業，繼續從事他所喜歡的機械工作，並靠著專利收入辦起了一家造船廠。這家工廠逐漸成長成為北美最大的造船廠之一，也是二戰時美國主要的造船公司。雖然華生遠離了通信行業，但是在這樣歷史性的時刻，大家依然想到了他，請他來和貝爾一起開啟這一次歷史性的通話。

三十九年前，當貝爾和華生在波士頓的實驗室第一次實現了含糊不清的通話時，他們還是風華正茂的青年。隨後，也是他倆成功實現了波士頓到坎布里奇、波士頓到紐約的兩次歷史性通話。一九一五年，他們即將步入古稀之年，而曾經的合作夥伴老哈伯德、福布斯等人已經過世多年。這些人用近乎一生的時間實現了全世界人與人之間即時傳遞資訊的偉業。後來 AT&T 公司在紀念貝爾的同時，也沒有忘記華生的貢獻，其語音辨識系統便是以華生的名字來命名的。

相比貝爾和華生，知道老哈伯德、福布斯和韋爾的人就少了很多。這不僅是因為他們一直站在幕後，更因為美國從來不缺商人，而民眾對科學家和發明家更加敬仰。在電話發明後的半個世紀，大量科學家和工程師為電話技術的發展和普及做出了卓越貢獻，除了貝爾、華生、愛迪生、科伊和派克等我們說的出名字的人，更多的貢獻者不為人所知。但如果沒有他們的默默付出，就沒有電話在全球的普及。

相對於電報，電話有許多便利之

圖 4-4 1915 年，亞歷山大．格雷厄姆．貝爾即將從紐約致電三藩市。

處。從資訊傳輸本身來說，我們更喜歡用傳輸速率、單位能量傳遞資訊的效率及通信成本等指標來衡量不同資訊技術的差異。在傳輸速率上，電話比電報高出了兩個數量級。十九世紀末，長途電話的資訊傳輸速率大致相當於今天的每秒上萬比特（bit），雖然當時的電話還不是今天的數位電話。此前，電話機的能耗也比電報機低很多，這還不算郵差跑來跑去送電報所花費的能量。

在資訊傳輸成本方面，無論是電報還是電話，主要成本都在架設線路上。由於電話的使用者數量比電報的用戶數量高出好幾個數量級，因此傳輸一條資訊的平均成本要低得多。不僅如此，電話通信成本的下降速度也比電報快很多。一九一五年，紐約到三藩市的長途電話剛剛開通時，每分鐘的電話費高達七美元，相當於現在的一千美元，而到了二〇〇〇年，這個價格已經降到了每分鐘十美分以下。而電報則在它結束服務之前，價格幾乎沒有什麼變化。

雖然考量到通貨膨脹的因素，電報的實際價格還是在下降，但是降幅遠不如電話那樣明顯。在資訊行業，要衡量一項技術是否有廣闊的市場前景，有個簡單而準確的指標，那就是成本的下降速度。具體到電報和電話這兩項通信技術，除去特殊的應用場合，電話幾乎在各個方面完勝，而電報再次出彩，要等到簡訊這種通信方式的出現。

電話大大縮減了人們之間的距離，也有效改變了生活方式。到了二十世紀初，世界上除了南極外的各大洲都有了四通八達的電話網，原本要幾天甚至幾個月才能傳遞出去的資訊，瞬間可以通過電話通知對方；原本必須見面才能解決的問題，很多都可以通過電話解決了。

這一方面讓全世界誕生了一個巨大的新產業——電信產業，另一方面又帶來了巨大的社會效益。今天，全球電信產業（不包含網際網路）的規模已經接近四萬億美元（包括電信設備和電信服務兩部分）[8]，幾乎相當於德國的GDP（國內生產總值）。不僅如此，電話還讓很多相距遙遠的城市緊密地聯繫在一起，讓政府管理更加高效，讓商業行為更加順暢。

通常，在通信領域每投入一元，至少可以帶來兩元以上其他產業的收入，而且，越是在經濟落後的地區，電信產業對其他產業的促進作用就越明顯。因此，今天中國將5G作為引領未來產業的核心，是很有戰略眼光的。

8 數據來源：Telecommunications Industry Association。

本章小結

關於貝爾發明電話對於世界的意義，我們無論如何加以讚譽都不過分。但是貝爾成功的原因過去鮮有人進行系統的分析和研究，大家通常只是把成功歸結於貝爾的勤奮努力、運氣和特殊的經歷（周圍都是聾啞人）。然而，有四個不可或缺的因素常常被人們忽略。

第一，雖然貝爾一開始也聚焦於對電報的改良，但他很快將焦點轉到了傳輸語音技術的領域。

第二，貝爾和華生在無意中找到了以簡單方式解決複雜問題的原則。如果貝爾一直堅持用多組不同簧片構成發聲器，以合成不同頻率的聲音，那將是複雜且不可能完成的任務。

第三，貝爾發明的不僅是一項技術，還是一套系統。同時代和他競爭電話發明專利的人，在工作的深度和廣度上都無法和他的研究成果相提並論。

第四，貝爾背後雄厚的資本力量和職業經理人的作用，常被人們有意無意的忽略。貝爾的名字總是和 AT&T 這家偉大的公司連在一起，然而，後者的經營更必須感謝老哈伯德、福布斯和韋爾等人的付出和努力。

在十九世紀末，電話的誕生讓世界發生了翻天覆地的改變。不過，電話依然有個非常重要的問題沒有解決，那就是在電線連不到的地方，它就無能為力了。解決這個問題，需要另一項關鍵技術。

第五章
無線電通信的冰與火

一九〇一年十二月十二日，一位二十七歲的義大利人在加拿大紐芬蘭的信號山頂放飛了一個巨大的風箏（見圖5-1）。與其他風箏不同的是，這個面積超過四平方公尺的大風箏，後面拖了一條長長的尾巴。冬天，信號山上的風非常大，風箏很快在大風的作用下升到了高空。這時，年輕人將風箏尾巴的另一端接到了一個裝置上，似乎在接收什麼信號。

從這年的八月起，他就在這裡搭建實驗設備，做了許多實驗，希望能從天空收到一些信號。但是，年輕人的每次嘗試都因為不同原因而以失敗告終。每次失敗之後，年輕人就改變接收裝置和實驗方法。十二月十二日是他開始新一輪實驗的第二天，根據他和遠方助手的約定，他們在每天下午到傍晚一個三小時的時段裡，進行信號的發送和接收實驗。

現在又到了雙方約定的時間，年輕人開始工作。和以往幾次實驗不同的是，這次他的運氣比較好，收到了三個連續的「嘀」聲信號，這是摩斯電碼中字母S的電碼。為了確認這不是雜訊，字母S一組連發了三次。年輕人在收到這個短促的信號後喜出望外，因為這些摩斯電碼來自遙遠的英國，在空中傳播了三千五百公里後，才被加拿大這端大風箏後面拖著長達一百五十公尺的天線給接收到。這是人類第一次實現跨洋的無線電通信。

新舊大陸的第三次握手

兩天後（十二月十四日），年輕人發布了一條新聞公告，簡短敘述了這次實驗成功的經過。第二天，即十二月十五日，雖然是星期天，北美的各大報紙還是報導了這個偉大的成就。《紐約時報》將這則消息放在頭版，稱為「近代最精彩的科學發展」，全面介紹了這位來自義大利、叫馬可尼

圖5-1　馬可尼和他的助手在放風箏

（Guglielmo Giovanni Maria Marconi）的青年。

為了保證報導的全面和客觀性，《紐約時報》請了兩位權威人士對這件事進行評述。一位是以發明交流輸電聞名的特斯拉（Nikola Tesla），他在此前曾暗示用大地和大氣作為電路來發送電報的可能性。另一位就是當時權威的科技記者兼編輯馬丁（Thomas Commerford Martin），他是《電氣世界》的編輯，曾經為特斯拉寫過傳記和很多報導。

特斯拉對於這次實驗的評論有點兒吃不到葡萄說葡萄酸的味道，他說，遠端電力的傳輸遠比信號傳輸更有實際意義；而馬丁的看法與特斯拉不同，對於馬可尼的成功實驗，他毫不吝惜的給予讚美，高度評價了馬可尼在無線電通信領域的成就，並且熱情稱讚馬可尼是年輕一代科技英才的代表。

接下來的一個月，跨大西洋的無線電通信成為北美乃至全世界熱議的話題。不過，在大家為此興奮的同時，也有些人懷疑這次實驗的可信度。當時人們認為，無線電波是像光一樣直線傳播，而地球是圓的，那麼從英國發射出的無線電波難道不該是斜著射向空中嗎？怎麼會沿著一條曲線傳輸到了大西洋對面的加拿大？馬可尼和他的助手會不會搞錯了？今天，我們知道大氣層中的「電離層」會把地球上發送的無線電波反射回來，但是當時的人們不清楚這個現象，因此提出質疑很正常。

面對質疑，馬丁覺得應該站出來支持這個年輕人。為此，他準備在隔年一月十三日「美國電氣工程師學會」[1]的年度晚宴上，安排年輕人作為嘉賓。他請到當時著名的電氣發明家和企業家湯姆森（Elihu Thomson）與會，後者爽快答應了。

湯姆森是三相交流電的發明人（特斯拉發明的是四相交流電），也是著名的「湯姆森—休士頓電氣公司」（Thomson—Houston Electric Company）的創始人，在美國電氣行業享有崇高威望。由於他的大力支持，這次活動成為新世紀（二十世紀）開始的一次盛會。

晚宴在紐約著名的華爾道夫飯店舉行，飯店大廳和走廊擠滿了來自學術界和工業界的名流。為了讓大家對這項無線電通信發明產生更直觀的感受，馬丁特意在大廳做了一個模型，用兩組閃爍的燈泡代表這次實驗的發射和接收地點——英國的波爾杜和加拿大的聖約翰（信號山所在的城市）。長期居住在華爾道夫飯店的特斯拉也接到了邀請，但是他選擇不出席。

晚宴上，操著標準英國腔英語的義大利人馬可尼無疑是眾星捧月的焦點。他向與會者介紹了這次實驗的各種細節，並展示了未來資訊傳播的發展方向——用無線電波傳輸資訊，將比海底電纜更便捷、便宜。在馬可尼之後，湯姆森和另一位科學家、哥倫比亞大學教授普平

---

1 AIEE，今天IEEE（電氣和電子工程師協會）的前身。

古列爾莫．馬可尼（Guglielmo Marconi）
1874年4月25日至1937年7月20日

1937年7月某一天，英國所有的無線電話與無線電報都停止工作兩分鐘，這次靜默不是技術的故障，而是眾人對已逝「無線電之父」馬可尼的致敬。馬可尼是無線電工程師、企業家、實用無線電報通信的創始人，曾在1909年獲得諾貝爾物理學獎。儘管發明無線電的專利在1943年被宣佈無效，但他為無線電事業做出的貢獻永遠刻在了歷史的記憶中。

（Mihajlo Idvorski Pupin）[2]發表了對無線電通信技術的看法和評論。他們一致相信馬可尼實驗結果的可行性。普平還特地從電磁學、數學和工程學理論等方面為馬可尼的實驗提供了科學依據。

在馬丁的努力和湯姆森、普平等人的幫助下，這次盛會確立了馬可尼在美國公眾心目中發明家的地位和聲譽。

馬可尼當然也沒有辜負幾位伯樂對他寄予的厚望，後來事實證明，他是一位認真嚴肅的科學家和務實的發明家。面對懷疑者的種種挑戰，馬可尼並不因為自己的實驗有馬丁和湯姆森等權威人士的背書就洋洋得意。為了向眾人證實無線電通信的可行性，他準備了一次更公開、更詳細的實驗。

一九〇二年二月，費城號輪船載著馬可尼的團隊和設備從英國出發，一路記錄著來自英國波爾杜基地台的信號。馬可尼專門發明了一種信號自動記錄儀器，可以直接將信號畫在黏性膠帶上。越洋旅行期間，馬可尼還邀請船長和大副一同來收聽無線電信號。這次測試不僅有很多現場見證者，而且各方面都比兩個月前的實驗嚴謹得多，實驗資料的記錄也詳盡得多。

在這次全程實驗中，大家還發現了無線電波的一些新特性，比如無線電信號在夜間傳輸的距離要比白天遠得多。但即使是在白天，無線電信號也能傳送一千公里以上。雖然依然有不少人質疑馬可尼在一九〇一年十二月十二日所進行的那次實驗，但是多數科學家都認可了馬可尼關於能夠用無線電進行遠距離通信的想法。

至於為什麼無線電波能拐彎，為什麼信號在晚上比白天傳得遠，當時的科學家設想了各種解釋。其中愛爾蘭科學家肯涅利（Arthur Kennelly）和英國科學家亥維賽（Heaviside）關於大氣中電離層的模型最合情合理。後來英國科學家阿爾普頓（Edward Appleton）證實了他們的假說，並因此獲得了諾貝爾獎，當然這是後話。

今天，我們把一九〇一年十二月十二日看成資訊史上一個重要的關鍵時刻。馬可尼這次簡單的實驗也被看成人類文明史上，歐亞舊大陸和美洲新大陸第三次具有歷史意義的握手，標誌著人類進入了無線電通信時代。

---

2 普平是加感線圈的發明人，NASA（國家航空暨太空總署）前身NACA（美國國家航空諮詢委員會）的創始人之一。

在此之前，第一次握手發生在一四九二年。當時哥倫布率領聖瑪麗亞號、平塔號和尼亞號的九十名船員來到了新大陸，新舊大陸在物質上的交流從此展開。第二次握手則是一八五八年菲爾德用電報電纜將新舊大陸聯結成為一個整體，兩個大陸從此開始了即時的資訊交換。不過那次握手依然有賴於實物——電纜。和前兩次不同的是，第三次握手完全是資訊的溝通，沒有物質媒介，連接相距幾千公里新舊大陸的是看不見、摸不著的無線電波——某些特定頻率的電磁波。

為什麼無線電波能夠傳輸資訊？它是如何產生的、如何被人們發現，又是如何被接收的？這就要從半個世紀前英國物理學家麥克斯韋（James Clerk Maxwell）對電磁波存在的預言說起了。

電磁波的本質到底是什麼

一般認為，麥克斯韋是人類歷史上僅次於牛頓和愛因斯坦的物理學家。麥克斯韋之於電學的巨大貢獻，堪比牛頓之於力學。愛因斯坦稱讚麥克斯韋對物理學做出了「自牛頓時代以來的最深刻、最富有成效的一次變革」。而愛因斯坦一生所做的事，其實就在於將牛頓和麥克斯韋的理論統一起來——著名的相對論最初是為了彌合牛頓和麥克斯韋理論的矛盾之處；而統一場論，就是要把牛頓描述的引力場和麥克斯韋描述的電磁場統一起來。

麥克斯韋最讓人讚嘆的地方在於，他從數學出發，將電、磁和光的各種特性統一起來。在此之前，雖然奧斯特（Hans Christian Ørsted）、亨利（Joseph Henry）和法拉第（Michael Faraday）等人發現了電磁感應現象，並且總結出了電磁學的很多規律，但是沒有人能夠找到電和磁的共同本質。麥克斯韋在他著名的《電磁場的動力學理論》一文中，用四個簡單的公式（即著名的「麥克斯

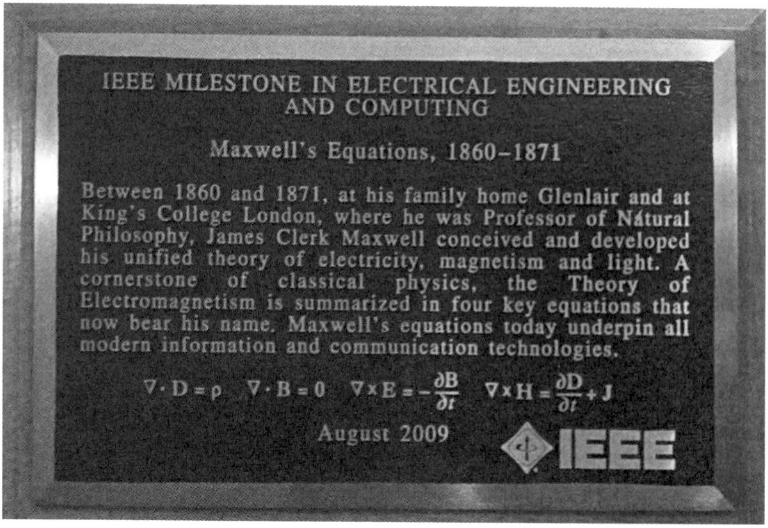

圖5-2 2009年，「電機電子工程師學會」為了紀念麥克斯韋發現電磁波的方程而豎立的紀念牌

韋方程組」[3]）描述了電、磁、光相互作用、相互轉化的規律。根據理論，世界上存在這樣一種電磁波——它以光速傳遞。這種電磁波既包括我們常說的無線電波，也包括各種光波。

麥克斯韋對於電磁波的預言完全是從數學出發，並沒有任何實驗可作為支撐，因此沒有引起當時電磁學家的充分重視。當時人們對電磁學的研究都集中在如何用電磁感應發電或者驅動機械，僅僅是把電看成一種新的能源形式，而不是資訊的載體。

特斯拉就是這些人的代表，雖然他在電磁學領域做出很多貢獻，但在他的大腦深處，電就是一種能量。這也難怪，因為當時正處在第二次工業革命的前夜，世界上需要一種方便的、能夠取代蒸汽的動力來源。

人類在電磁學領域的重大突破，來自一個新崛起的國家。一八七一年，德意志帝國誕生了。為了全面追上英國的科學技術水準，德國政府大大加強了在基礎科學研究方面人力、物力的投入。隨後柏林大學設立了一個被稱為「柏林大獎」（Berlin Prize）的獎項，每年獎勵一個基礎科學研究的成果，證實麥克斯韋所預言的電磁波，便是柏林大學一八七八年設定的獲獎難題。

當時，歐洲主流物理學界還固守牛頓的傳統物理學觀念，認為電磁現象體現為一種力，而且僅存在於物質的內部。大多數科學家對於麥克斯韋理論所預言、能夠傳到遠方的電磁波覺得難以理解，只有極少數科學家意識到麥克斯韋理論的意義。柏林大學的亥姆霍茲（Hermann von Helmholtz）教授便是其中為數不多的物理學家之一，也正是他將這個題目的研究設立為柏林大獎。

亥姆霍茲有一位叫赫茲（Heinrich Rudolf Hertz）的學生，他在老師的影響下，對電磁學進行了深入的研究，並且有興趣證實麥克斯韋理論。赫茲設計出了一套能夠檢測看不見、摸不著的電磁波的裝置，這其實是一種特殊的天線，被稱為赫茲環（見圖5-3）。一八八七年十一月，赫茲用一種電火花裝置產生電磁波，同時用赫茲環接收到了電磁波，從而證實了麥克斯韋關於電磁波的預言。赫茲公佈了這個消息之後，科學界為之轟動，於是很多物理學家

3 麥克斯韋方程組的說法，是後世物理學家所提出的。

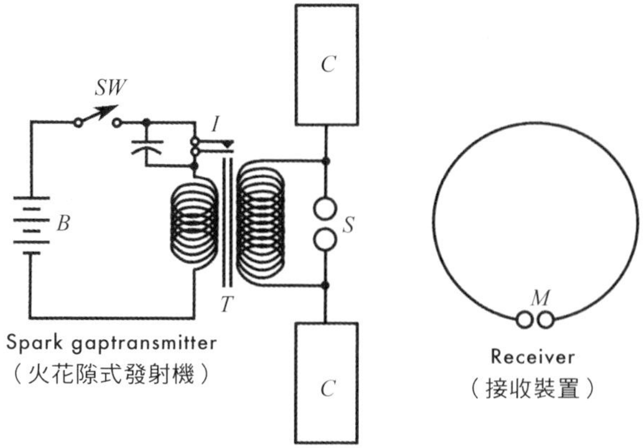

圖5-3 赫茲證明電磁波存在的試驗裝置，右邊的圓環為赫茲環

開始研究電磁波，試圖搞清楚它到底是什麼。[4]

赫茲在隨後的幾年中經常向公眾做展示電磁波的實驗。一八八九年，一位來自美國的客人在看了赫茲的展示後大受啟發，他就是以發明交流輸電而出名的發明家特斯拉。

特斯拉當時正處在尋找新的研究課題的時間點。一年前他把自己發明的交流發電機的技術專利以極高價格授權給了西屋電氣公司（Westinghouse Electric），此時他正在思考並尋找新的發明專案，而赫茲的科研成果讓特斯拉意外地看到了一個嶄新的科技領域。事後特斯拉說：「那種感覺就像是一個疲憊的流浪漢發現了許多新鮮的果汁。」[5]

特斯拉受到赫茲電磁波實驗的啟發，一回到美國馬上組建了新的實驗室，還邀請了當時幾位頗有成就的工程師。但是該實驗室所研究的課題和使用電磁波傳遞資訊，也就是我們今天常說的無線電通信，並沒有太大關係。特斯拉所考慮的科研重點是未來電氣的發展方向，他用「三高」來概括這個發展方向，即高電壓、高（大）電流和高頻率。高電壓技術在今天的遠端輸電中已經廣泛採用，高電流則能讓整個供電系統驅動更多的設備，而高頻率的意義，特斯拉其實並沒有想清楚。

不過有一點是顯而易見的，高頻率依然和輸電有關，和傳遞資訊無關。為了實現交流電的高頻率傳輸，特斯拉進行了很多匪夷所思的設計和實驗，比如把他發明的四相交流電（而不是今天世界上普遍使用的三相交流電）變成二十四相，將交流電的頻率從五〇至六〇赫茲變成了兩千赫茲。這樣做的好處是可以消除弧光燈在使用低頻交流電時所產生「刺刺」的雜訊，但是對於傳輸信號來說就沒有什麼意義。

與特斯拉不同的是，在歐洲一些受到赫茲啟發的科學家，包括英國的洛奇（Oliver Joseph Lodge）和前文提到的亥維賽等人，則開始考慮用無線電波傳送電報的可能性。這些人篤信麥克斯韋的理論，相信數學的邏輯性，他們自稱「麥克斯韋學派」的成員。特斯拉一直（通過雜誌）關注這些人的研究成果，但是他顯然不同意他們的看法。他們的根本分歧在於，麥克斯韋學派認為電磁波是一種波（當時一度被稱為「赫茲波」），和光具有相似的性質，而特斯拉認為那只是電磁力或者靜電力的一種表現，可以用來傳遞電能。

今天，我們知道麥克斯韋學派是正確的，其理論得到了普遍的驗證，而今全世界所有的通信系統都是建立在此理論基礎之上。但是，當時特斯拉用更古老的電磁力或者靜電力來解釋電磁波，是有合理性的。畢竟在特斯拉接受教育的時代，基於數學推導出的麥克斯韋理論

4 David Cahan. Hermann Von Helmholtz and the Foundations of Nineteenth-Century Science. University of California Press，1993.

5 https://teslauniverse.com/nikola-tesla/articles/some-experiments-teslas-laboratory-currents-high-potential-and-high-frequency.

並不流行，而且根據奧卡姆剃刀原則[6]，如果現有的理論能夠解釋一種現象，就不要搞出新東西。

特斯拉並沒有認識到，他對電磁波本質的錯誤理解，斷送了他作為發明家的前途。雖然一開始特斯拉憑藉超凡的天才在一條錯誤道路上得到了一些看似神奇的發現，但是時間一長，他逐漸遠離了原本應該屬於他的成功。

進入怪圈的特斯拉

對於發明家來說，比必然的失敗更有危害的，是偶然的成功，後者往往會把他們帶偏方向，遠離最終的目標。特斯拉就非常不幸地走入了這個怪圈。

從一八九〇年到一八九一年，特斯拉開始實施「三高」計畫，並且看上去似乎有了一個非常不錯的開局。當他把一條帶有電感線圈的電路電壓和交流電的頻率同時升高後，旁邊一個不相干的高頻振盪電路中的燈泡竟被點亮了。特斯拉因此產生了一個偉大的新想法——無線輸電，並從此沉浸於這個新想法，相信它必將會讓自己在發明交流輸電後步入人生的第二個高峰。

為了宣傳無線輸電想法並尋找投資，特斯拉在接下來的五年裡舉行了多場大型報告會，他每到一個地方都受到了熱烈歡迎，有時四千人的會場也被擠得滿滿的。在很多次演說中，他現場進行實驗展示，用一個高頻振盪的電感線圈，去感應連有燈泡的另一個電感線圈，燈泡立刻就被點亮了。觀眾們在歡呼，而膽小的人則以為他是魔鬼附體，嚇得奪門而逃。今天我們知道，電磁場的變化會讓一個導電的迴路產生電流，這不是什麼了不得的事。不過，這種能量傳播不遠。但是當時的人不懂這些，備受震撼不足為奇。

特斯拉的研究工作和使用無線電通信沒有什麼關係，雖然他在一次演說中提到了用無線電傳輸資訊，但也只是順便提起。更關鍵的是，他所相信的無線電傳輸資訊的原理與方法是錯誤的，和今天無線電通信的做法並無共同之處。他的原話如下：

我對此深信不疑，能量和資訊的（無線）傳輸計畫不再僅僅是理論上的可行性，而是一個嚴肅的電氣工程問題，它總有一天會實現……我堅定地相信，以強大的（發電）機器來干擾大地的靜電條件，並且傳輸可分別的信號是可能的，傳輸電

6 編者注：奧卡姆剃刀原則是由十四世紀英格蘭的邏輯學家、聖方濟各會修士奧卡姆的威廉提出的。這個原理又被稱為「簡單有效原理」。

> 力也是可行的……我們現在知道，電的振動是可以通過導體來傳輸的，那麼為何不把大地這個導體用於這個目的呢？[7]

我們把他的這段話重新表述一下：首先，用高頻振盪電路遠端傳輸電流。當然電流是不可能單方向流動的，於是，能夠導電的大地將被用來做電路的迴路。在這個電路中，傳輸的是電流，或者說能量。由於電信號可以載入到電流上（摩斯和貝爾都是這麼做的），因此資訊也就被傳輸了。我們可以把特斯拉的想法用圖5-4來表示。

我們今天使用的無線電通信原理如圖5-5所示。它並不需要電流的迴路，因為電磁波是一種波，不是電流或者什麼靜電力。在傳輸資訊時，我們先要將傳輸的資訊載入到電磁波上，然後由發射裝置發出，電磁波就在空中沿著一個方向或向四周擴散。接收端的天線接收到電磁波後，

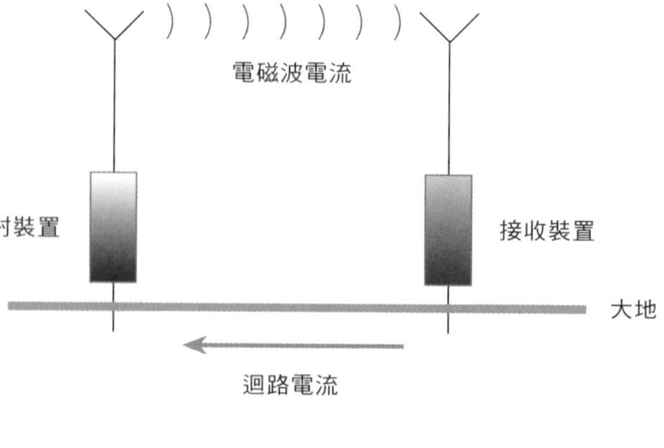

圖5-4 特斯拉所說的無線傳輸電能和資訊的示意圖

將資訊剝離。大家對比這張圖和赫茲實驗的原理圖（見圖5-3），就會發現它們非常相似。這一點都不奇怪，因為今天所有的無線電通信都是建立在麥克斯韋理論和赫茲理論之上的。

特別需要指出的是，利用無線電波傳輸資訊，並非像特斯拉想像的那樣，需要幾萬伏甚至上億伏的高電壓，一個電池就可以做到（大家的手機便是如此）。像特斯拉這樣錯誤地理解一種新理論，在科學史上並不少見，因為雖然他們眼睛所看到的現象是新的，但是頭腦裡裝的依舊是上一代的知識體系。一旦如此，特斯拉作為偉大發明家的生命其實已經結束了。

十九世紀九〇年代初，沒有人能夠指出特斯拉所犯的理論錯誤。因為歐洲麥克斯韋學派的學者並不關心這位新

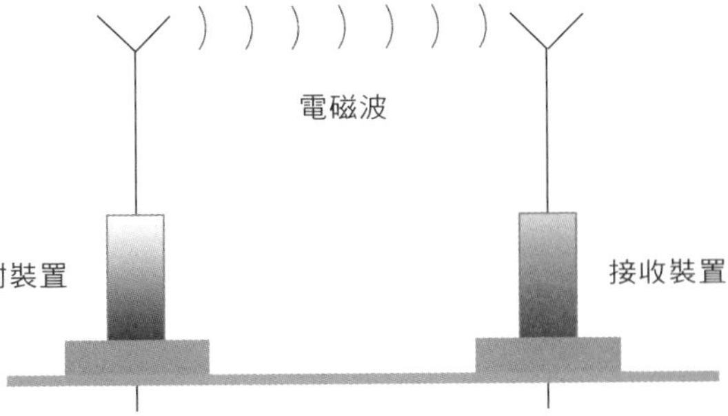

圖5-5 今天的無線電通信示意圖

7 引自《W·伯納德·卡爾森·特斯拉：電氣時代的開創者》，王國良譯。北京人民郵電出版社，二〇一六年。

大陸最負盛名的發明家的想法，雖然特斯拉時不時會指出麥克斯韋學派錯了。當特斯拉的交流供電系統在一八九三年的芝加哥世界博覽會上大放異彩時，特斯拉在人們的心目中就是神一般的存在，所有新聞媒體都在追捧他。新聞界泰斗普利策和我們前面提到的馬丁都正面報導他，而那些小報記者為了博得人們的眼球，則杜撰出了特斯拉的許多傳奇故事。志得意滿的特斯拉也不斷在公眾面前拋頭露面，接受人們授予他的各種科學獎項，其中包括耶魯大學在內的很多著名大學授予他的名譽博士學位。

特斯拉的野心也隨著榮譽和聲望的提升而無限放大。他除了想在全世界實現無線供電，還涉足能引起他興趣的許多新領域，比如有關X射線的研究。這些龐大的計畫不僅無法實現，而且非常燒錢，這讓特斯拉很快就花光了他從交流輸電等專利中所獲得的巨大收益。他成立公司需要籌集必需的科研資金，但無法讓投資人相信無線電燈所擁有的商業前景。這期間，反倒是他的一個小發明——用電磁波遙控模型船——讓他成為最早應用電磁波的人。

需要說明的是，特斯拉並不能真的用電磁波來控制模型船的航行，只是用電磁波把操作信號發送到模型船的接收器上，然後人在接收信號指令後，根據指令手動操作模型船。這個實驗的本質是一次兩點之間近距離的無線電資訊傳輸。如果我們對比馬可尼跨大西洋無線電通信的實驗，你就會發現，它們看上去頗為相似，只是特斯拉的這個實驗時間更早一些。

這項發明為特斯拉帶來了一萬美元的投資，隨後他在一八九七年申請了專利。這個專利的申請日期使得後來馬可尼的專利變得無效。不過特斯拉從來沒有造出過真正的遙控船，他甚至沒有在這方面投入很多精力，因為他的精力一直放在遠端輸電上，但這顯然是一件不會有什麼結果的事情。

如果一個發明家做出過多的承諾而不能兌現，實際上就是在透支他之前所獲得的信譽。特斯拉在十九世紀的最後十年就是如此，但他並沒有意識到這一點。信譽的損失有一個積分效應，一開始並不明顯，但是很快會

圖5-6 1899年，尼古拉．特斯拉坐在他的實驗室。他成功製造出人造閃電。

加速。漸漸地，先是學術界，然後是電氣行業，最後是媒體，人們對特斯拉幾年來沒有兌現承諾感到不滿。當時著名的電氣工程學教授阿莫斯·多比爾[8]說得很中肯：「他（特斯拉）做了太多驚人的預告，但很少兌現承諾，他慢慢成為那個喊『狼來了』的孩子，直到沒有人想再聽他的。」[9]當然，特斯拉在普通民眾中的明星光環還會維持一段時間。

馬可尼的逆襲

既然特斯拉無意集中精力在無線電通信上，就給了那個叫馬可尼的義大利小夥子逆襲的機會。馬可尼（Guglielmo Giovanni Maria Marconi）一八七四年出生於義大利大學之城博洛尼亞一個富有的家庭。他的母親出身於愛爾蘭一個大家族，擁有一家著名的造酒廠。馬可尼小時候沒有上學，後來也沒有接受過正規的高等教育，但是他的父母一直在請最好的私人教師教授他數學和科學。他經常隨著家人在義大利和英國旅行，每到一處都要拜訪名師，學習一段時間。馬可尼十八歲時回到博洛尼亞，在博洛尼亞大學物理學教授里吉（Augusto Righi）的幫助下，進入課堂系統旁聽了電學課程，並且使用大學的實驗室和圖書館做了不少科學研究。雖然很多勵志書喜歡把馬可尼渲染成一位自學成才的無線電愛好者，但他其實受過良好的教育，甚至比一般人要好得多。

馬可尼對電磁波產生濃厚的興趣是在一八九四年。這年，年僅三十七歲的赫茲去世了，這件事讓電磁波一下子成為眾多媒體關注的焦點，同時也在歐洲掀起了一股研究電磁波的科學熱潮。不過，當時大部分物理學家並不清楚電磁波對人們有什麼用，而馬可尼則天才地預見到人們有可能用電磁波實現無線電通信。

馬可尼決定回家搭建他的實驗室。在男管家的幫助下，他把自家的一棟別墅改成實驗室，並買來了布蘭利發明的電磁波探測器。當時並沒有可以用來檢測的信號源，於是馬可尼就想到了用閃電作為信號源。他搭起了一套系統，每當有雷電時，那個系統就會發出噹噹的響聲。無獨有偶，俄羅斯無線電的先驅波波夫最早也是用閃電作為信號源的。

由於馬可尼只是接收和檢測電磁波信號，他的實驗並不需要巨大的能量源，有一些電池就足夠了。這和特斯拉試圖用無線電傳輸能量的實驗是完全不同的。不久，馬可尼研製出了一個無線電發射器，運用這個裝置能夠在他的實驗室控制他母親房間裡的電鈴。這個實驗雖然不複雜，但是證明了電磁波是可以傳輸控制資訊的。特別需要指出的是，無論是馬可尼還

8 一八八二年，多比爾用大地做迴路，實現了一點五公里的無導線電報通信。

9 《W．伯納德．卡爾森．特斯拉：電氣時代的開創者》[M].王國良譯，北京：人民郵電出版社，二〇一六年。

是波波夫，都是把電磁波看成一種波，因此用它來實現無線電通信並不需要什麼迴路。也就是說，在他們心中的無線電通信和圖5-5是一致的。

當然，無線電通信在實驗室裡所取的成功，距離實際應用還有很大差距，因為電磁波隨著距離的增加衰減很快。要實現真正意義上的無線電通信，就需要讓電磁波能夠把資訊傳送到足夠遠的地方。

第二年（一八九五年）夏天，馬可尼將他的實驗設備搬到父親在蓬切西奧的莊園。那裡的地勢開闊，而且離莊園不遠處還有一座小山。他把發射信號的裝置放在小山上，然後在自己居住的樓上架起了信號接收天線。就這樣，他成功實現了傳輸半英里（約〇點八公里）的無線電通信。這次實驗被認為是最早的有效的無線電通信[10]。

但是接下來馬可尼陷入了僵局，因為他再也無法進一步增加通信距離。事實上，當時的物理學家預測電磁波也只能傳這麼遠。如果真是這樣，那麼無線電通信的應用場景就會受到極大的限制。馬可尼在改進了無線電的發射和接收裝置後，依然沒有看到效果。他只能回到問題的原點——是否赫茲最初的天線設計就有問題。馬可尼的運氣非常好，因為他的猜測恰巧是實驗的問題所在。馬可尼在改變了天線的形狀後，又把天線架高了一些，無線電信號就能傳送兩英里（約三點二公里）了。我們千萬不要小看這兩英里和半英里的差別，因為當距離相差四倍時，接收到的信號就會減弱十六倍。能檢測到原來十六分之一的信號，這是一個不小的進步，雖然這離最後的成功還差得很遠。

馬可尼看到了利用電磁波實現無線電通信的可能性，但接下來的工作就不是僅僅靠父母的資助能夠完成的了。於是他寫信懇請義大利政府支持自己的科學發明，但是被當作瘋子，信也被退了回來。不過，這時馬可尼的上層社會家庭背景幫了他大忙。他父母的一位朋友，美國駐義大利的公使對他說，在義大利發明家是沒有任何前途的，他應該去重視科學發明的英國。這位朋友幫助他聯繫了義大利駐英國大使，後者積極安排他到英國開展科學研究工作。

於是，二十一歲的馬可尼就在母親的陪同下前往他的第二個母國——英國。在英國海關，檢察人員被他行李中一堆叫不上名字的儀器設備驚呆了。這件事很快讓英國郵政總局首席電氣工程師普利斯注意到了。這位普利斯先生就是我們前面提到的並不看好電話應用前景的人，但是他對電報情有獨鍾。當他認定馬可尼的科研工作有可能實現無線電報時，他給予了極大的支持。從此，馬可尼的研究工作一直得到英國政府的資助。

英國之所以願意支持馬可尼的無線電通信研究，一個重要的原因是，它本身的島國地理

10 這個時間比波波夫第一次實現兩百五十公尺的無線電通信還要早。俄羅斯將波波夫進行第一次無線電通信的時間和馬可尼獲得專利的時間對比，並聲稱波波夫更早實現了無線電通信，是毫無說服力的。

條件。如果是一個領土彼此相連的大陸國家，那麼建設電報網路或者電話網絡是一件十分容易的事。但是英國本土孤懸於歐亞大陸之外，雖然當時有海底電纜和大陸相連，但造價極高。如果能與歐亞大陸實現無線電通信，那麼將從根本上解決成本問題。

此外，英國周圍有很多海島，雖然並非每個海島都有居民，但是不少海島上有燈塔和觀察哨，也需要及時地和英國本土通信，而無線電通信顯然是最好的解決方案。事實上，馬可尼的很多無線電通信實驗都是在海島上進行的（見圖5-7）。不過他的第一次無線電通信實驗還是需要在大陸上進行。

圖5-7 馬可尼在英國郵政總局的支持下，在海島之間進行無線電通信的實驗。

一八九七年三月，就在馬可尼到達英國半年後，他在西南部的索爾茲伯里平原上進行了距離三點七英里（約六公里）的無線電通信實驗。這次實驗的距離比他在義大利的那次增加了一倍。這次實驗的成功不僅讓英國人對他的無線電通信研究有了充分的信心，而且還讓他從此得到了英國學術圈的認可。在隨後的兩年裡，馬可尼在英國進行了大量實驗。如果我們把這些實驗一一列出，一張紙都寫不下。

總的來說，雖然他也時常遇到失敗，但是每過兩、三個月他就能夠給人們帶來一些驚喜，因為實驗的距離越來越長，範圍越來越大——先是在英國本土，然後從海島把消息發回英國本土，繼而實現了英國不列顛島和愛爾蘭島之間的通信，最後跨越英吉利海峽，把英法兩個國家用看不見的電磁波連接起來。對於這種結果可以預期的研究，政府、投資人、學術界和大眾都抱有足夠的信心，也對馬可尼充滿了足夠的信任。因此馬可尼雖然也需要不斷籌措研究經費，但是很少像特斯拉那樣舉步維艱。

一八九九年三月十七日，馬可尼無線電通信研究的實際價值已經完全體現出來了。英國多佛爾的燈塔台收到了十二海里（約二十二公里）以外東古德溫燈塔發出的求救信號，這代表在那裡有船隻出了事故。多佛爾的海岸救助人員於是派出了救生艇前往出事點救起了擱淺的商船「易北號」[11]，也就是在這件事情發生的十天後，馬可尼實現了英法之間的無線電通信。

和摩斯、貝爾以及特斯拉一樣，馬可尼是一個立志於要把無線電通信技術推廣到全世界的人。當時，美國已經取代英國成為世界上最大的工業國，讓無線電通信技術進入美國，對馬可尼來說是遲早的事。一八九九年秋天，馬可尼的技術受到了一位美國金融鉅子的關注，他就是大名鼎鼎的 J.P. 摩根。

用今天的話說，J.P. 摩根是個富二代，但是他對新技術有著天生的喜好，並且可以算得上是那個時代眼光最好的天使投資人。在他看中的科學家和發明家中，就有大名鼎鼎的愛迪生和這位年輕的馬可尼。J.P. 摩根對馬可尼無線電技術的關注，源於當時將要舉行的美洲杯帆船賽，這是一項迄今為止已有兩個世紀的傳統體育盛事，也是超級富豪在帆船技術上的比拼。

和之前的超級富豪范德比爾特（Vanderbilt），以及後來的拉里・埃里森一樣，J.P. 摩根也是個超級帆船迷。他不僅是紐約帆船俱樂部的會長，也是當時衛冕帆船「哥倫比亞號」的首席贊助人。為了把遠海帆船賽的結果及早發給報紙，J.P. 摩根決定採用無線電通信技術，於是他看中了馬可尼的公司。J.P. 摩根提出以二十萬英鎊的高價購買馬可尼在美國的技術專利權，對此馬可尼和他的贊助者同意了。但是當 J.P. 摩根希望附帶上無線電通信在大洋上的權利時，意識到將來洲際通信離不開無線電的馬可尼團隊便一下子提高了價格，這讓他們和 J.P. 摩根之間原本可能達成的合作擱淺了。

不過，馬可尼依然如願以償獲得了發布美洲杯帆船賽消息的合同，因為當時沒有第二個可以替代馬可尼的無線電通信合作者。而幾十年後，J.P. 摩根留下的 GE 公司（通用電氣公司）最終成功收購了馬可尼在北美的廣播公司 RCA（美國無線電公司），這當然是後話了。

或許是 J.P. 摩根的關注讓馬可尼加快了進入美國的腳步，一九〇一年，馬可尼落腳加拿大，開始嘗試跨洋無線電通信的可能性。馬可尼之所以選擇加拿大，而不是他後來主要生意的所在地美國，主要是因為那裡離歐洲更近，這和當初菲爾德選擇加拿大的依據是相同的。接下來所發生的，就是我們在本章一開始說到的情節。

對於馬可尼在無線電通信技術上所取得的成功，特斯拉從來沒有給予過任何讚譽。早在馬可尼成功實現了跨英吉利海峽通信時，特斯拉給予的評論完全是一種嘲諷的語氣：「（那是）一個毫無價值的電流損失陷阱，百分之九十的電能都被浪費了，只是乾電池和一點五美

---

11 Marconi's Wireless Telegraph by Cleveland Moffett, McClure's Magazine, June 1899, pages 99-112.

元感應電圈做出的玩具。」然後他在《紐約新聞報》上說了自己的想法：

> （將來）紐約人能與全世界任何熟人朋友進行無線電通信……到那時，（用氣球）懸在空中的信號塔比家裡的電話還普及……你將把二千字的檔（在當時算是很長的電文了）瞬間發到倫敦、巴黎、維也納……比播電話號碼還快。[12]

令我們感到十分吃驚的是，特斯拉當時所描繪的完全是今天無線電通信的場景。但是，正如當時媒體所說，這兩個發明家（特斯拉和馬可尼）只有一點微小的區別：馬可尼「隔空而談」，特斯拉「空空而談」。[13]

尼古拉·特斯拉（Nikola Tesla）
1856年7月10日至1943年1月7日

開發交流電系統，研究X射線，製造出人造閃電，設計尼亞加拉水電站，發明收音機、傳真機、電子管、霓虹燈管、飛彈導航等，這位傳奇的塞爾維亞裔紳士，風度翩翩的天才科學家，一生共有約1000項（一說700項）專利，為世人驚歎，甚至有人猜測他是擁有「特異功能」的「時空穿越者」。為世界創造了太多驚喜的他於1943年去世，就在同一年，美國最高法院重新認定馬可尼1904年的無線電專利無效。曠世奇才特斯拉的一生，也在傳奇中宣告落幕。

為利益而站隊

馬可尼在完成了跨大西洋的無線電通信後，一路高歌猛進，他在進軍北美市場的過程中每一步都走得非常扎實。到一九〇一年底，他已經在北美東海岸和歐洲西海岸建起了二十個無線電海岸站，並且在七十條船上安裝了無線電裝置。

一九〇二年十二月十七日，馬可尼站在新斯科舍省的格萊斯貝建成，並且開始向大西洋彼岸發射無線電信號。這讓加拿大成為美洲第一個實現跨洋無線電通信的國家。當然，在這一年裡，更多的無線電基地台陸續建成，馬可尼將它們逐漸連成一張十分龐大的無線電通信網路。一九〇三年一月十八日，從美國麻塞諸塞州的南威爾斯利附近的一處無線電基地台向英國發出了一段資訊，傳遞了美國總統希歐多爾．羅斯福向英國國王愛德華七世的問候。這是繼維多利亞女王和布坎南總統有線電報跨洋通信後，又一個里程碑事件。

當報紙上滿是馬可尼的故事，特斯拉這位曾經的媒體明星忍不住發出譏笑，並且暗示馬可尼不過是在拼湊別人的研究成果。特斯拉是這樣對眾人說的：

---

12 Tesla Says，*New York Journal*，April 30，1899，Tesla Collection 14:97-104.

13 Town Topic，April 6，1899，Telsa Collection10.

當我向全世界推出我的系統時，我會讓整個技術圈指出它的哪個部分……不是我自己創造的。對於那些賣現成鞋子的人，我佩服他們的小聰明，也祝福他們成功，但是我不會穿現成的鞋子，雖然它們很便宜，卻會（讓你）長雞眼，得拇囊炎。[14]

當然特斯拉不能光贏在嘴皮子上，他還需要做點兒什麼，以證明自己的想法比馬可尼更好，但是這需要一大筆錢。雖然特斯拉找過他的老夥伴、西屋電氣的創始人威斯汀豪斯（西屋和威斯汀豪斯是同一個英語詞彙的兩種譯法），想與他合夥建立一家新公司，以便共同完成這項十分偉大的事業，但是這次威斯汀豪斯婉拒了特斯拉的邀請。顯然，他對特斯拉的所謂新計畫根本沒有興趣，但他還是借給了特斯拉一筆錢。一是因為特斯拉的大功率無線電發射裝置需要買西屋的發電機供電；二是因為西屋電氣當時正在和湯姆森公司打交流電專利的官司，他指望特斯拉能夠幫自己出庭做證，因為西屋電氣用的是特斯拉的專利。[15]威斯汀豪斯的態度其實很能說明問題，那就是企業家已經不像幾年前那樣看好特斯拉了。

此時的特斯拉沒有任何辦法，他還需要找更多的投資者來支持自己的科研專案，最後他把目光鎖定在J.P. 摩根身上。我們前文提到，J.P. 摩根一直關注新的科學技術。自從試圖投資馬可尼的無線通訊專案遭遇失敗後，他就一直在尋找替代技術進行投資。早在馬可尼實現跨大西洋無線電通信之前，特斯拉就找過J.P. 摩根，提出共同建立一家新企業來實現跨大西洋的無線電通信。特斯拉知道，做金融生意的J.P. 摩根需要通過電報獲得倫敦的金融資訊，因此無線電報技術比遠端輸電更能打動他。果然，雖然當時正忙於兩樁規模空前的併購案的J.P. 摩根非常忙，[16]但是依然在一個月內會見了兩次特斯拉。特斯拉為J.P. 摩根描繪了一幅十分動人的市場情景：

> 利用上億伏的電壓、數十萬千瓦[17]的電能，取代長而昂貴的電纜，可以確保建立跨大西洋的電報通信站，甚至跨太平洋的電報通信站。

14 Tesla's Wireless Telegraph, *New York Sun*, Jan 16, 1902, Tesla Collection 16:59.

15 Decision in Favor of Tesla Rotating Magnetic Field Patents, *Electrical World and Engineer*，Vol 36 (Sep 8, 1900), page 394-395，Tesla Collection 15: 87-88.

16 那段時間，J.P.摩根正在和洛克菲勒、詹姆斯·希爾、愛德華·亨利·哈里曼這三位商業鉅子建立美國最大的鐵路托拉斯——北方證券公司，同時他還要和卡內基一同建立美國最大的鋼鐵托拉斯。

17 當時特斯拉說的是數十萬馬力。那時全世界還沒有統一的功率單位，因此常常用馬力而不是用千瓦來衡量發電機的能力。由於一馬力相當於〇點七三五千瓦，因此，數十萬千瓦和數十萬馬力是同一數量級的概念。

至於工程所需費用和實施建設的難度，特斯拉做了一個極為樂觀的估計。橫跨大西洋的無線電通信只要十萬美元，建設時間只需六至八個月。至於跨太平洋的通信，只要二十五萬美元。在說完龐大的跨洋無線電通信計畫後，特斯拉還對J.P. 摩根說了不少溢美之詞。他說：「重要的是，我是在和一位偉人打交道。」[18]

J.P. 摩根雖然不懂無線電通信的技術細節，也搞不清楚馬可尼在一年前是如何實現跨英吉利海峽通信的，更沒有足夠的專業知識來判斷「上億伏的電壓、數十萬千瓦的電能」根本就是在傳輸電能而非資訊，但是他算帳還是十分仔細的。如果傳一份電報需要用數十萬千瓦的發電機提供電能，成本可比當時他正在使用的海底電纜貴多了。因此，幾個月下來，J.P. 摩根完全沒有和特斯拉進入實質性的合作商談階段，這和當初他很快和馬可尼的團隊達成二十萬英鎊專利授權的初步協議形成了鮮明的對比。

在一九〇〇年底到一九〇一年初的幾個月間，特斯拉給J.P. 摩根寫了很多封信，每封信的文字都熱情洋溢，而且尊稱對方為「偉人」。但遺憾的是J.P. 摩根正忙於建托拉斯，特別是美國鋼鐵托拉斯，那可是價值十億美元的龐大計畫，相當於美國當年GDP的百分之五。因此，他沒工夫考慮特斯拉的建議。

不過特斯拉是個為了實現理想十分執著且從不氣餒的人。他在J.P. 摩根和卡內基完成了合併談判後立即給對方寫了信，並且承諾將未來百分之五十一的收益給對方。這次不知道是觸動了J.P. 摩根的哪根神經，他在美國鋼鐵托拉斯成立的第二天就慷慨地給了特斯拉十五萬美元，比特斯拉要的資金數目還多了五萬美元，或許是那樁成功的併購生意讓他過於興奮。

這樣，就在馬可尼到達加拿大開始做跨洋無線電通信實驗不久，特斯拉也開始實施自己的龐大計畫，其核心是搭建一座二十二公尺高的無線輸電塔沃登克里弗塔。按照特斯拉的想法，它將把四點四萬伏、二十萬赫茲的高頻交流電無損耗地輸送到遠方。在空中，它將通過大氣輸電（特斯拉一直拒絕承認電磁波是一種波），然後利用大地作為迴路，構成一個完整的電路。今天，只要學過中學物理的人都知道，這套想法是行不通的，遺憾的是當時的人們並不清楚這個道理。J.P. 摩根就這樣被特斯拉拉上了船，他會偶爾瞭解一下特斯拉的工作進展，但從來沒有得到過讓人滿意的答覆。

一九〇二年對J.P. 摩根來說可謂流年不利，新上台的希歐多爾·羅斯福總統以反壟斷的名義把他好不容易整合成立的鐵路托拉斯北方證券公司告上了法庭，J.P. 摩根等人後來輸掉

18 參見一九九〇年十一月十日特斯拉給J.P. 摩根的書信。

了官司。或許是在北方證券公司上的失利，讓J.P. 摩根決定在新興產業中試試自己的運氣，於是他同意了特斯拉創建一個新公司，並募集一千萬美元鉅資的宏偉計畫。不過鑒於過去特斯拉喜歡在媒體上打著J.P. 摩根的旗號做宣傳，這一次後者嚴禁他這麼做。

此時的特斯拉或許還沒有意識到，他在投資人心中的地位已經不像十年前那樣高大了。這次，一千萬美元的融資計畫居然連一分錢都沒有融到，特斯拉為此感到十分憤怒，他向J.P. 摩根抱怨，他要大家投資五千美元，大家就害怕；如果開口說出五萬美元，大家恐怕要裝肚子疼跑了。[19]

融資的失敗讓特斯拉的龐大計畫擱淺了。此時的特斯拉屋漏偏逢連夜雨，欠老朋友威斯汀豪斯的幾萬美元已經到期，大量的律師費和合夥人的錢還沒有支付。這一次他只好再次謙卑地去懇求J.P. 摩根。J.P. 摩根問他之前的十五萬美元是怎麼花掉的？特斯拉抱怨：「摩根先生，你在商業界掀起了巨浪，也波及我的小船，先是價格漲了兩三倍，然後又一落千丈，這主要是你激起的大浪所致。」[20]從此之後，J.P. 摩根到死都沒有再理會特斯拉。

今天很多人都覺得這是J.P. 摩根作為資本家殘酷的一面，事實上，換做其他人處在J.P. 摩根的位置，恐怕也會做出同樣的決定。沒有人希望自己的銀子被別人拿去打水漂，比如，J.P. 摩根投資特斯拉的十五萬美元就沒有獲得任何收益。雖然J.P. 摩根喜歡投資新技術，但他從本質上喜歡的是像愛迪生和馬可尼所研究的能夠看得清未來發展趨勢的新技術。作為史上最精明的投資人之一，J.P. 摩根非常懂得及時止損的必要性。

此時，多次遭到特斯拉無情譏諷的馬可尼無線電報公司卻發展得非常平穩。從一九〇四年起，它將無線電通信用於商業服務，向訂購了電信服務的各種商船發送新聞摘要。一九〇七年十月十七日，馬可尼開通了愛爾蘭的克利夫登和加拿大的格萊斯灣之間的跨大西洋無線電報服務，並且致力於提供更可靠的通信系統服務。此後他在世界各地創辦了很多家無線電公司。一九〇九年，三十五歲的馬可尼獲得了諾貝爾物理學獎，得到了全世界學術界的認可。雖然後世有些人批評馬可尼那段時間有些保守，只是用無線電開展電報業務，但是當一九一五年 GE 公司開始生產真空三極管之後，馬可尼利用它迅速地推出了無線電廣播服務。

從此，人類進入了收音機時代。馬可尼在商業上為美國和英國都留下了豐厚的遺產，美國著名的 RCA 公司前身以及英國著名的 BBC 公司（英國廣播公司）前身，都是馬可尼一手創辦的。學術和商業上的成功，讓馬可尼這個名字永遠和無線電聯繫在了一起。

與幸運兒馬可尼相比，特斯拉則命運多舛。沒有了美國企業家的支持，特斯拉的祖國塞

19 參見一九〇三年七月三日特斯拉給J.P.摩根的書信（存於國會圖書館）。
20 參見一九〇三年四月二十二日特斯拉給J.P.摩根的書信（Herbert Satterlee. *J.P.Morgan*，Mac Millan，1939）。

爾維亞並沒有忘記他。塞爾維亞成立了「特斯拉協會」，每個月定期給他提供不菲的資金支持。一九一一年，特斯拉的機會終於又出現了。當時德國人為了全面和英國人競爭，辦起了自己的無線電報公司——「大西洋通信公司」。為了刺激英國人，德國公開宣佈特斯拉是無線電的發明人，然後聘請特斯拉做為技術顧問。

到了第一次世界大戰期間，英國乾脆切斷了德國出海的海底電纜。此時的德國和當時依然是中立國的美國之間只剩下大西洋通信公司的無線電報通信。而且，英國決定連德國這條唯一的資訊通道也一刀切斷，於是馬可尼公司在美國起訴大西洋通信公司，理由是後者侵犯了馬可尼的技術專利。德國當然不會善罷甘休，請了與馬可尼一同獲得諾貝爾獎的布勞恩（Karl Ferdinard Bruun）在內、陣容強大的辯護團隊和英國打官司。而且，特斯拉這次也作為德方的技術顧問參與了和馬可尼公司的訴訟。

這次原本和特斯拉沒有太多關係的訴訟給了他啟發。於是，他對馬可尼的專利訴訟提起了反訴，質疑馬可尼在一九〇四年所獲得的重要美國專利是否有效。原本這場官司特斯拉不會有什麼獲勝機會[21]，但是馬可尼公司的一個決定讓這場官司出現了反轉。當時由於一戰爆發，美國就直接廣泛地使用了無線電通信技術。於是馬可尼公司開始控訴美國政府侵權，而美國政府要想贏得訴訟，就必須否定馬可尼的專利。這場官司一直打了幾十年，最後打到最高法院。一九四三年，最高法院裁定馬可尼一九〇四年的專利無效，理由是特斯拉等人曾經提出類似的想法，而這時特斯拉和馬可尼都已經去世了。

性格決定命運

後世一些人認為，對馬可尼專利的裁決似乎把「無線電之父」的頭銜還給了特斯拉。其實，稍微有點專利法常識的人都知道，馬可尼的專利是否有效，和發明無線電的功勞能否給予特斯拉，是兩回事。將電磁波技術用於資訊傳輸有很多工作要做，而這絕大部分都是馬可尼完成的。

我們不能否認特斯拉在無線電方面有一定貢獻，但其貢獻主要體現在通過高頻交流電路產生電磁波方面，而不是無線電通信方面。在特斯拉之前，法國人布蘭利和英國人洛奇已經發明了電磁波的檢測和接收器。再之前，赫茲無疑是驗證電磁波的第一人，因此今天德國人一直把赫茲奉為「無線電之父」。如果一定要再往前推，前面還有麥克斯韋，而麥克斯韋前

21 Tesla Sue Marconi on Wireless Patent，NYT，Aug 4，1915.

面還有法拉第……這樣就沒完沒了了。

通常，人們是將發明的榮譽授予最後一個發明者，因為他給發明畫上了完整的句號。以無線電的發明和普及應用來說，馬可尼和他的公司在歷史上功不可沒。他們控訴美國政府這個官司最後的判決，更多體現了各方站隊的結果，而不是是非判斷。不幸的是，馬可尼公司在無意之間將美國政府推到了自己的對立面。

馬可尼晚年滿載著榮譽和財富回到了故鄉義大利，成為那裡的英雄，甚至被封為侯爵。當然，相比他為我們這個世界所做的貢獻，他所得到的榮譽和財富顯得那麼微不足道。

特斯拉在隨後的半個多世紀裡都不受美國人的關注。實際上，美國人一直喜歡像愛迪生、貝爾和馬可尼這樣的發明家，因為他們走完了發明的完整過程，並且用發明改變了人類的生活。進入二十一世紀，美國人又談起了特斯拉以及那些在電話、電報等各個領域失敗的發明家，這主要是因為思想文化上的改變，人們願意更多地關心弱勢群體以及那些失敗的英雄。以特斯拉本人來說，他應該感謝那家用他的名字成立的電動汽車公司，因為絕大部分人都是通過特斯拉汽車，才知道有這麼一個人。

對比馬可尼和特斯拉的命運和結局，正應驗了那句老話——性格決定命運。馬可尼出身名門，有著極為豐富的社會資源。同時，他知道如何和每個人打交道，而且做事腳踏實地。

雖然有時顯得保守，但是他像獵豹一樣匍匐著等待合適的機會，一旦尋到商機就會迅速出擊。馬可尼的一生基本上只做了兩件事，無線電通信和無線電廣播，但是這兩件事的影響都是巨大的。在做事風格上，馬可尼總是內緊外鬆，對外宣稱不可能，對內卻加緊研究，尋求突破。

其實，特斯拉才是我們今天所謂「逆襲者」的代表。他是一位不世之才，想像力極為豐富。他有無數的神奇想法，但遺憾的是，絕大部分都只是開了個頭，而沒有結尾。這其實是希望通過逆襲獲得成功的人會普遍存在的性格弱點，因為他們需要很多次成功才能達到目的，而且一次失敗就可能讓他們重新回到原點。遺憾的是，這樣高頻率失敗的做事風格，很容易將之前成功所帶來的信譽消耗殆盡。特斯拉恰恰又是一個喜歡輕易做出承諾的人，而他的那些承諾又過於龐大，難以實現。

一九〇三年，美國通用電氣公司著名的工程師勞倫斯．霍金斯這樣評論特斯拉：「十年前，如果在這個國家（美國）做一個民意調查：誰是最有前途的電氣工程師？答案無疑會是特斯拉。而如今，他的名字最多只會引起人們的感嘆：可惜如此大好前途竟未能實現。十年間，科學媒體的態度從欣賞、期望轉到善意的玩笑，最終轉到憐憫和沉默。」

本章小結

馬可尼和特斯拉的競爭，其實是兩個不同時代、兩種不同思維方式的競爭。在特斯拉看來，電磁波是傳輸能量的媒介，而在馬可尼看來，它是傳遞資訊的媒介。特斯拉生活在需要動力（特別是電能）的第二次工業革命期間，而馬可尼生活在資訊產業剛剛起步的時代。對同個事物的不同看法，導致了兩個人不同的人生命運。

無線電的出現一方面直接催生了廣播產業和後來的電視產業，而且後者很快就超過報業成為最大的傳媒產業。另一方面，無線電也使得資訊有了隨時隨地傳輸的可能。今天無線電又催生了我們離不開的移動通信服務。

第六章
聲光影的記錄和複製

一八六四年冬天，北美的五大湖地區特別寒冷，湖面、河面和路面都被厚厚的白色冰雪覆蓋，道路不通。隔湖相望的兩個城市——美國的休倫港和加拿大薩尼亞之間的交通被阻斷了。禍不單行，休倫湖底的電報電纜也被水沖斷了，而且在那樣惡劣的天氣條件下根本無法修復。至此，兩個城市的聯繫徹底中斷。很多人想盡辦法試圖恢復通信，但是都不可行。這時一位十七歲的少年說，他有辦法，不過他需要一輛火車頭。此時的人們實在想不出其他可行方案，只好死馬當作活馬醫，讓這個少年試一試。

鐵路局長批給少年一輛停靠在休倫港車站旁的機車。這位少年爬上去拉響了汽笛，向對面的加拿大發送摩斯電碼。對面加拿大的人聽到這奇怪的汽笛聲，都停下了腳步隔岸傾聽。很快，一位電報員聽出，這奇怪的汽笛聲發送的是摩斯電碼。於是這位電報員也跳上鐵道邊上的一輛機車，用汽笛回答那位少年。就這樣，兩個城市恢復了通信。

湯瑪斯·阿爾瓦·愛迪生（Thomas Alva Edison）
1847年2月11日至1931年10月18日

對大部分人來說，愛迪生這個名字都不陌生，除了改進電燈，他還發明了留聲機、電影攝影機、鎳鐵鹼性蓄電池等，是舉世聞名的「世界發明大王」。「他是一位偉大的發明家，也是人類的恩人。」美國第三十一任總統胡佛曾這樣評價愛迪生。

這位少年就是湯瑪斯·愛迪生，美國歷史上最負盛名的發明家之一。雖然愛迪生最著名的發明是便宜而壽命長的電燈，但是他的發明生涯其實是從改進電報開始的。

讓聲音被留存和廣播

這次小試牛刀，讓愛迪生在火車站得到了一份發報員的工作。發電報對愛迪生而言是一個非常輕鬆的工作，他的發報十分迅速，工作之餘還有很多閒暇時間，他就時常琢磨如何改進電報。幾年後，愛迪生辦起了自己的研究所，著手改進電報系統。他在這個領域有多項技術發明，包括多路電報系統等。

在這些發明中，有相當多的電報發明專利後來授權給了貝爾，其中有一項改進電報的發明愛迪生一開始也沒有太留心，但是後來它成為資訊史上一項非常重要的發明——留聲機。

愛迪生在做電報員時，發現大量的電報內容其實是重複的，這就如同我們今天在各種即時通信工具中經常說的就是那麼幾句話。比如，當時電報中經常傳輸的資訊包括了天氣預報、商品價格、簡單問候等。於是，愛迪生突發奇想：能否將收到的電文信號（脈衝信號）記錄下來，以後再發同樣的資訊時，直接把記錄電文信號的紙塞進發報機發送即可，這樣發電報就能省出很多時間。

在愛迪生之前，法國發明家斯科特（Edouard-Leon Scott）曾經把喇叭的振動膜連到鬃毛上，讓鬃毛像毛筆一樣在紙上畫下聲音的振動。雖然斯科特的這個設備畫出來的波動圖人們是很難識別的，但是也不失為一種對聲音的記錄方式。愛迪生在改進電報時所用的記錄信號的方法和斯科特的發明差不多，但是就算記錄下來聲音的波動圖，也沒有什麼實際的用途。

一八七七年，在貝爾發明電話之後，愛迪生開始意識到這種設備或許能夠記錄下聲音，然後在電話中找到應用的場景。於是他和克魯齊（John Kruesi）研製出了一種裝置：用一根針，將聲音記錄到裹在圓筒外面的錫箔紙上，然後用另一根針沿著錫箔紙上的劃痕走動，再利用指針的振動來控制揚聲器，最後把聲音重播出來。當時，愛迪生製造的這種裝置其實相當粗糙，幾乎無法清晰地記錄和重播人的語音，但是能夠把音高、韻律大致記錄下來。於是，愛迪生用它錄製了一首童謠《瑪麗有隻小羊羔》，然後用揚聲器把它的韻律播放了出來。

愛迪生稱這種裝置為phonograph，即「聲音」和「圖片」兩個單詞的合寫，這個詞和這種裝置的工作原理是一致的。我們雖然今天將它翻譯成「留聲機」，但這個詞中並沒有「留下聲音」的意思。這年年底、即耶誕節的前一天，愛迪生為這項發明申請了專利。

早期的留聲機只能算作一種好玩的玩具，大家都很喜歡，稱之為「會說話的機器」。這項發明讓愛迪生獲得了媒體廣泛的讚譽，但是，大家找不出它有什麼實際的用途。雖然愛迪生很快獲得了相關的專利，但沒有人對這項專利感興趣，就連愛迪生自己也不覺得留聲機能夠拿出去賣，因為它錄製和播放的聲音並不清晰。當時人們並不太清楚人的語音或者複雜的音樂中都包含了什麼資訊。在之後的近十年

圖 6-1 湯瑪斯・愛迪生與他早期發明的留聲機

裡，愛迪生雖然不斷改進留聲機，並因此取得了一百多項相關專利，但是這些從來不是他關注的焦點。

愛迪生是個具有商業頭腦的發明家，他很在意一項發明的商業前景，因此根本不會花精力去推廣那個音質不太好、用幾次就壞的留聲機。這和他大力推廣照明系統形成了鮮明的對比。不過，在研究錄音和揚聲裝置的過程中，愛迪生不斷改進揚聲器的語音品質，並將很多的專利授權給了做電話的貝爾。雖然貝爾對留聲機比較感興趣，也改進過愛迪生發明的留聲機，但效果也不是十分理想。

要製造出一種實用的、大家真正願意購買的留聲機，就需要搞清楚聲音中到底包含了哪些資訊，然後將它們不失真地記錄下來；同時，還需要把記錄下來的聲音資訊大量複製，賣給大眾。

早在十七世紀，伽利略就發現聲音和振動相關，這種機械振動在空氣中以波的形式傳播，傳入我們的耳朵，就是聲音。振動的頻率越高，我們聽到的聲音就越高，人們甚至可以通過調整琴弦振動的頻率，發出不同的音高。但是人們並不知道為什麼每個語音聽起來都不一樣，為什麼 a 聽起來是 a，不會是 o。到了十九世紀初，法國數學家和流體力學家傅立葉（Jean Baptiste Joseph Fourier）發明了傅立葉轉換，它可以將任何波動信號變成很多單一頻率的波動信號（正弦波）的組合。

這其實揭示了各種複雜聲音的本質，就是各種單一頻率聲音的組合。a的聲音和o的聲音裡面都包含了很多相同頻率的波動信號，但是它們的組合方式不同。a在某個頻率上音量特別大，而在另外一些頻率音量特別小；相反的，o在另外一些頻率上音量比較大，因此它們聽起來並不相同。

要想清晰完整記錄聲音的資訊，記錄聲音振動的儀器就需要足夠精確地把不同頻率聲音的變化都記錄下來。同樣的，要想讓揚聲器播放的聲音十分逼真，就需要它振動的頻率範圍和人發音的頻率範圍一致。愛迪生其實僅解決了第二個問題，但是沒能很好地解決第一個問題，即他不能準確地把這種頻率的聲音都記錄下來。

解決第一個問題的，是美籍德裔發明家貝利納（Emile Berliner）。一八七〇年，十九歲的貝利納為了躲避普法戰爭，隨著父母全家移民到了美國。貝利納剛到美國時做的是收入最低的工作，包括洗碗和送報。但是出於對發明的興趣，他很快就在電話和留聲設備研發方面嶄露頭角。他改進了電話話筒，並因此獲得專利。這個專利被貝爾買走，隨後他也就順理成章成為貝爾電話公司的一名工程師。

一八八六年，貝利納開始研究留聲機。他把一個圓盤均勻塗上石蠟，然後用一根針在石

埃米爾・貝利納（Emil Berliner）
1851年5月20日至1929年8月3日

如果你是一位古典音樂發燒友，那麼一定聽過德意志唱片公司的鼎鼎大名。這家公司成立於1898年，是世界上最早的古典音樂廠商，它的創始人正是唱盤留聲機的發明者——埃米爾・貝利納。貝利納是出色的發明家兼企業家，是當之無愧的「唱片之父」。到目前為止，世界最知名的幾大唱片商標幾乎都與他有關聯。

蠟上記錄聲音的振動。由於圓盤的旋轉比圓筒要穩定許多，而且堅硬的細針在石蠟上劃過時，可以準確記錄下各種頻率聲音振動時的細節，因此從一開始，貝利納研製的留聲機的聲音品質就比愛迪生的好很多。更重要的是，圓盤很容易生產，這種留聲機記錄聲音的材料成本要比愛迪生的低得多。

愛迪生是一個在發明權方面從不讓步的人。他和貝利納打了一場曠日持久的官司，最終獲勝。然而，他的那種圓筒式留聲機雖然後來也改進了聲音品質，但實在不便於普及，很快就在市場上消失了。在和愛迪生打官司期間，貝利納在柏林開辦了一家唱片公司，這就是著名的「德意志留聲機公司」（Deutsche Gramophone）。直到今天這家公司的黃色商標，依然被音樂發燒友視為唱片高品質的象徵。

貝利納還發明了一種大量複製唱片的方法。他在圓形鋅片上塗上石蠟，在錄音時，聲音振動控制的錄音針就會劃去鋅片上的石蠟，然後將鋅片用酸腐蝕，被劃掉石蠟的部分就會被腐蝕出聲道。這樣就得到了唱片的母盤，之後就能大量地複製唱片了，唱片的成本低到工薪階層的家庭完全能夠支付得起。

進入二十世紀，馬可尼在無線電報上的成功讓一些發明家開始嘗試使用無線電傳輸語音和音樂信號。人們將聲音的頻率和振幅載入到固定頻率的無線電波上，並隨著無線電波一同被發送到遠方。在接收端，接收機再將聲音信號從無線電波中分離出來。一九〇六年十二月，美國發明家和企業家費森登（Reginald Fessenden）開始了無線電廣播業務，播放音樂和一些音訊節目。但是由於沒有很好的接收機，這種廣播失真嚴重，而且一台接收機只能接收很低頻率的信號，因此也無法普及。

人們在進行無線電廣播時認識到，在資訊傳輸中存在一個必須解決的大問題，那就是信號的失真和被干擾。雖然在進行有線傳輸或者無線電報發送時，資訊失真的問題也普遍存在，但是大家對它的認識只局限於信號「足夠好」或者「不太好」。如果是前一種情況，大家就認為此時能夠進行通信；如果是後一種情況，大家就認為此時通信中斷了。

但是到了無線電廣播時，人們發現，儘管收到的語音能夠辨識，但是和說話人的語音聽起來完全不同。至於干擾，有線通信是不容易被干擾的，因為每個設備之間都有自己專用的線路；但是無線通訊則不同，電磁波在經過大氣時，會被自然界本身的電磁波干擾，接收到的信號中混有大量雜訊，有時雜訊甚至比信號還強，以至無法準確辨識信號。那時還沒有關於資訊失真和雜訊的理論，我們今天常說的失真率、信噪比，都是在資訊理論出來之後才被普遍接受的概念。當時的工程師只能靠摸索來消除失真和雜訊的影響，但是效果並不理想。

這種情況在兩個發明出現之後才得到有效的改善：一是一九〇七年美國科學家德福里斯特（Lee DeForest）發明了電子三極管；二是一九一七年法國發明家萊維（Lucien Lévy）提出了超外差式接收原理。之後，馬可尼及時將業務轉移到無線電廣播上來，他在英美等國迅速建立起無線電臺，並在全世界銷售收音機。一九二〇年六月，英國馬可尼公司利用廣播轉播了音樂會的盛況。同年，美國西屋電氣公司的廣播站利用廣播報導了總統選舉的情況。

留聲機和無線電廣播的出現大幅度豐富了人們的生活，大眾可以藉由它們欣賞高水準的音樂和文藝節目，同時，人們獲取資訊的方式也從閱讀報刊書籍逐漸變為聽廣播。當然，人類也從此開始記錄文字以外的資訊。今天，我們能夠聽到邱吉爾在二戰時的精彩演說，以及馬丁·路德在半個世紀前呼籲人權平等的聲音。那些聲音所傳達給人們的資訊，不僅包括演說的內容，還有他們豐富的情感，這是在留聲機出現前人們完全無法想像的。

當然，對人類來說，更豐富的資訊是在圖片中

「我抓住了光，我捕捉到了它的飛行」

一九四五年八月十四日傍晚[1]，日本無條件投降的消息傳到美國，整個美國都沸騰了，紐約的人們紛紛湧向時代廣場慶賀戰爭的結束。一位海軍士兵難以抑制自己喜悅的心情，摟住路過的一位護士小姐就親吻起來。這個場景被當時在場的兩位記者捕捉到了，他們用手邊的徠卡相機記錄下這一令人難忘的歷史性時刻。一張照片的表達力勝過千言萬語。在人類付出了近一億人的生命代價之後，和平終於再次回到了這個世界上，這種發自內心的喜悅是難以用文字形容的。時過境遷，今天我們大多數人雖然沒有經歷過那場戰爭，但依然能從這些精彩的照片中深刻地體會到當時人們狂喜的心情。

世界上的任何事情，只要發生過，就會留下或多或少的痕跡。對於這些痕跡的記錄，以前只有筆。雖然也有繪畫，但是繪畫無法在瞬間完成，因此很多描繪歷史性大事件的名畫，都是畫家後來參考文字記載，然後憑藉著想像而創作的。那些畫作再現了當時人們所能夠看到的一些視覺資訊，畫家也難免會按照自我意願對資訊內容進行添加或者刪改。比如，反映美國獨立戰爭最著名的油畫《華盛頓橫渡特拉華河》，就有多處和歷史事實不一致。比如，華盛頓身邊的門羅（美國第五任總統）當時根本就不在船上，甚至畫作中還出現了當時並不存在的星條旗。這些都是畫家在半個多世紀後憑自己的想像加進去的，這種人為因素，讓繪畫很難做到真實地記錄歷史事實。

要做到對真實畫面的記錄，就需要發明一種儀器來自動進行記錄，而不是人們主觀地進行繪製，這種儀器就是我們今天所說的照相機。當然，要想得到照片，光有照相機是遠遠不夠的，還需要一整套工藝將照片處理沖洗出來。這一整套的工藝流程，被稱為攝影術（照相術）。

今天，法國科學院確認的攝影術發明人是法國藝術家路易—雅克—馬克·達蓋爾（Louis-Jacques-Mandé Daguerre）。和很多重大發明的榮譽給予了最後一個發明人一樣，達蓋爾是攝影術的最後一個發明人，而非第一個。在他之前另一名法國人涅普斯（Joseph Nicéphore Nièpce）已經在一八二六年拍攝出一張永久性的照片，但是涅普斯使用的裝置與後續處理技術和後來大家普遍使用的攝影術，沒有什麼關係。再往前，針孔成像的原理在中國古代的《墨子》中就有了相關記載，但是我們顯然無法把發明攝影術的功勞給予墨子。達蓋爾和前人不同的是，他不是設法得到一張照片，而是發明了一整套設備和一系列工藝流程，這就使得我

1 當時已經是八月十五日的白天，但是由於時差影響，美國當時依然是八月十四日。

們能夠通過攝影術記錄下真實的場景資訊，並且能夠以照片的形式完美地呈現出來。

達蓋爾發明攝影術，並不僅僅為了記錄資訊，而是為了能夠取代當時十分流行的肖像油畫。達蓋爾本人是一位非常著名的建築設計師和全景畫家，他發明了建築繪圖的全景透視法，也就是從兩個（或多個）視角來觀察一個三維的物件（比如一棟大樓），然後將它畫在同一個畫面中。這和布魯內萊斯基所發明的單點透視法不同。當時畫一幅油畫要花很長時間，如果要在戶外繪畫，更是一件十分困難和艱苦的事情，因為人們還沒有發明出牙膏管裝的油畫顏料，一罐罐的顏料既不好攜帶，也不便於保存。因此，達蓋爾想，如果能夠發明一種方法自動將所看到的圖像「畫」下來，這樣可以省去一筆一筆畫油畫的麻煩。

當得知涅普斯用很複雜的方法得到了一張可以永久保存的照片後，達蓋爾就找到他決定一起合作研製攝影術。涅普斯則看中了達蓋爾在繪畫界的巨大影響力，作為出版商的他希望能夠借此賣出更多的畫冊，於是十分爽快地答應了。雖然一開始兩個人是各取所需，目的不同，但是因為目標一致，合作也算順暢。然而不幸的是，當時已經六十四歲高齡的涅普斯沒幾年就去世了，而他們在攝影術方面的研究才剛剛開始。接下來，達蓋爾只好自己一個人繼續摸索研究。

涅普斯最早是用瀝青作為感光材料。因為瀝青在強光的照耀下會逐漸變硬，這樣就能夠把攝影物件的輪廓迅速地描下來，但這樣照相至少要在陽光下曝光幾個小時甚至長達幾天。一個偶然的機會，達蓋爾瞭解到一百多年前化學家所發現的銀鹽具有感光的特點，將銀鍍在銅版上，然後在碘蒸氣中形成一層碘化銀，碘化銀在感光後就會在銅版上留下影像。這和後來膠捲上塗溴化銀的原理是一樣的。達蓋爾用這種方法將原來涅普斯需要幾個小時才能完成的曝光過程縮短到了幾十分鐘，後來又縮短到幾分鐘。一八三八年末（或者一八三九年初），達蓋爾將他的照相機擺在自己家的視窗，拍了一張街景照片——《坦普爾大街街景》（見圖6-2）。

這張照片拍攝得非常清晰。達蓋爾在處理完照片後，極其興奮地對人們說：「我抓住

圖 6-2《坦普爾大街街景》

了光，我捕捉到了它的飛行！」他的這個說法非常形象化，這是人類第一次發明實用的、以圖片方式記錄現實景象的技術。

在這張照片中，這條大道顯得非常寂靜，實際上達蓋爾拍照時，大道上車水馬龍，人來人往，熙熙攘攘，非常繁華。照片之所以沒有能夠記錄下這些人和車輛是因為曝光的時間長達十分鐘之久，移動的人和車輛只能留下淡淡的陰影。當時摩斯看到照片中的巴黎街頭居然沒有人，感到非常吃驚。今天的攝影家依然採用這種長時間曝光的手法來濾除鬧市中過多的閒人。不過如果你仔細觀察這張照片，就會在左下角發現一個擦皮鞋的人，由於他一直站在那裡不動，因此被拍了進去。這個人成為被攝影術記錄下來的第一個人。

從一七一七年德國人舒爾策（Johann Heinrich Schulze）發現銀鹽的感光效果，到達蓋爾用這種原理記錄下影像，中間經過了一個多世紀的時間。[2] 為什麼在這麼長的時間裡沒有人想到用銀鹽感光的性質來記錄影像？因為這項技術雖然原理並不複雜，但是要變成一個可以記錄影像的工藝過程卻不是那麼簡單。銀鹽感光背後的原因是它們在光照下會分解，其中的銀會以細微的粉末狀出現，這就是人們在感光銅版上看到的黑色部分。但是這些銀粉一碰就掉，不可能形成一張能永久保存的照片。而且由於被感光部分是黑色的，未被感光的部分是白色的，和我們眼睛所看到的景物亮度正好相反（它們也被稱為負片），所以我們難以直接欣賞，還需要想辦法把它還原成我們肉眼所習慣看到的照片。

這個記錄和還原圖像的過程有很多環節而且非常複雜。達蓋爾最為了不起的地方，就在於他不只簡單發現了一種記錄圖像的現象，或者一個照相機，而是發明了一整套記錄圖像資訊的工藝過程。特別是在成像之後需要用水銀和食鹽在銅版底片上進行顯影和定影。這個過程有很多複雜的技術難題，都被達蓋爾成功地解決了。今天「銀版攝影術」（又稱為達蓋爾銀版法）一詞，就是以他的名字命名的。

發明攝影術後，達蓋爾曾經嘗試著找過一些投資人，想要將攝影術商業化。但是投資人都非常不看好這項技術，因為他們普遍認為，拍出來的黑白照片遠遠比不上色彩豐富的油畫。另外，由於當時拍一張照片需要十幾分鐘的曝光時間，

2 通常這個年代被誤認為是一七二五或者一七二七，但根據舒爾策一七一九年發表的原文（參見http://digitale.bibliothek.uni-halle.de/vd18/content/pageview/4921254.），實驗是在一七一七年進行的。

路易-雅克-馬克-達蓋爾（Louis-Jacques-Mandé Daguerre）
1787年11月18日–1851年7月1日

記錄下真實的影像，將彼時的美好場景長久留存——攝影技術，載著人類幾千年來如夢幻般的希冀越走越遠，一步步幫我們達成所願。
達蓋爾出生於法國，學過建築、戲劇設計和全景繪畫，在舞台幻境製作領域聲譽卓著。1839年，他宣布達蓋爾攝影法獲得了圓滿成功，從此，作為攝影術的最後一個發明人，他便以銀版攝影法發明者的身份為後人所知。

在拍攝肖像時為了保證人像的清晰，需要把人固定在背後的支架上，因此照片中的人都顯得十分呆板，更無法擺姿勢。基於這樣的意見回饋，達蓋爾決定將這項攝影術免費送給法國科學院，隨後法國政府又將它作為「給世界的禮物」免費提供給世界各國使用。這讓攝影術在世界各國迅速得到普及，並且得以不斷改進。在達蓋爾發明攝影術後的半個世紀，曾經在歐美十分繁榮的肖像畫產業基本上消失了，取而代之的是照相館。

早期的攝影術有很多缺陷，比如曝光時間過長，底版太過笨重，後續沖印照片的工藝太複雜等，而且水銀有毒。這讓攝影的門檻太高，不可能應用於大眾市場。這些疑難問題經過很多發明家的共同努力，花了約半個世紀的時間才被完全解決。其中特別值得一提的是德國的光學儀器公司福倫達（Voigtlander）和美國的發明家伊斯曼（George Eastman）。

攝影所需要的曝光時間太長，主要原因有兩個方面：一是早期的鏡頭光圈太小，二是底版的銀鹽塗層太密。前者使得進光量太少，後者則要求完成曝光的所需光線總量足夠多。由於曝光的光線需求量大，而且單位時間進來的光線又少，曝光時間自然就會變長。要縮短曝光時間，首先要從這兩個方面入手。

大家可能會問，為什麼不把光圈做得大一點？因為那樣拍攝出來的照片邊緣容易變形。大家不妨試著用放大鏡看書，你會發現除了中間的文字比例形狀正常，周圍的字全被扭曲了。既要做到讓光圈變大，又要讓圖像不變形，就要用很多的凸透鏡和凹透鏡的組合，來彌補和修正圖像。

一八四〇年一月，福倫達公司運用數學公式進行了精密的計算，製成了變形極小的大光圈鏡頭和照相機。這項技術的改進讓照相機的進光量增加了約十四倍，也就是說，原本需要曝光十五分鐘的攝影過程，一分鐘就能完成。至於減少曝光所需的光線總量，以及製造便於攜帶的攝影材料，主要是由伊斯曼等人完成的。伊斯曼將更加敏感的感光材料——溴化銀粉末塗到透明的硝化纖維素薄膜上，然後對這個薄膜進行穿孔，這就是我們後來使用的透明膠卷。這種膠卷不僅使用更少的光就能完成曝光，而且便於攜帶、安裝、使用和保存。

更重要的是，密封的膠卷可以送給專業的沖印人員進行後期處理。後來伊斯曼創立了著名的伊斯曼．柯達公司，它不僅生產膠卷，而且沖印照片。當時該公司提出了一句在廣告史上非常有名的廣告語——「你只需按快門，其餘的我們做」(You press the button, we do the rest.)。「柯達」一詞其實是個象聲詞，即按動快門時「喀嗒」的那個聲響。

今天我們運用資訊理論，很容易解釋福倫達和柯達成功的本質——它們的發明大幅度拓寬了資訊傳輸通道的頻寬。用一張照片記錄真實世界裡的景象，無論是人物還是風景，其本質是將光線照射到景物後反射回照相機中的那部分光記錄下來，這就是達蓋爾所說的「捕捉到光的飛行」。真實世界裡的一個點，對應照片中一個像素。在膠片的時代，這些像素是由一粒粒細小的銀鹽構成的，而今天它們是半導體感測器上的像素點。

無論使用哪種方式來記錄資訊，一張大小尺寸固定、像素密度固定的照片所要記錄的資訊量是特定的，而傳遞資訊的媒介則是光。照相機鏡頭的光圈，決定了傳遞資訊通道的頻寬。光圈越大，通道越寬，資訊傳輸得越快，在較短的時間就能完成曝光。同樣，改進感光底版，實際上是提高了感光材料顆粒感光的速度，也就是提高了記錄資訊的速度。

特別值得指出的是，達蓋爾所發明的銀版攝影術是在底版上直接進行顯影和定影，因此一張底版只能生成一張照片，這使得資訊無法大量傳播。而伊斯曼的膠捲攝影採用的是達蓋爾之後英國人塔爾博特（Henry Fox Talbot）所發明的卡羅式攝影術原理，在完成顯影和定影之後，可以用底片無限制地複製照片，這就讓圖片資訊的複製成為可能。

攝影術的出現，使得人類可以直接記錄真實場景，而不僅僅是通過作者的筆來複述所看到的資訊。從那時起，人們對有圖有真相的新聞報導是越來越相信了。

人們早期的攝影還只是記錄光線的強弱資訊，並沒有記錄色彩資訊，因此我們看到的都是只有灰度的黑白照片。一八五五年，著名物理學家麥克斯韋首次提出了彩色成像的三色法，即對紅、綠、藍三色光分別感光，然後根據感光的強弱組合出各種顏色。一八六一年，英國攝影師薩頓（Thomas Sutton）根據麥克斯韋的理論，拍攝出了一張彩色的綢緞領結照片（見圖6-3）。由於他當時使用的感光材料其實對紅光並不敏感，因此這張照片的顏色偏紫藍。

因為早期的彩色照相材料相當昂貴，所以一直沒有廣泛普及。直到二十世紀三〇年代，柯達發明了便宜的彩色膠捲，攝影術才開始進入彩色時代。一九三九年，著名電影製片人塞爾茲尼克在和米高梅合作拍攝著名電影《亂世佳人》時，就已經使用彩色攝影了。

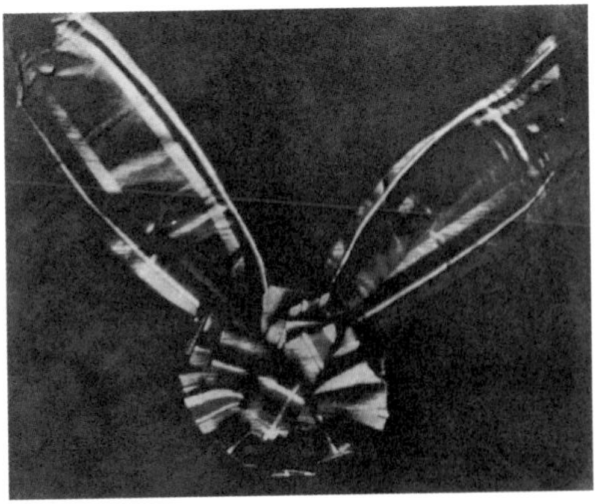

圖6-3 彩色綢緞領結

用動態資訊記錄時間的流動

雖然攝影術能夠將真實的資訊十分客觀地記錄下來，但是沒有相關資訊的單獨照片有時並不能說明問題。這就如同我們不能將某個人一篇完整演講中抽出一句話來以偏概全地理解一樣。如果要更加準確而完備地記錄生活資訊和歷史事件，最好能夠把所看到的一切事物隨著時間的流逝，動態地記錄下來。這件事在攝影術誕生之前就有很多人想過，比如魏晉時期的卷軸畫中，同一個人物會隨著時間變化不斷地出現，同時旁邊有文字加以說明。但在沒有攝影術的年代，我們無法真實地記錄變化的影像資訊。實際上，在攝影術誕生前，人們也無從瞭解當我們的眼睛看到外面景物變化時，是如何在腦子裡形成動感圖像的。攝影術的出現使得記錄動態影像資訊成為可能，而最早達成這個目標的是電影。

關於電影的發明有三種說法。

圖 6-4 邁布里奇放置了二十四台照相機，記錄馬奔跑時的動作

第一種是英國人的說法，即電影的問世源於一場賭約。一八七二年，英國的幾名賽馬者爭論馬在奔跑時是否會四蹄同時離地，於是他們打起賭來。這件事如果僅僅是靠人們的肉眼，根本無法準確分辨，因為我們的視覺有短暫的滯留時間。於是一位叫邁布里奇（Eadweard Muybridge）的攝影師在賽馬場的一側放置了二十四台照相機。當馬跑到各個相機前時，就拍下馬此時的運動狀態（見圖6-4）。

要使這二十四台照相機同步並不是一件容易的事，因此邁布里奇做了很多次實驗才成功，最終他記錄下了二十四張馬在奔跑時的連續動作。然後他把照片依次放在一個可旋轉的玻璃圓盤上，玻璃圓盤的

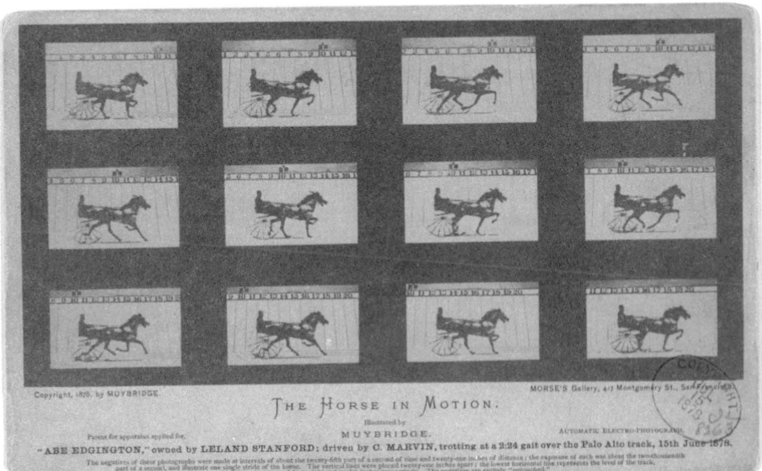

圖6-5 邁布里奇拍攝的二十四張照片的一個複製件，它被史丹佛大學創始人老史丹佛保存，其中第四張照片顯示了馬在奔跑時會有四蹄離地的情況

上方只在一張照片的位置留下了一個視窗。當玻璃圓盤旋轉時，二十四張照片就會依次出現在視窗。此時觀眾從視窗看到的就是馬在奔跑時的一組連續動作。這被人們認為是電影的雛形（見圖6-5）。

此後，法國科學家馬雷（étienne-Jules Marey）從邁布里奇的照片中受到啟發，希望發明一種能夠連續拍攝照片的照相機，來替代這二十四台照相機。一八八二年，他用自己發明的照相機以每秒十二幅的速度拍攝了一組連續畫面。這種相機從外觀看很像一支轉盤機關槍（見圖6-6）。他將這個照相設備稱為「電影」。此後，這一名稱廣泛地流傳開來，並沿用至今。

不過，無論是邁布里奇還是馬雷做的事，也就到此為止了。

關於電影發明的第二種說法來自美國人。一八八六年，伊斯曼發明了後來使用的打孔膠捲，這給了他的朋友愛迪生以啟發。愛迪生在發明留聲機之後，一直想同步播放影像和

圖6-6 馬雷發明的連續照相機

聲音。於是他買來了帶有小方孔的膠捲底片，然後和助手迪克森（William K. L. Dickson）一同研究，發明了一種旋轉式幻燈機（見圖6-7）。這種幻燈機是一個像床頭櫃大小的箱子，裡面裝了很多可以連續循環播放的攝影膠片。

這種箱子實現畫面連續播放的原理和當初邁布里奇製作的玻璃盤有點像，但是它不是讓大家看旋轉的照片，而是用燈光將攝影膠片上的畫面投射到觀眾的眼中，觀眾則需要趴在盒子上往裡看。愛迪生還將這種幻燈機和留聲機同步，但是當時留聲機的聲音很小，無法讓很多人聽得清楚，而且經常出現影像和聲音不同步的問題，讓人聽起來感到十分滑稽可笑。因此，愛迪生等人就放棄了在早期電影中加入聲音的設想。

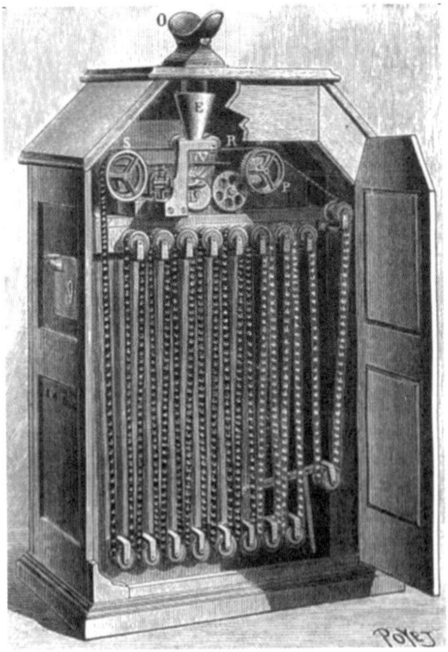

圖 6-7 愛迪生發明的旋轉式幻燈機

迪克森後來將這種旋轉式幻燈機進行了徹底的改進。他使用了兩個圓盤，一個圓盤上是已經播放過的膠片，另一個圓盤上是尚未播放的膠片，前者通過膠捲帶動後者旋轉。在整個二十世紀，這種電影機一直在使用，直到二十世紀末才被數位化播放機取代。

由於愛迪生並沒有為他所發明的電影機申請國際專利，所以這種「電影盒子」很快傳到了歐洲，並且迅速得到改進。於是就有了關於電影發明的第三個說法，即法國攝影師路易・盧米埃爾和奧古斯特・盧米埃爾兄弟發明了電影，時間是一八九五年十二月二十八日，比愛迪生發明電影整整晚了四年。

盧米埃爾兄弟所發明的電影和愛迪生的發明最大的區別在於，前者是將膠片上的影像投影到銀幕上，這就是我們後來所熟知的電影的前身，而後者和今天的電影沒有太多的關聯。正是因為這個原因，盧米埃爾兄弟被普遍認為是真正的銀幕投影電影的發明人。

早期電影由於攝影機的轉速不夠快，每秒最多拍十六幅照片，因此電影看起來連貫性並不好。雖然如此，但大家在第一次看電影時還是完全被震撼了，以至看到銀幕上火車開過來嚇得起身就逃。這說明電影能夠比較周全地記錄和還原真實世界的資訊。

電影的出現無論是在資訊記錄、存儲和傳播，還是在大眾娛樂方面，都有非常重要的意義。從資訊角度來說，它和後來的電視錄影一樣能夠完整記錄人類活動和自然界的變化，因此人類從此進入了有完整記錄的時代。特別值得指出的是，攝像機這種工具能夠記錄很多我們肉眼沒有能力觀察到的資訊，讓我們可以更好地瞭解世界，特別是發現自然界的很多現象

盧米埃爾兄弟
奧古斯特·盧米埃爾（Auguste Lumière）
1862年10月19日至1954年4月10日
路易·盧米埃爾（Louis Lumière）
1864年10月5日至1948年6月6日

這對法國兄弟，改造了愛迪生創造的「西洋鏡」，讓影像能夠借由投影而放大，以便更多人同時觀賞。他們被視為電影和電影放映機的發明人，並在1895年獲得了電影放映機的發明專利。第一代彩色膠片和立體電影也是他們發明的，發明時間分別是1903年和1937年。

和規律。

從娛樂角度來說，影視業一方面讓娛樂業成為今天的重要產業，另一方面也嚴重擠壓了其他娛樂方式的生存空間，包括音樂會和戲劇等。最重要的原因是電影和後來的電視這兩種娛樂方式對人們來說更具真實感，更能再現生活。同時，由於可以廉價（近乎無成本）地複製影視資訊，其他娛樂方式在成本上很難競爭。

利用電影（和電視）動態地記錄場景所產生的資訊量是十分巨大的。直到今天，這些資訊依然佔據我們全球通信系統和資訊系統資料傳輸與存儲量的絕大部分。

本章小結

資訊不僅需要傳輸，還需要記錄和複製。幾千年前，當文字出現時，就已經解決了資訊記錄的問題。隨著印刷術的出現，解決了資訊複製的問題，但是在十九世紀之前，從來沒有人知道該如何記錄聲光影這些資訊，當然也無從複製。

留聲機、攝影術和電影的出現，讓人類開始嘗試記錄這個異彩紛呈的世界，並通過複製和傳播，讓不同時空的人感同身受那些從未經歷的事件。

到了十九世紀末，我們今天接觸到的大部分種類的資訊已經產生。進入二十世紀，人類對於資訊的探索，更多的是發現新資訊，並且主動產生資訊。同時，資訊在戰爭、外交和人們的生活中變得越來越重要。

第七章
盟軍獲勝的秘密武器

人類在戰爭中大量使用資訊技術，是在第二次世界大戰期間。在此之前，決定長期戰爭勝負的主要因素是看哪一方能動員和投放更多的能量，這裡的能量既包括人力，也包括武器；在此之後，雖然能量依然十分重要，但是誰能夠更精準投放人員和武器，誰就能成為獲勝方。不難想像，在戰爭中，如果一方要兩千發炮彈才能擊中一架飛機，另一方只要一兩發就能達到同樣的效果，那麼誰勝誰負清晰明瞭，而要做到這一點，就需要靠資訊技術。我們在後面會說到，正是這次戰爭催生了資訊理論。不過，即便沒有資訊理論，科學家也早已開始思考如何利用資訊技術來發現更多的資訊，並且用資訊贏得勝利。

至暗時刻的希望之光

如果要問西方人人類歷史上的「至暗時刻」是什麼時候，大家肯定會說是一九四〇年五月。那時，不僅歐洲各國已經被納粹德國全面擊敗，壞消息一個接一個，而且大家根本看不到任何希望，似乎今後的世界就要由法西斯來統治，經過幾代人不懈的追求和努力好不容易才得到的安寧和自由，將永遠一去不復返。

此時，遠在巴西避難的奧地利猶太作家茨威格就是因為看不到希望，不久（一九四二年）就選擇了結束自己的生命。雖然當時邱吉爾臨危受命，在四周內發表了三次不朽的演說，表示將用熱血、辛勞、淚水和汗水贏得勝利，並指出那時將是英聯邦最榮耀的日子，但是當時英國人對此的反響並不強烈。儘管今天的人們給予了邱吉爾那幾次演說極高的讚譽，說他鼓舞了全世界反法西斯陣營的士氣，因為後來他確實對戰爭起到了力挽狂瀾的作用，並最終贏得了戰爭。但是，當時人們早已深陷恐慌之中，而這種恐慌無論是當年傲視全球的西班牙無敵艦隊，還是橫掃歐洲大陸的拿破崙大軍都不曾帶給他們的。畢竟，贏得戰爭的關鍵還是要靠實力，無論怎麼看，當時英國的經濟和軍事實力都無法和已經佔領大部分歐洲的納粹德國相比。

然而，就在兩個月後開始的不列顛之戰中，在武器數量和性能上都處於劣勢的英國空軍對入侵的德國空軍給予迎頭痛擊，以己方更少的飛機和飛行員損失贏得了勝利。雖然這時的英國離戰爭的最後勝利還很遙遠，但至少英國本土基本安全了，英國人在至暗時刻看到了希望之光。德國人之所以在優勢條件下失敗，原因是多方面的，包括戰略上的一些重大失誤。但歷史學家和軍事專家事後都認定，英國人的一種秘密武器在當時起到了關鍵作用，那就是由雷達和電話線構成的道丁系統（Dowding system）。[1]

道丁系統是世界上第一個大範圍的地面控制空中攔截的防空網絡，它的預警和防空範圍從蘇格蘭北部海岸往南一直延伸到英格蘭南部海岸的整個英國領空，後來預警範圍甚至擴大到了法國境內靠近英國的一部分地區。這個系統也是世界上最早的完全依靠資訊進行兵力部署和作戰指揮決策的系統，今天美國的區域防禦系統其實就是道丁系統的升級版。

道丁系統的核心是遍佈英國海岸的雷達站，以及一張專用有線電話網絡。雷達站以及各個觀察哨一旦發現敵情，相關資訊就會沿著設定好的資訊通道上報到空軍的戰鬥機指揮部，然後生成一份戰鬥地圖。之後，該系統會將司令部的作戰指令和敵情分佈地圖下達戰鬥部隊，

1　這個系統以當時英國皇家空軍殲擊航空兵司令休・道丁的名字命名。

戰鬥部隊再根據自己負責的區域重新創建更為詳細的指揮地圖，針對本區域的敵情部署兵力（主要是戰鬥機群和防空火炮），下達戰鬥任務。

在道丁系統中，雷達的作用是早期發現敵情並獲得相關資訊，而電話網絡的作用是讓資訊快速傳播。它們的有效結合，使得英國空軍的戰鬥機群能夠有目標地採取行動，也使攔截德軍機群的效率至少提高了一倍。由於飛機活動的範圍很大，飛行員在天上僅僅靠肉眼發現敵機的可能性不是很大，很多時候，即使得到了空襲警報，自己的戰鬥機飛上空中轉一圈，也未必能夠找到敵機，常常無功而返。

在此之前，如果戰鬥機能做到百分之三十至百分之五十的攔截率，就被認為是發揮了極高的戰鬥力水準。這就意味著德國飛機空襲兩次，英軍最多只有一次攔截成功，難免損失巨大。建立道丁系統後，英國皇家空軍空中阻擊德軍飛機的成功率平均為百分之九十，甚至有幾次空襲，英軍的攔截成功率是百分之百。相比之下，德軍因為缺乏這樣一套指揮系統，護航的戰鬥機群對英國皇家空軍機群的位置知之甚少，常常是漫無目的地轉了一圈，沒有發現英軍飛機，燃料卻耗光了，只好返回基地。因此，他們在對英國皇家空軍作戰時總是處於劣勢。

道丁指揮系統還有個重要作用，就是使戰鬥機和高炮能夠密切配合，發揮出最大威力。

特別是讓那些在後方用來防禦德國空軍縱深攻擊的戰鬥機在必要的時候可以參與截擊作戰，從而大大提高了戰鬥機的使用率。

德國空軍在戰爭前就收集到了英國研製雷達的情報，但是對道丁系統卻一無所知。後來隨著不列顛之戰的進行，德國人攔截到英國地面和空中通信的一些無線電波，並由此猜測英國空軍的作戰方式可能和自己不一樣。於是德國人就派齊柏林飛艇（Graf Zeppelin）裝滿了無線電接收設備，飛抵英國沿海地區監聽偵察。儘管德國空軍大致明白了英國人的做法，但是他們片面地認為飛行員受地面控制毫無合理性可言，因為在過去，德軍飛行大隊領到任務後就獨自執行，並不需要地面指揮調度。事實證明，德國人低估了資訊技術在戰爭中的作用。

整個二戰期間，由於缺乏以雷達為核心的情報系統，德國空軍不得不大量使用偵察機來彌補這方面的不足。由於德軍沒有強大的雷達裝置，僅僅依靠偵察機在天空中尋找敵機幾乎等於大海撈針，而且這些體積龐大、笨重低速的偵察機[2]很容易變成英國戰機的殲滅對象。因此，在缺乏敵軍資訊的情況下，德國空軍在大部分戰鬥中只能靠飛行員本人的自由發揮。雖然德軍擁有很多戰功卓著的王牌飛行員，但是他們的行動往往是盲目的，無法有效地襲擊

2 德軍偵察機最初主要是由道尼爾轟炸機（Do 17）改裝而成，後來更多的是由Bf-110轟炸機改裝的。

敵軍目標。

對此，德國人沒有找到很好的改進措施，直到二戰結束，也沒能夠建立起一個完整的資訊系統，使空軍基地、雷達站和防空火力實現有效配合和統一部署。此外，由於資訊缺失，德國空軍也嚴重高估了自己的戰果，事實上，英軍損失的飛機只有德軍估計的三分之一。[3] 因此，當德國人認定英國皇家空軍一線戰鬥機已經消耗殆盡時，卻驚訝地發現英國能夠十分隨意地派出作戰機群。

道丁系統在資訊史上的意義在於，它是人類第一個大規模、全方位主動獲取資訊的系統。在此之前，雖然人們喜歡打探各種消息和內幕，在戰爭中也往往會派出偵察兵和觀察哨，但那些都不是主動地發射一些信號去探測資訊，更無法做到二十四小時不間斷地檢測資訊。道丁系統的出現開啟了資訊領域一個新的研究方向和新的產業——資訊檢測。

道丁系統的核心是雷達站，雖然雷達的歷史幾乎和無線電一樣長，但是它的迅速發展卻是由戰爭來推動的。

「眼觀六路」的千里眼

如果要問雷達是誰發明的，恐怕人們能找出七 八種答案，因為雷達裝置、雷達技術、雷達的設想都是由不同的人發明或提出的。即便只是討論雷達裝置，今天有繼承性的雷達裝置，和最早能夠發揮雷達作用的裝置，在原理上也完全是兩回事，而後者能否能算雷達，還要打上一個大大的問號。雷達所涉及的關鍵技術有很多種，至於哪個是最重要的，大家也是見仁見智。

至於有關雷達的設想或者和它相關的理論，可以劃定的範圍就更為廣泛了。甚至有人認為，雷達的發明依賴於特斯拉的高能電磁波理論，於是將雷達的歷史追溯至十九世紀末。但是，如果說高能電磁波可以和雷達拉上關係，那麼是不是可以認定，因為高能電磁波的基礎是電磁波，所以發現電磁波的赫茲應該是比特斯拉更早的雷達發明人。事實上，在二〇一四年 IEEE 主辦的歐洲微波大會上，大會的主題報告者在介紹雷達的發展史時，就將它的歷史追溯到了在赫茲之前預言電磁波的麥克斯韋。[4]此外，世界上的很多國家，包括英國、德國、

3 Stephen Bungay. *The Most Dangerous Enemy : A History of the Battle of Britain*. London: Aurum Press. 2000.
4 A history of the evolution of RADAR，Published in: 2014 44th European Microwave Conference https://ieeexplore.ieee.org/document/6986539.

美國和俄羅斯，出於爭奪榮譽的考量，也聲稱自己是最早發明雷達的國家。

之所以談了這麼多有關雷達發明權的爭議，就是要告訴大家，雷達的發明是水到渠成的結果，而且關於它的設想，遠遠早於裝置和系統的發明。但是，它最終能夠變成用途十分廣泛的資訊檢測工具，則離不開幾項關鍵性的發明，更離不開戰爭這個催化劑。在雷達的發明過程中，有幾個非常關鍵的時間點和十分值得一提的主要貢獻者。

和雷達技術直接相關的研究始於蘇格蘭的通信專家羅伯特・沃特森—瓦特。他是發明蒸汽機的大發明家瓦特的後代，沃特森—瓦特這個姓氏是他後來自己改的。在第一次世界大戰期間，沃特森—瓦特想為英國軍方工作，為贏得戰爭出分力。但是，當時人們普遍認為，資訊在軍事行動中的重要性並不明顯，軍隊中也沒有適合的工作，於是沃特森—瓦特就進了英國氣象局，在那裡開始研究無線電檢測技術，也就是

羅伯特・沃特森-瓦特（Robert Alexander Watson-Watt）
1892年4月13日–1973年12月5日

1765年，一名叫作詹姆斯・瓦特的偉大發明家改良了蒸汽機，從此人類邁入工業紀元，開始蓬勃發展。在蒸汽機應用了170年之後的1935年，詹姆斯・瓦特的後人沃特森-瓦特成功研製出了一台實用雷達系統，在世界反法西斯的戰場上協助英國抵禦攻擊，獲得了幾大戰役的勝利。向身處不同時空卻不約而同為世界獻禮的兩位瓦特先生致敬！

使用無線電大範圍（兩千公里）的檢測雷電和暴風雨的方位和距離，及時通知飛行員避開即將到來的雷雨。

沃特森－瓦特的想法並不複雜。閃電會使空氣電離開並發出電磁波，當初馬可尼進行無線電實驗就是從檢測閃電的電磁波開始的。但是，要探測並且發現幾千公里之外的閃電並不是一件容易的事，而要測出它的具體方位和距離就更難了。最初，沃特森－瓦特使用了一種能夠三百六十度旋轉的環形天線，它有點像後來的雷達天線。如果它正好轉到某個方向，那裡也恰恰發生了閃電，就能夠被準確地檢測到。

一九一七年，沃特森－瓦特用這種方法成功地檢測到一些閃電，並且大致確定了它們的方向。有人把沃特森－瓦特的這項無線電檢測研究工作作為最早的雷達實驗，其實有些牽強。由於天線不可能旋轉得太快，而閃電出現的時間又很短，因此它能夠準確地捕捉到閃電信號顯然是一種偶然事件。而隨後的雷達是主動發射信號，然後通過回波探測目標，而不是被動地檢測信號。不過，沃特森－瓦特設計的這種旋轉的環形天線，和後來掃描目標的雷達在原理上是相同的。

戰爭結束後，沃特森－瓦特繼續從事他的無線電信號檢測研究。通過使用天線陣列解決了旋轉天線難以瞬間發現無線電信號的問題，他成功檢測出了閃電的方向（但是仍無法準確地檢測出閃電的距離)。今天天文物理學家常用這種方法探測並發現來自宇宙中的脈衝信號。在有效解決了信號接收問題之後,沃特森—瓦特希望能「看到」他所發現的信號。當時貝爾實驗室已經發明了示波器,可以看得到無線電波,於是,沃特森—瓦特改良了示波器,利用螢光粉的「餘輝」來顯示雷電所在的具體位置。這種示波器後來逐漸演化成為雷達的顯示幕。

到此為止,沃特森—瓦特初步解決了發現和定位無線電信號源的基本問題。但是,如果被偵察的目標不是發射無線電信號的資訊源怎麼辦?此時,這種方法似乎就失效了。不過,可以想辦法讓不發射無線電信號的目標也變成資訊源,這就必須提到信號檢測歷史上第二批非常值得一提的人物,他們就是馬可尼、泰勒(Albert Hoyt Taylor)和揚(Leo C. Young)。

一九二二年,馬可尼在無線電工程師學會(IRE)的會議上提出了一個安全建議,就是在船上安裝電磁波發射和接收裝置以便探測周圍的水域,防止船隻撞上障礙物。馬可尼的建議並非拍腦袋的突發奇想,而有一定的科學理論依據。早在十九世紀末,他在研究無線電波時,就發現電波會被物體反射回來,當然,被障礙物反射回來的無線電波很微弱,並不容易被檢測到。馬可尼當時認為,如果前方駛來的船隻側向對準我們時,它就像一堵牆,這時,對它發射無線電波,被船隻反射回來的信號就能被檢測到。很可惜,馬可尼在提出設想後並沒有朝這個方向做研究,只是拋磚引玉。不過,此後不久,美國的兩位電子工程師泰勒和揚因為一次偶然的發現產生了同樣的想法，而且付諸實施。

泰勒和揚是當時美國海軍無線電通信實驗室的工程師。一九二二年，他們在研究無線電波時發現，停在河面上的船會干擾無線電波的傳輸，於是他們建議通過發射和接收無線電波來探測水面上是否有船隻。不久，另一名美國工程師提出了用這種方法來探測空中飛機的設想。但是，他們都遇到了沃特森－瓦特遇到過的問題，那就是只能測定目標大致的方位，卻無法確定目標的具體位置和航速。

這個問題需要等到脈衝無線電波的發射和接收問題解決後才有答案，因為脈衝信號從發射到接收的時間是可以十分準確地測量出來的，繼而推算出目標離我們的距離，再加上方位資訊，就能計算出它的準確位置。同樣的，根據不同時間、目標、方位發生的變化，它移動的速度就能被計算出來。由於當時這些先決條件並沒有解決，因此泰勒和揚向海軍提出的建議書被擱置在一旁。不過，他們還是繼續研究，並且後來對美國雷達的發展發揮了重大作用。

泰勒和揚還遇到了第二個難題，就是發射的無線電波太弱，無法測量遠處的目標，除非那個目標巨大無比。關於這個問題，英國和美國的科學家不約而同想到了一個極其簡單的驗證方法，就是找個巨大無比的目標做測試。這個目標就是大氣層上空的電離層，它如同一堵厚厚的牆把我們的地球包裹在裡面，一部分無線電波遇到電離層就會被反射回來。

當時，人們已經知道了電離層的存在，但並不知道它和我們之間的距離，也就是電離層的高度是多少。要測量它的距離，應該是測量所有目標距離中最簡單的任務。如果連這件事都做不到，就說明用無線電波測量距離可能並不可行。因此，一九二四年和一九二五年，英國和美國的科學家分別使用無線電波來測量電離層的高度。英國在實驗時連續不間斷地發射無線電波，雖然收到了障礙物的反射信號，但無法準確地測定障礙物的距離。而美國科學家布萊特（Gregory Breit）和圖夫（Merle Antony Tuve）因為使用了脈衝電波，準確測出了電離層的高度。這次實驗被認為首次驗證了雷達的原理。而基於這種技術的「無線電信號檢測和測距」(radio detection and ranging）裝置，後來被人們稱為「雷達」，它是上述幾個英文單詞的首字母縮寫。

二十世紀三〇年代後，戰爭的陰雲開始籠罩歐洲。英國、美國、德國、法國和蘇聯都意識到雷達技術可以用來發現遙遠的艦船和飛機，因此對雷達的研究不再是個別科學家和工程師的興趣，而開始成為一種具有戰略意義的國家行為。正是這個原因，使得雷達技術獲得突飛猛進的發展。

一九三四年，美國海軍研究實驗室的佩奇（R. M. Page）和布萊特，首次拍攝到由飛機反射回來的脈衝回波的照片。一九三五年，英國人和德國人首次運用雷達技術實現了對空中飛機的準確定位。同年，法國人古頓用雷達技術成功地在霧天或黑夜發現了其他船隻。二十世紀三〇年代上半葉，歐美幾個最發達的國家已經擁有了較為完備的雷達技術，並且研製出可以用於實驗的技術設備，只是此時人們還不能批量生產高性能的雷達。

這時，二戰已經逼近，作為島國，英國迫切感受到了海岸防務的巨大壓力，特別是當他們聽說德國人已經研製出了一種「死光」武器之後。據說，這種其實並沒有成功的「死光」武器可以搭載在齊柏林飛艇上對地面目標進行攻擊。為了能夠盡可能早地發現英吉利海峽對岸的飛機和艦船，一九三六年一月，當時已經是英國雷達研製主要負責人的沃特森—瓦特，在英國靠近歐洲大陸的海岸設立了第一個可以用於軍事的雷達站。

他用「鏈向」(Chain Home）作為代號。由於「雷達」這個詞出現的時間比實際裝置晚了幾年（一九四〇年，美國海軍才開始使用「雷達」一詞），從此「鏈向」就成為雷達站的代名詞。英國空軍隨後又建立了五個雷達站，但是要覆蓋整個英國東南海岸線[5]，只有五個雷達站顯然遠遠不夠，於是他們開始充分利用工業界的力量。一九三七年，馬可尼公司替英國搭建了二十個鏈向雷達站。

5 英國西北海岸線遠離歐洲大陸，所以英國沒有在那裡設置雷達站。

不過，直到第二戰前，雷達的無線電發射功率依然十分有限，這就限制了它的偵察範圍和在軍事中的實際運用。雷達裝置中發射無線電波的主要器件是磁控管，其功率不足的問題是當時雷達技術發展的瓶頸，而歐美主要強國也沒有辦法突破這個瓶頸，這恐怕也是在二戰初期德國人不太相信雷達技術能夠用於軍事的原因之一。但是德國人不清楚的是，就在二戰爆發後，英國將改進磁控管的任務交給了物理學家布特（Harry Boot）和蘭德爾（John Turton Randall），他們在兩個月後就發明了多腔磁控管[6]，一下子將雷達的發射功率增加了一個數量級。同時，他們發明的多腔磁控管可以發射頻率很高的無線電波——釐米波（大約是今天5G的波長）。這樣一來，雷達就可以發現很小的目標，而且接收天線的尺寸也可以縮小很多。這項發明讓英國的雷達技術立即遙遙領先於世界，也成就了本章開頭的那一幕。

大功率、高頻率的多腔磁控管的發明在雷達的發展史上有著劃時代意義，不僅大大提高了雷達的性能，而且讓雷達體積得以小型化，並裝載到艦船乃至飛機上。二戰期間，美國和英國投入了大量的人力、物力來研製機載雷達，並且獲得了成功。這一技術使得英美空軍在二戰後期占盡了優勢。在二戰開始之前，德國在雷達技術上幾乎可以比肩英國，但是隨後便遠遠地落後了。他們雖然試圖將雷達裝載在飛機上，但是由於偵察範圍較小，準確性差，因而在戰爭中並無法有效地發揮作用。不過，他們在地面上利用雷達控制火炮卻取得了一定的效果。

由於雷達能夠發現上百公里以外甚至更遠的目標，被人們形象化地比喻成「千里眼」。不過，它看目標的方式和我們人眼觀看物體的方式有本質的不同。我們人眼只是一個光學資訊的接收器，接收到的資訊是太陽光（或其他光源）照到目標上反射回來的光線。雷達則不同，它需要「自帶光源」，也就是說，它需要自己發射電磁波，將它們「照到」目標上，然後再根據反射信號檢測出目標。因此，雷達到底能看多遠，往往取決於自己能發射多強的電磁波。英國在二戰時的秘密武器，就是他們的雷達設備能夠發射強度超出德國人想像力的電磁波。

圖7-1 被稱為「千里眼」的雷達

6 The Magnetron. Bournemouth University. 1995-2009. archived from the original on 26 July 2011. Retrieved 23 August 2009.

此外，雷達還有個遠比人眼強許多的地方，那就是它能真正做到「眼觀六路」，瞭解到全方位的資訊。這種特性今天被用於自動駕駛汽車上的雷射雷達，這種雷達並不需要看得有多遠，只需要無死角地收集、瞭解周圍的道路資訊。

雷達在資訊史上有著特殊意義，因為在雷達出現前，我們只是發送資訊讓對方接收，或者被動地接收自然界本身產生的資訊，極少主動地發出一種資訊，然後根據從目標獲得的回饋資訊來對目標進行判定。而雷達所能完成的，就是資訊發送和接收過程。雖然當時諾伯特・維納還沒有提出「控制論」，但是這種發出資訊並接收反饋，以此瞭解未知的思維方式從雷達誕生之後就被越來越多地應用於實務上。

雷達技術在二戰中是各國最高的軍事機密。但是為了贏得戰爭，英國和美國彼此還是分享了它們在這個領域的研究成果，這就導致了一種非常厲害的武器——近炸引信（proximity fuze）的誕生（見圖7-2）。

圖7-2 近炸引信

在飛行中獲取資訊

在二戰後期，美軍、英軍在和德日軍隊作戰時，雙方地面防空的成效是不對稱的。德軍或者日軍在地面和艦船上用高射炮打英美飛機的命中率很低，以至德日無論是地面的軍事設施還是艦船，都被英美轟炸機輕易地摧毀了。反過來，日本在二戰後期轟炸美國軍艦的效果很差，甚至派了飛行員駕駛飛機直接往體積龐大的美國軍艦上撞，還是接近不了美國軍艦，老遠就被美軍炮火打了下來。

不難理解，用只有筷子長的高射炮彈打幾公里高空中正在高速飛行的飛機，難度是很大的。事實上，在一九四〇年，世界上最好的地面防空系統平均需要發射二千五百發高射炮彈才能擊落一架飛機，[7]因此在概率很小的情況下命中目標，可以說純粹是在碰運氣。但是，憑什麼美國人運氣那麼好呢？

這個秘密就在於英國和美國發明的一種秘密武器，即高射炮彈頭部安裝的近炸引信。它能夠探測出炮彈是否已經接近目標了，如果接近目標並達到一定的距離，它就會直接引爆，

7 James Phinney Baxter III, *Scientists Against Time*, Cambridge, MA: MIT Press, 1968.

不需要等到真的命中飛機（或其他目標）。如此一來，炮彈的命中率就提高了一個數量級。

近炸引信的核心部件是一種特殊的雷達——微型的多普勒雷達。它利用物理學上的多普勒效應[8]測定運動物體到目標的距離。今天警察在公路上捕捉超速行駛的車輛，使用的就是多普勒雷達。多普勒效應早在一八四二年就被奧地利物理學家多普勒（Christian Johann Doppler）提出，但是當時沒有人能將它和雷達聯繫起來。直到二戰爆發，英國電信研究所（TRE）的工程師[9]嘗試運用多普勒效應來研製一種近炸引信引爆炸彈。

英國人設想的近炸引信原理並不複雜，在炮彈頭部裝一個能夠測量電磁波頻率的雷達就可以了。由於多普勒效應接收到的電磁波要比發射的頻率高，根據這個頻率差異，就能精準測算出目標和炮彈的相對速度，再根據脈衝電波信號發射和接收的時間差，就可以計算出兩者的距離，這樣炮彈就能夠在飛行過程中獲取目標距離的資訊。只要距離足夠近，就能直接引爆炮彈。

一九四〇年底，英國雖然在不列顛之戰中挫敗了德軍入侵的企圖，但是離獲得戰爭的最終勝利還很遙遠。英國人雖然進行了簡單的多普勒雷達實驗，但並不確定這種雷達是否真能裝到炮彈上使用。因為高射炮彈發射瞬間的加速度比火箭的加速度還快很多——前者是後者的兩百倍。此外，炮彈在經過炮管加速時還會隨著膛線旋轉，轉速高達每分鐘三萬轉，從而產生一種巨大的離心力。當時，還沒有一種電子設備能承受如此高的加速度和如此巨大的離心力。不僅如此，這個雷達還必須足夠小，不能讓炮彈增加太多的體積和重量。當時英國已經捲入全面戰爭，無法投入足夠的力量進行研發微型雷達所需要的大量實驗，於是與美國分享了設計近炸引信的構想，由美國幫助完成這項十分複雜的研究工作，特別是實現多普勒雷達的小型化，並且保證它在高加速度和巨大的離心力下能正常工作。

美國當時還沒有被捲入戰爭，但是羅斯福總統已經意識到戰爭不可避免，並且在此之前已經成立「國防研究委員會」（NORC）。該委員會將這個任務交給了前文提到的雷達專家圖夫負責，具體工作交給了美國國家標準化局[10]和約翰·霍普金斯大學應用物理實驗室（APL）[11]。前者負責炸彈的設計，後者則負責研製近炸引信的研發。一九四二年，裝有近炸引信的高射炮彈終於宣告研製成功。美國用三架無人機進行效果測試，只發射了四枚裝有近炸引信的炮彈，就將它們全部擊落，命中率相當高。接下來，美國動員了一百多家公司參與

8 多普勒效應是波源和觀察者有相對運動時，觀察者接收到波的頻率與波源發出的頻率並不相同的現象。
9 他們是科倫（Samuel C. Curran）、巴特門特（William AS Butement）、希雷（Edward S. Shire）和湯普森（Amherst F. H. Thomson）。
10 國家標準化局的研究部門後來成為陸軍研究實驗室的一部分。
11 應用物理實驗室是一個有數千名科學家的超大型國家實驗室，並非僅僅從事物理研究。

生產，包括前文提到的 RCA 公司和柯達公司。

一九四四年，美國電子工業中的很大一部分產能都用在了製造這種引信上。美國政府的採購合同從一九四二年的六千萬美元迅速增加到一九四三年的兩億美元，一九四四年增加到三億美元，一九四五年又增加到四點五億美元。隨著產量增加，每個近炸引信的成本從一九四二年的七百三十二美元迅速下降到一九四四年的十八美元。到一九四五年二戰結束時，美國累計花了十億美元生產了兩千兩百萬個近炸引信，這筆花費是「曼哈頓計畫」[12]的一半。

美國為什麼要生產這麼多的近炸引信？因為英國和美國很快發現，近炸引信可以裝在對地攻擊的炸彈或者炮彈上，讓它們在接近地面的空中爆炸，而不是撞在地上才爆炸，這樣就可以大大提高殺傷力。[13]因此近炸引信的需求量非常大。

近炸引信是二戰中英美投資巨大、且僅次於原子彈的武器研製專案，同時一直處於高度保密狀態，因此，德國和日本對此一無所知。在此後的戰場對決中，美軍和德日軍隊看上去都有高射炮，但是一方打出去的相當於是幾百年前的實心鐵球炮彈，另一方打出去的則是爆炸後能大面積破壞目標的開花彈，威力相差甚遠。英國曾經為了防範德國 V-1 導彈的襲擊而在沿海佈防了高射炮。過去，這些高射炮只能攔截百分之十七的 V-1 導彈，而在使用近炸引信炮彈後，高射炮攔截 V-1 導彈的成功率迅速提高到了百分之七十四，[14]有時甚至高達百分之八十二。近炸引信炮彈和炸彈也有效地改變了二戰期間地面戰場敵對雙方勢力的格局。

以前，各國軍隊都普遍認為，在糟糕的天氣裡，炮兵因為無法清晰地觀察對方陣地，也無法給予敵人有效打擊。但是一九四四年底，盟軍在歐洲開始使用這種近炸引信炮彈後，德軍發現盟軍的炮彈根本不需要落點準，因為它們在半空中就爆炸了，而且殺傷範圍特別大。這幾乎造成德軍的一次譁變，因為德軍看到盟軍炮彈的威力，而不願走出地下掩體。巴頓將軍對這一技術給予了高度評價，他說：「近炸引信的出現讓過去的陸戰戰術必須進行全面的修正。」[15]

如果說，幾百年前人類在發明開花炮彈時是一種對能量利用的進步，那麼發明裝有近炸引信的炮彈則是資訊利用的進步。曾經擔任美國原子能委員會主席的斯特勞斯（Lewis Strauss）上將如此評價近炸引信和雷達在二戰時的實際作用：

---

12 曼哈頓計畫是美國陸軍部於一九四二年六月開始實施利用核裂變反應來研製原子彈的計畫。

13 Ralph B. Baldwin , *The Deadly Fuze: The Secret Weapon of World War II*, San Rafael, CA: Presidio Press,1980.

14 Colin Dobinson. *AA Command: Britain's Anti-aircraft Defences of World War II*. London: Methuen. p.437. 2001.

15 Rick Atkinson. *The Guns at Last Light: The War in Western Europe*, 1944-1945. pp. 460-462, 763-764.2013.

第二次世界大戰中最原創和最有效的軍事發明之一是近炸引信，它在陸地、海上和倫敦的防禦中都大顯神威。儘管戰爭的勝利並不是某一項發明的結果，但是近炸引信和雷達一樣，是很少的幾個（發明），在很大程度上決定了戰爭的勝利。

在第二次世界大戰之後，雷達在民用領域的應用也得到了迅速普及，被廣泛應用到氣象探測、遙感、測繪、測速、測距、登月及外太空探索等各方面。同時，無線電探測和測距也成為資訊領域的一個重要學科。而雷達中的關鍵部件多腔磁控管經過多次改進，變成今天家電設備微波爐的能量源。雖然最初推動雷達技術發展的動力是戰爭，但是這項技術一旦成熟，就更多地被用於民用領域。

在二戰之前，和資訊相關的產業相對獨立。通信就是通信，它是個人和個人之間的資訊交流；傳媒就是傳媒，它是面向大眾、廣播式的資訊交流。資訊、鋼鐵和武器之間實際上並沒有直接關連。但是在二戰時期，資訊化開始成為一些產品的特點。近炸引信只是二戰時諸多利用了資訊的產品中的一個，我們在後文會看到更多例子。一種產品在被進行了資訊化改造後，性能就會倍增。

在雷達的發明過程中，我們既找不出第一個發明者，也找不出最後一個，甚至無法評選出誰才是在這項發明中起到最關鍵作用的人。這種情形和我們通常說的摩斯發明電報、貝爾發明電話或者馬可尼發明無線電完全不同。雷達的發明不是由哪位聰穎絕倫的英雄人物主導，而是很多國家的無數科學家和工程師為了能夠發現遠方的目標，或合作，或獨立研究，最後水到渠成的結果。人類在進入資訊時代後，群體對發明的作用越來越明顯。

本章小結

在雷達被發明和廣泛使用之前，人們對資訊的理解是發送和接收資訊、存儲和傳播資訊，很少有人會主動發射一個信號，然後根據外界的回饋去探測和判斷資訊。人的感官，無論是視覺還是聽覺都有其極限，雷達這類儀器的出現，有效彌補了人自身在獲取資訊能力上的限制和不足。

同時，雷達的使用促進了「控制論」的誕生。在不知不覺中，雷達幫助人做了決策，特別是那些根據所接收的資訊就很容易直接做出的簡單決策。比如，當炸彈接近目標時，做決定要非常迅速和及時。在這種情況下，如果能直接做決定而無須人為的干預，就完全可以交給儀器去完成。我們後文會說到用雷達控制的火炮，火炮往哪個方向打，這樣的決定也是由雷達上裝載的儀器做出來的。

當然，有些複雜的決定則需要由電子系統和人共同做出，比如英國的道丁系統，它通過雷達提供的資料，實際上幫助人做了一部分的決定。後文我們會看到資訊在決策中，將會發揮越來越大的作用。

第八章
資訊的另一面

從十九世紀開始，資訊能夠帶來的價值逐漸被人們關注，並且被廣泛地應用於各個領域。然而，它在讓大家廣泛受益的同時，也帶來一個非常嚴重的問題，那就是資訊的外洩和錯誤資訊（謠言）給人們造成的巨大損失。

雖然在古代，情報也會洩露，也會給人們帶來損失，但是那種洩露通常是極為少見的個案。儘管一次資訊洩露可能會給人們帶來一場不幸，但是通常不會帶來巨大的系統性的連鎖反應。但是在人們開始廣泛地使用現代通信工具大量傳輸資訊之後，資訊洩露就會給人們帶來雪崩式的毀滅性災難。此外，當人們可以廣播消息後，一條謠言所帶來的危害往往會超出人們過去最大膽的想像。不幸的是，重大資訊洩露的第一個犧牲者竟是中國。

李鴻章遺恨春帆樓

一八九五年三月二十一日，一位來自中國的七十二歲的老者和幾名隨行人員，登上了日本本州下關市的春帆樓。春帆樓背山面海，風景十分秀麗。這裡原是寺院的一部分，日本明治維新後，寺院改成了神宮，這座小樓也就空了出來。一位醫生買下小樓，將它改成了療養醫院。醫生去世後，他的遺孀在亡夫好友伊藤博文的幫助下，將這裡改造成一家高檔的日式料理店，還獲得了日本頒發的第一個經營河豚的許可證。以後，伊藤博文就經常在這裡接待一些重要的客人。一八九五年的春天，在春帆樓下，迎接中國老者一行的是兩位五十多歲的日本中年人。其中一位便是時任日本首相的伊藤博文，另一位是他的外相陸奧宗光。

這位中國老者顯然沒有心情欣賞窗外的山水海景，況且那些海灣裡來往的日本蒸汽戰艦更是讓他感到不安。一年前的中日之戰，日本海軍讓他苦心經營了二十年的北洋海軍全軍覆沒，成為他一生最大的憾事。更讓他難堪的是，他在七十二歲的高齡還不得不遠赴東瀛，準備接受他一生中、也是清朝立國以來最大的恥辱。

主客雙方入座寒暄了一番，伊藤說：「中堂奉派之事，責成甚大。兩國停爭，重修睦誼。中堂閱歷已久，更事甚多，所議之事，甚望有成。將來彼此訂立永好和約，必能有裨兩國。」[1]外交辭令說得冠冕堂皇。被他稱為中堂的老者，便是晚清大名鼎鼎的人物李鴻章，他此時的身分是大清國議和全權特使。

從二十四歲考中進士，至今（一八九五年）李鴻章已經在宦海沉浮了近半個世紀。在這半個世紀裡，他隨老師曾國藩鎮壓太平軍和撚軍，開辦洋務，建立海軍……跟世界各國外交官和商人打過交道，見識過各種大風大浪，被稱為同治中興名臣。或許是因為上述原因，作為晚輩的伊藤博文對他還算客氣。

這次和談，李鴻章想以中日兩國同文同種為由來緩和矛盾，並且感化對方，聯合抵制西方勢力的入侵。他說：「貴我兩國系東洋之兩大國，人種文物相同，利害關係尤切……敝國與貴國提攜，共謀進步，以與泰西日新月異之文化爭衡，並防止白色人種之東侵，乃兩國之願望……如幸恢復和平，兩國間友誼可較前更加親密。切望貴我兩國作為東亞兩大強國，能永遠與歐美對峙。」[2]

---

1 佚名，〈馬關議和中日談話錄〉[EB/OL].https://zh.wikisource.org/wiki/%E9%A6%AC%E9%97%9C%E8%AD%B0%E5%92%8C%E4%B8%AD%E6%9B%B0%E8%AB%87%E8%A9%B1%E9%8C%84.

2 佚名，〈馬關議和中日談話錄〉[EB/OL].https://zh.wikisource.org/wiki/%E9%A6%AC%E9%97%9C%E8%AD%B0%E5%92%8C%E4%B8%AD%E6%9B%B0%E8%AB%87%E8%A9%B1%E9%8C%84.

第一天雙方只進行了一些禮節性的會談，未涉及任何具體問題，會場上也沒有顯出劍拔弩張的氣氛。在會談中，伊藤博文還特許李鴻章使用中日之間的電報專線和清廷進行密電聯絡，以示友好。而此前，日方則斷然拒絕了中方代表向中方本土發電報的要求。據日本記者報導，李鴻章在會談結束後走出春帆樓時神態怡然，甚至還面帶笑容。但他很快就要笑不出來了，他不知道的是，那條看似為他提供便利的電報專線，完全洩露了談判時中方全部的意圖和底牌。

接下來的結果大家都知道了，二十八天後，也就是四月十七日，中日雙方在春帆樓簽署了《馬關條約》（日方稱為《下關條約》）。這是清朝立國兩百五十多年來所簽署最屈辱的條約，賠款之多在中國歷史上史無前例。條約簽成這樣，並非李鴻章沒有竭盡全力去爭取，也並非因為日本強大到了可以無視中國的任何要求。事實上，在談判過程中發生了一次意外事故：日本一位二十一歲的右翼青年刺殺李鴻章，致使後者臉頰中彈，當場血染官服。當時日方非常害怕李鴻章就勢回國，並且慫恿歐美列強干涉中日和談，因此他們希望能夠順利簽約。

伊藤博文在後來編寫的《機密日清戰爭》中寫道，（當時）擔心清使歸國，哀訴各國，各方聯合給日本施壓會讓日本利益損失極大，因此他覺得需要立即和清使（李鴻章）商談，簽訂條約。但是在談判桌上，日方卻獅子大開口，而且絲毫不肯做出讓步。這顯然不像日方急於簽訂條約會出現的行為。

日方之所以敢如此囂張，是因為他們已經破譯了中國的密電碼。也就是說，李鴻章和清廷來往的密電，在伊藤博文眼裡毫無秘密可言。當時光緒皇帝也因為中日海戰的慘敗而早已沒了開戰前的意氣風發，希望早日締結和約，了結此事。於是他給李鴻章的電報中說「總在速成」。由於日方給出的談判條件太苛刻，李鴻章一人根本做不了主，只好不停向朝廷請示。他曾經表示，如果談判破裂，他就回國了：「乞預密示。否則，只能罷議而歸。」伊藤博文和陸奥宗光瞭解了中方的和談底牌，又瞭解到李鴻章極有可能放棄談判，於是故意做出了一點小小的讓步，以此牽制李鴻章，與其繼續談判。

但此後，日方再也不肯讓步，因為日方早已知道清政府授予李鴻章「權宜簽字」的許權，所以不管李鴻章如何懇求，日方就是絲毫不肯讓步。最後，以善於和洋人打交道著稱的李鴻章，只好簽了一份連歐美列強都看不下去的屈辱條約。條約公佈後，俄羅斯、德國與法國以提供「友善勸告」為藉口，給日本施加外交壓力，迫使日本把遼東半島交還給大清，但是日本又以此為藉口，要走了三千萬兩白銀的「贖遼費」。

在這次失敗的談判中，中方的密電碼被日方破譯對和談結果產生了嚴重的負面影響，伊藤博文事後承認，在中日《馬關條約》談判之際，對於日本最為有利的莫過於此。

那麼，清政府的密電碼是如何丟失或者被破譯的呢？這還要從中日甲午戰爭開戰之前說起。一八九四年六月，由於日本干涉中國的屬國朝鮮內政，中日關係已經劍拔弩張，隨時可能爆發戰爭。日本政府給當時清政府駐日公使汪鳳藻發了一份照會，史稱《第一次絕交書》。這一次日本發照會的方式有點怪，日本外相陸奧宗光的秘書中田敬義將這份照會譯成了中文，連同日文版本一同交給了汪鳳藻。一向與中國交惡的日方為什麼會提供這種「貼心服務」？原來這裡面暗藏玄機。

據中田敬義回憶，當時中日之間已經有了有線電報。中國電碼是一個漢字和四個數字對應，這些日本是知道的，但具體怎麼對應，日本就不清楚了。於是日本決定採用釣魚的方法來破譯中國密碼。如果汪鳳藻直接將日本翻譯的這份日本照會中文版用密碼發回國內，日方情報人員就很容易將照會的文字和收到的電文數位一一對應起來，以此來倒推中方所使用的密碼本。

汪鳳藻並非像一些媒體上說的那麼沒腦子，直接將日本人給的中文版本發往清政府，他對日方多少有些防範，將中文照會做了一些刪減之後才發回國內。但是汪鳳藻不知道，這種一個字明文對應一個字密碼的加密方式，是極不安全的。比如在電文中，「我」、「之」、「兵」、「國」這些字，以及「朝鮮」這個詞出現的次數較多。儘管汪鳳藻將日方的中文照會縮短了三分之一，但是參照日方擬定的原文，通過這些字詞在電文中出現的相應位置，就可以非常容易地大致確定電碼的涵義。在日本人監聽到的電文中，應該出現「我」的大致位置，總是有二〇五三這個密碼，那麼他們就能推斷出在密碼本中，「我」字的編碼是二〇五三。而「朝鮮」一詞多次出現，在電碼記錄中，有二六〇〇、七六三九這兩個密碼經常一起出現，就能知道它們代表朝鮮。

就這樣，日方輕易地破譯了和這篇電文相關的中方密碼，然後以此為突破口，破譯了中方整個密碼系統。中田敬義在事後回憶：「彼方之電文，我方便能完全解讀，非常方便……甚至在談判之時，我方也運用得非常方便。[3]」日方對這件事感到非常自豪，後來伊藤博文還把破譯的中方電文寫成一幅書法作品，贈送給中田敬義。曾經參與部分馬關談判的陸奧宗光中間因為罹患流感而不得不退出談判，回到別墅休息。休息期間，他開始撰寫回憶錄《蹇蹇錄》，文中大量引用了李鴻章和清廷來往的電報電文，而中方並不知道這些所謂秘密電報，早已成為陸奧宗光書中的史料了。

這次因密碼被破譯而導致的資訊洩露究竟給中國帶來了多大的損失，根本無法準確地計

3 宗澤亞，《清日戰爭1894—1895》[M].北京：世界圖書出版公司，二〇一二年。

算。但是從最後《馬關條約》中清政府賠償日本的二點三億兩白銀（包括三千萬兩白銀的「贖遼費」）來估計，這個損失處於億兩白銀的量級，已經超過了清政府當時一年的財政收入。

當時，中方如果對資訊保密有些基本常識，即便設計不出更難破譯的密碼本，至少也可以降低一次失誤所帶來的雪崩式災難。

首先，在沒有足夠安全的加密方法之前，頻繁地發送密文，這件事本身就很有可能導致洩密。即使日本沒有給中方那份「釣魚」電報，一個字或者一個字母對應一個固定的密碼，這種極為簡單的加密方式也非常古老，甚至可以追溯到一千多年前的凱撒時代。到了十九世紀，即使是業餘的密碼愛好者也知道如何破譯它們——只要收集到足夠多的密文，統計一下各種密碼的出現頻率，再和語言中相應的詞或者字母的出現頻率一一對應，就能夠準確地破解密碼本。

早在甲午戰爭之前的半個世紀，美國偵探小說家愛倫·坡已經在小說《金甲蟲》中詳細說明了這類密碼的破譯方法。在知道對方監聽的情況下，加密通信不到非常緊急的情況，千萬不要使用。像前文《第一次絕交書》這種外交照會，內容是公開的，根本就不屬於機密檔，只需要用明碼發送就可以，根本不必加密，反之只會增加密電碼被破譯的風險。

其次，任何反覆使用的密碼被破譯，都只是時間問題。在十九世紀中期，很多密碼的使用者就已經意識到了這個問題。為了降低密碼洩露所帶來的損失，人們當時通行的辦法就是經常性地更換密碼本，甚至會為某次重要的行動專門準備一個一次性的密碼本。像清政府這樣，一個密碼本從戰爭開始之前一直用到戰爭結束時的談判，實屬罕見。

當然，因為不善於資訊加密，或者不注重密碼保密而蒙受巨大損失的，不僅僅有中國。在出現完整的資訊加密理論之前，任何加密都不過是權宜之計。歷史常常愛和人們開玩笑，就在日本人慶幸自己從破譯清政府密碼中獲益時，他們不知道自己也早就被別人盯上了。

從美國「黑室」到中國「黑室」

一九三一年，美國著名的密碼學家雅德利（Herbert Osborne Yardley）出版了他的第一本破譯工作回憶錄《美國黑室》。這本書在日本和美國都引起極大的震撼。原來作者在書中第一次披露了在一戰後華盛頓裁軍會議期間，他通過破譯日本外交電報，從而使得美國在談判中受益匪淺的事。

在日本，洩密的外務省成為眾矢之的。但由於當時日本在甲午戰爭和馬關談判中靠破譯中國清政府電報獲利一事尚未解密，日本外務省無法邀功，只能受責。在美國，雅德利的這本書則讓很多自由派的新聞記者對政府口誅筆伐，因為他們認為，竊取別人的機密並非君子行為。迫於社會輿論的巨大壓力，美國政府居然關閉了「黑室」，而功臣雅德利也因此丟了飯碗。雅德利到底做了什麼，讓日本損失了巨大的利益，而又讓美國民眾看不起他的行為？這就要從破譯天才雅德利這個人說起了。

雅德利出生在美國印第安那州的沃辛頓，他的父親是鐵路站站長兼鐵路站的電報員。雅德利從父親那裡學會了電報技術。高中畢業後，雅德利進入著名的芝加哥大學，但是因為家貧，一年後便退學回到老家擔任鐵路電報員。工作之餘，他開始琢磨如何靠玩撲克賺錢，藉此打發時間，並因此賺了很多錢。然後他用那些錢繼續讀書深造。二十三歲（一九一二年）時雅德利通過了公務員考試，成為美國國務院的密碼文員。

直到第一次世界大戰之前，美國還沒有正規的保密和破譯機構。為了應付未來戰爭的電文加密和破譯情報之需，美軍從部隊和民間選拔了一些業餘密碼研究者進行情報的破譯工作。這些人之中，為首的是帕克·希特（Parker Hitt）上校。他原本是一名土木工程師，參軍後先是在信號兵部隊服役，後來看到情報的重要性，又開始負責美軍電訊情報工作。

從那時起，雅德利開始參與希特上校領導的電訊情報工作，並且顯示出了卓越的密碼破譯才華。他先是拿美國政府使用的電文密碼作為破譯工作的實驗物件，很快就破解了美國政府使用的全部電文密碼。當時美國政府機構其實對資訊加密也所知甚少。威爾遜總統使用的密碼還是十多年前的，極為不安全，這讓雅德利感到十分震驚，於是他寫了份一百多頁的報告《美國外交密碼解決方案》，交給他的上級。後來希特上校也寫了一本《軍事密碼解決方案手冊》，作為美軍情報加密和破譯指南。從此之後，美國才開始將資訊的加密和破譯工作規範化。

第二年（一九一七年），美國由於參與了一戰，並和德國的交戰已不可避免，美軍成立了專門的軍事情報局。這個組織的主要任務就是破譯德國利用墨西哥的電報基地台發出的加密電報，看看德軍是否要做對美國不利的事情。就是在這個時期，雅德利加入了美軍的情報組織，並且成為新成立的軍事情報（局）第八部門 MI-8（Military Intelligence-8）的負責人。很快，作為美國遠征軍的密碼官，雅德利被派往法國。[4] 他和下屬破譯了對方不少電文密碼。不過當時雙方在戰場上基本上勝負已定，那些被截獲且破譯的消息對戰局已經產生不了什麼根本性的影響了，因此外界對第八部門的工作所知甚少。

不過，由於破譯方面的成功，第八部門並沒有在一戰後隨其他的軍事後勤部門一同解散，

4 Center for Cryptologic History，Cryptologic Quarterly，2014-01，Vol 33.

而是由美國國務院和軍方共同資助，搖身一變成了美國密碼局，由雅德利領導繼續從事情報破譯和分析工作。為了盡可能避免引起人們的注意，他們把這個機構單獨放在紐約，而非華盛頓的政府大樓。由於密碼局所在的大樓是黑色的，因此工作人員私下稱之為「美國黑室」。

第一次世界大戰後，世界各國首要的任務是制定戰後全球新秩序。為此，獲勝的協約國一方在巴黎和華盛頓進行了兩次長時間、大規模的會議。在會議上，各國為了能夠獲得更多利益，像小商販一樣討價還價，以此簽署決定「一戰」後新秩序的各種條約。這兩次會議確立下來的政治格局被稱為「凡（爾賽）華（盛頓）體系」。

在華盛頓會議上，大家討論的主要是亞太地區的政治格局，以及對各國海軍裝備的限制性條約。當時日本在中國搶佔了各種利益，一直是中國巨大的軍事威脅，並且不斷擴大海軍規模，嚴重危害到了美國在華和西太平洋沿岸地區的商業利益。因此在華盛頓會議上，美國首先要實現的目標，就是嚴格限制日本海軍的擴張計畫。為了這個目的，美國的當務之急是瞭解日本和談的底牌，於是這個極其艱巨的任務就交給了雅德利所領導的密碼局。

雅德利和他的工作人員廢寢忘食地工作，足足花了近一年的時間，終於破譯了日本的密電碼。他所採取的破譯方法主要是大量收集日本外務省來往的各種電文，既包括公開聲明，也包括許多不知內容的密碼文，然後進行比對破譯。在一九二一年華盛頓會議期間，密碼局向美國代表團提供了有關日本政府絕對可能接受的戰列艦數量資訊。美國原本打算同意日本保留二十一艘戰列艦，在得知日本底牌後，最終讓日本同意只保留十八艘。這是雅德利在美國密碼分析事業的頂峰。

不幸的是，身在紐約的雅德利很少和華盛頓的官僚和政客打交道，因為他僅僅是一位能力超群的技術專家，卻不諳政治。一九二九年，白宮換了主人，雅德利的人生軌跡也因此改變了。雖然美國法律沒有明確規定軍事行動之外的竊聽行為是否合法，但是雅德利在華盛頓會議之後為了炫耀密碼局的本事，他向外界聲稱，就連梵蒂岡的所有來往資訊他都能一一破譯，這就得罪了他的上司。時任美國國務卿的史汀生（Henry L. Stimson）不想因為密碼局在外交上惹麻煩，再加上當時全球正處在和平時期，並沒有太多情報工作要密碼局來做，於是史汀生下令關閉了密碼局。

丟掉飯碗的雅德利一時找不到新的工作，而且由於他創辦的密碼局屬於國家秘密部門，不屬於公開的政府部門，所以在密碼局工作的人拿不到政府的退休金。於是，一九三一年，他出版了回憶錄《美國黑室》來養家糊口。這本書不僅詳細介紹了美國資訊情報組織的發展歷史，還深入淺出述說了資訊安全的基本原理。因此，這本書在美國和海外都深受歡迎，並被翻譯成多種文字。雅德利可能遠遠沒有想到，他的受害者日本卻是這本書最大的買家，該書日文版的銷售量是三萬三千冊，幾乎是美國銷量的兩倍。

這本書的出版雖然讓雅德利一舉成名，其中很多內容還被拍成了電影，但是也讓他徹底失去了再次為美國政府工作的可能性。這本書介紹了雅德利和他的同事破譯各國密碼的方法，還逐一指出了十九個國家密碼存在的漏洞。這不僅讓美國政府感到十分難堪，也讓它的敵國開始嚴格防範，注重資訊安全。

雖然雅德利的初衷是迫使美國政府重新資助「黑室」的工作，但美國政府不僅沒有重新起用他，甚至考慮起訴他犯了洩密罪。不過當時美國的法律並沒有明文規定對外來情報進行保密，政府也只好作罷，卻因此於一九三三年修改了保密法。正是根據這個新出爐的保密法，雅德利的第二本書《日本外交密碼：一九二一至一九二二年》沒能成功出版，該書的手稿直到一九七九年才被解密。

雅德利的《美國黑室》一書也被譯成中文，並且受到中國當時的情報之王戴笠的重視。戴笠十分隆重地將雅德利推薦給蔣介石，後者還為此邀請他來中國工作。雖然當時雅德利對中國一無所知，但是他當時已經很難在美國立足了，只能來中國謀生。為了養家，他只向戴笠提了一個要求，就是必須用美元支付他的工資。在得到戴笠的承諾之後，雅德利不遠萬里，輾轉來到了他完全不瞭解的中國重慶。在重慶，雅德利開始了他人生的第二次輝煌。他非常賣力地幫助國民政府按照美軍情報機構的模式組建了「中國黑室」，成功破解了日本的密電碼，並因此破譯出幾千份日軍及其間諜的通信電文。

在重慶的期間，雅德利做得最成功的一件事，就是破獲了國民黨內奸「獨臂大盜」為日軍提供重慶氣象資訊的間諜案。當時，日軍的飛機三天兩頭轟炸重慶，給中國軍民帶來了巨大的損失，並且在重慶引起了很大的恐慌。本來，重慶這個城市多雲多霧，日軍飛機很難準確地找到轟炸目標，轟炸效果本該是極差的，但是人們發現日軍的飛機總是能夠在晴天的時候飛來，還能準確繞開防空火炮以進行空襲，甚至有幾次炸彈就扔到了蔣介石官邸附近。因此，國民政府認定在重慶一定有日本間諜在為日軍提供重慶的氣象資訊和其他軍事資訊，而且，這個人很可能就躲藏在國民政府內部。

一九三九年一月，雅德利和他的破譯小組監聽到了一些重慶發往某個地點的密碼。由於當時沒有日文打字機，雅德利只能用手抄寫那些涵義不明的日文片假名。抄著抄著，他突然發現那些密碼電報僅僅使用了十個日語片假名，而日語片假名有四十八個，這讓他感到很奇怪。他敏銳地意識到，日本間諜使用十個片假名發送的是數字，而這些數字可能就是重慶的氣象資訊。順著這個思路，他破譯出了氣象情報的大致內容，然後用無線電測向儀在便於觀測氣象的地方展開了地毯式搜索，而且很快就抓住了這個正在發氣象電報的日本間諜。

可是就在日本間諜被處決後，一九三九年五月三日和四日連續兩天，重慶遭受了日軍規模空前的空襲，兩天內重慶軍民的死傷共超過了五千人，這就是重慶歷史上著名的「五三」、「五四」大轟炸。這時，中國的情報部門和雅德利才突然意識到他們之前抓住的不過是一個小蝦米。這次慘案讓雅德利感到非常痛心，他發誓一定要抓住在重慶隱藏更深的日本間諜。

然而，有件事情雅德利百思不得其解：日軍轟炸機是如何躲過重慶防空部隊的密集火力的？這一定有隱藏著很深的「內鬼」。雅德利通知了軍統局廣撒網，派人暗中調查，他自己則沉浸在密碼的破譯中。雅德利發現截獲的密電文有三個特點。第一，密電文中很少有重複的內容。這說明日本人使用的密電碼已經不是文字和密碼簡單地一一對應的那種了，而是使用了更加複雜的加密方式。第二，每份電報一開始都是由五個英文字母組成的毫無意義的字串，然後才是數字。他把那些字母重新排列後就成了有意義的英文單詞，由此雅德利分析判斷出這個「內鬼」可能懂英文，而這些單詞應該來自某本英文書。第三，電文內的很多數字雖然不重複，但是每份電文的變化範圍不大，說明這些數字可能是根據某個公式算出來的，而不是完全隨機的。

有了這些線索，排查內鬼的範圍就可以逐漸縮小了。這時，中國的情報部門告訴他，已經鎖定了一個懷疑對象，那個人是高炮部隊的一名營長。這名營長因為在戰鬥中失去了一條賂賻，被稱為「獨臂大盜」。說來也巧，雅德利正好認識這個人。原來雅德利有一次在工作陷入僵局時，去了一個英國人開設的茶館消遣，遇到了一位能說英語的國民黨軍官，就是這位「獨臂大盜」。在得知中國情報部門的調查結果後，為了不引起「獨臂大盜」的警覺，雅德利決定等待合適的機會，到「獨臂大盜」家裡去尋找密碼本。

不久，這個機會來了，「獨臂大盜」給雅德利打電話說，他的一個女朋友從香港過來看他，邀請雅德利和朋友去吃晚飯。雅德利覺得這是個極為難得的機會，但是他需要一個助手，這時他想到了在重慶認識的一位叫作徐貞（音譯）的女子。當時，重慶能說英語的人並不多，徐貞能說一口流利的英語，和雅德利聊得非常投機，兩個人就成了朋友。徐貞聰明機警，是最合適的人選。當雅德利把自己搜尋密碼本的想法告訴徐貞後，徐貞猶豫了片刻，最終答應幫助雅德利。雅德利告訴徐貞，請她在「獨臂大盜」家裡找一本英文書，它應該是一本市面上比較流行的書，書中應該有某些英文單詞，而且有很大的可能性是出現在前一百頁。

到了晚飯那天，雅德利和徐貞依約來到「獨臂大盜」的住所。就在晚飯進行到一半時，空襲警報響了，電燈熄滅了，作為高炮營長的「獨臂大盜」不得不換上軍裝去執行防空任務，留下一個僕人關照客人。這時，雅德利向徐貞使了個眼色，徐貞心領神會，藉故離開了餐桌，悄悄溜進了「獨臂大盜」的書房。「獨臂大盜」的書櫃裡有不少英文書，徐貞緊張地翻閱著每一本書，最後她終於在賽珍珠寫的《大地》一書中找到了雅德利所說的那幾個英文單詞，而且在這本書的很前面（第十七、第十八和第十九頁），這些單詞下面還有用筆劃過的痕跡。得手之後，雅德利和徐貞就藉故有事離開了。

賽珍珠的作品《大地》獲得了諾貝爾文學獎。這部作品述說的是中國的故事，因此在重慶很容易找到。雅德利借到一本《大地》後，就和他培訓的學生一起破譯了上百份「獨臂大盜」發出的密碼電報。他發現，日本人為「獨臂大盜」設計的加密方法並不是十分複雜，單詞所在的頁碼和日期之間有一個簡單的計算公式，即發報日期的月數加上天數，再加上十，就是單詞所在的頁碼。

比如，三月十一日發報，密碼就在三加十一，再加上十，等於二十四頁，其他的電文編碼也是採用類似的方法。這樣的密碼設計其實違背了資訊理論的一個重要原則，即加密函數不應該僅僅通過幾個引數和函數值就能倒推出來。對於這樣的密碼，破譯者只需要破譯一篇密碼電報，就很有可能破譯出全部的電文。

根據密電內容，情報部門還挖出了其他內鬼，包括蔣介石的炮兵顧問德國人韋伯。他和「獨臂大盜」都已被日本人和汪偽政權收買，為敵人辦事。「獨臂大盜」馬上被捕，並且很快就被槍決，但是德國顧問韋伯聽到消息之後逃脫了。

雅德利擔心日偽間諜對徐貞進行報復，勸她儘快離開重慶前往國外避風頭。不幸的是，在前往機場的途中，徐貞就被汪偽特務暗殺了，而使徐貞身分暴露的正是「獨臂大盜」家中的那名僕人，他也是汪偽特務。那天徐貞潛入書房查找圖書時，這位僕人悄悄注視著她的一舉一動，並將此事報告給了汪偽的特務機關。徐貞之死讓雅德利非常難過和內疚，他的心情變得極度低落，甚至難以正常工作。不久他回到了美國。不過，他當時為中國培養的幾百名諜報破譯人員在後來的抗日戰爭中發揮了巨大的作用。

雅德利在二戰之後，把他在中國的經歷寫成了《中國黑室》一書，不過這本書直到一九八三年才被美國政府解密，允許出版。在《中國黑室》一書中，雅德利多次提到日軍對保密的技術原理所知甚少。有一次，日本的馬尼拉使館向外發報，發到一半時機器突然卡死，然後電報員居然就照單重發了一遍，而這種同文密電在密碼學上是非常忌諱的。

另外，日本外務省在更換新一代密碼機時，有些距離本土較遠的日本使館因為新機器到位得較晚，居然還使用老機器來發送電報，這樣就出現了新舊機器混用的情況。於是，同樣的內容，監聽日本電臺的美國情報部門就會收到新舊兩套密文。由於日本的舊密碼很多已被美國破解，導致日本的新密碼一出臺就毫無機密可言。總的來說，在二戰中日本的情報經常被美國人破譯，他們的海軍名將山本五十六也因此喪命。由此可見，在戰爭中資訊洩露給人們所造成的損失，常常是難以估量的。

雅德利回到美國後，並沒有再為美國情報部門工作，因為他和美國政府之間的結是解不開的。不過，他對美國情報事業和反法西斯戰爭所做出的貢獻最終還是得到了美國政府的認可。一九五八年去世時，他被安葬在了阿靈頓國家公墓。一九九九年，他得以進入美國聯邦調查局的名人堂。事後人們對雅德利截獲並破譯的密電文進行整理，足足有十六箱，它們至今依然保存在美國國家密碼博物館的圖書館中。

雅德利對中國通信保密工作做出的貢獻也是巨大的。他除了幫助中國破譯了大量的日本情報，還把中國在無線電偵察方面的整體水準提高到了當時的世界水準。在他來到中國前，無論是北洋政府還是國民政府，無線電通信保密工作都還處於非常原始的階段，而且政府人員對密碼的安全性還抱有盲目的自信。

比如，在一九二四年的第二次直奉戰爭中，直系將領吳佩孚的電報很快被日本人破譯，後者隨後又將情報轉給了他們支持的奉系軍閥；在中原大戰時，反蔣聯盟的電報很快被蔣介石破譯，但是到了抗日戰爭初期，國民政府的電文常常洩密，而破譯工作又無從開始。而雅德利的及時到來，幫助中國改善了在情報技術方面的落後狀態，使得在二戰中後期，盟軍願意和國民政府合作共用情報。

赫伯特·奧斯本·雅德利（Herbert Osborne Yardley）
1889年至1958年

這位密碼學天才出生於美國，被譽為美國的「密碼學之父」。雖然是一位外國友人，但他在第二次世界大戰中卻為中國抵抗日本法西斯做出了重要的貢獻。他是抗戰期間隱蔽戰線上當之無愧的第一外援，被稱為中國「黑室」英雄。

謠言比真相傳播更快

除了資訊洩密會給人們帶來巨大的損失，資訊傳輸的便利所帶來的另一個副作用——謠言和謊言，也會像瘟疫一樣快速傳播，甚至比真相傳播得更快。這些謠言有些是為了某種目的刻意製造出來的，並利用各種高效率的資訊傳播工具傳播，比如納粹德國在二戰前和二戰期間散佈的很多謠言；有些則是以訛傳訛，比如辜鴻銘曾經被提名諾貝爾文學獎的說法。不管是哪一種，它們都有可能在很短的時間裡給社會造成巨大的危害。我們不妨來看下面幾個真實的例子。

一九三五年，一名叫利諾·里維拉的十六歲的非洲裔男孩在紐約曼海姆區的一家雜貨店裡偷了一把十美分的小刀，被白人店員當場抓住。這名少年在搏鬥中咬傷了店員，於是商店老闆叫來了員警。員警逮捕了少年，但是在記錄下他的資訊之後，就將他釋放了。當時一位非洲裔婦女看到員警帶走了小孩，於是就大聲呼喊小孩被打了。由於店員被小孩咬傷了，於是醫護人員就乘坐著救護車來為店員治療傷口。大家看到了店門口停放的救護車，似乎正好證實了那位婦女關於小孩被打的說法。這時，正好商店門口還停了一輛靈車，於是大家就想當然認為小孩已經被打死了。

當時，美國確實存在白人欺負非洲裔的現象，於是一些非洲裔得知消息後就組織起來反抗。這時一個叫作「青年解放者」的組織印製了大量的傳單，開始向人們散發。此時，並沒有人能夠冷靜地分析、判斷這件事的真偽，就開始上街砸店，於是爆發了大規模的騷亂。政府為此出動了大批員警來鎮壓抗議的人群，但是沒有任何效果。這時，員警就想找到那個男孩，讓他現身闢謠。但是這個男孩在警局留下的地址是假的，員警足足花了一個晚上才找到他。等他現身闢謠，在這次騷亂中已經有三個人被打死，一百多人受傷。這次騷亂給社會造成了巨大的經濟損失。

當然，可能有人會覺得，一個謠言引起幾個人死亡算不上什麼大事。但是，我如果告訴

大家，謠言會給人們造成每年四百億美元左右的投資損失，大家可能會十分震驚。巴爾的摩大學教授卡瓦佐斯（Roberto Cavazos）的多年研究證實了這一點。卡瓦佐斯指出，這只是一般的情況。再舉個例子，有關並不存在的特朗普總統通俄事件的謠言，就曾讓投資人在一小時內損失了約三千四百億美元，雖然後來證實這是沒有根據的謠言，實際損失有所減少，但是投資人依然有超過五百億美元的永久性損失，這筆損失是無法彌補的。[5]

正因為謠言能夠給人們造成嚴重的危害，有時甚至會比犯罪和武力給人們造成的傷害更大，而且這種危害在一開始往往具有隱蔽性，不易被人們察覺，所以，自從有了大眾傳媒，每到戰爭時期交戰雙方就會設法傳播一些不利於對方的謠言。在二次大戰期間，即便是遠離主戰場的美國本土也是謠言四起。比如二戰軸心國在美國傳播過這樣的謠言：

・美國海軍在珍珠港事件中全軍覆沒（真實情況是，美國太平洋艦隊在珍珠港事件中損失慘重，但是所有航空母艦和一些戰列艦都倖免於難）。

・明尼蘇達州的一位母親收到了日本人寄來的盒子，裡面裝著她被俘兒子的眼睛。

---

5 Alicia McElhaney.Fake News Greates Real Losses[EB/OL][2019-11-18]. https://www.institutionalinvestor.com/article/b1j2tw22xf7n6/Fake-News-Creates-Real-Losses.

- 俄勒岡州的庫里郡受到了鼠疫炸彈的襲擊。
- 美國女子志願救助服務者，成了軍官的私人財產和慰安婦。6

這類謠言在二戰期間非常常見。謠言的傳播往往嚴重打擊軍民的士氣，讓國民對政府產生不信任。很多關於佛蘭克林・羅斯福總統忽視日本襲擊珍珠港的情報、導致當地慘遭襲擊的謠言，也是從那個時期逐漸傳播開來的。一九四二年六月，羅斯福簽署了一項行政命令，成立了戰爭資訊辦公室（OWI）。它合併了多個和情報相關的機構，一方面發現和制止所有可能對社會和軍民造成損失的謠言，另一方面主動傳播所有有利於提升士氣和軍民信心的戰時資訊。

美國戰爭資訊辦公室的一項重要工作就是甄別資訊的真偽，盡可能有針對性地提供能夠制止謠言危害的真實資訊。比如，政府會在《波士頓先驅報》用以下範本發公告：

謠言：士兵在陸軍買香煙和啤酒時，被收取高昂的價格。

事實：軍隊公共關係部說：「錯！戰時供應給予士兵優惠。士兵以大大低於市場的價格在軍隊小賣店購買商品！」

有時，這樣澄清謠言的公告也會被人們印在工資單的背面。

美國戰爭資訊辦公室還接受讀者發來的一些需要甄別真假的信息，判斷是否是謠言，並且尋找原因。當時的《猶太退伍軍人期刊》（第一〇一一二卷）載：「主動將謠言曝光，對其進行回復、消毒，比讓它像毒藥一樣傳播和造成潰爛要好。」

圖 8-1 二戰期間美國為闢謠製作的宣傳畫

在當時沒有計算機的情況下，逐條闢謠需要大量人員參與資料分析和情報甄別工作。美國最初設置了六個被稱為「診所」的辦公室，來進行發現謠言和闢謠的工作。很多大學研究人員都參與了這項工作，包括謠言心理學的早期研究者納普（Robert

6 Crystal Ponti. During WWII, "Rumor Clinics" Were Set Up to Dispel Morale-Damaging Gossip.[EB/OL].[2017-05-17]. https://www.atlasobscura.com/articles/wwii-rumor-clinics.

Knapp）。納普建議將這樣的診所擴大到二十家，但是美國政府並不放心太多政府之外的人員參與這個十分敏感的工作，因此「診所」的規模與人數被嚴格控制。不過在戰爭期間這樣的「診所」至少開設了十幾家，許多社會科學家、婦女團體、大學生主動參與相關工作，「謠言診所」成為平民直接幫助戰爭取得勝利的一個重要途徑。

大量謠言的出現，也讓學術界開始研究為什麼謠言比真相更加容易傳播，為什麼民眾更加容易相信謠言，如何才能夠有效終止謠言的擴散，並降低它們為社會帶來的危害。

納普在一九四四年發表了研究性論文寫道，謠言常常表達並滿足了人們在社會動盪時期的一種潛在的情感需求。當人們面臨著難以承受的巨大壓力時，往往會希望聽到對自己有利的消息，或者懼怕對自己更加不利的消息。因此這種反常的謠言出現後，人們首先不是進行冷靜而理性的分析和思考，而是盲目相信或者產生恐懼。那麼人們應該如何應對這些謠言？在納普看來，簡單直接地否認謠言是沒有什麼效果的，因為謠言常常是以簡單合理的方式表達了許多人的不安和敵對情緒。換句話說，一個人的謠言，可能恰恰準確反映了另一個人的現實。

此外，大量研究表明，謠言不會自滅。納普說，謠言就像魚雷，只要一發射，就會自行前進。因此，對付謠言的方式只有一種，就是提供針對那些謠言的真相。《生活》雜誌在二戰期間對上述理論進行了檢驗。他們在街上隨機找了一個陌生人，告訴他，波士頓工廠的煙囪裡很可能藏有美軍的防空火炮。果然，不久這個謠言不脛而走，這在一定程度上反映了大家在時局極度緊張時非常迫切地需要一種安全感。

二戰期間，既然有國家會設法清除那些給人們帶來傷害和損失的謠言，那麼它的對手就會運用國家的力量來製造一些蠱惑人心、或給人們帶來損失和傷害的謠言，其中最有名的當屬納粹德國時期的宣傳部長戈培爾。

二十世紀三〇年代，當時收音機還是一個熱門的新玩意兒，戈培爾就已經注意到它在傳播資訊方面要比發傳單等傳統方式高效且迅速得多，於是他想到用收音機來傳播有利於納粹統治的謠言。但是戈培爾遇到兩個難題。

第一，當時的收音機非常貴，價格要二百至五百馬克，而當時德國工人的平均月薪只有七十馬克，大家在填不飽肚子的時候是不會買收音機的。第二，如果每個家庭都有了收音機，大家不但會聽到謠言，還有可能聽到英美電臺廣播的事實真相。不過，這兩件事都難不倒戈培爾，為此他搞了一個「人民的收音機」（Volksempf.nger）工程。

這個德語詞由兩個詞彙組成：Volks 代表人民，今天大眾汽車的英文（Volkswagen）字首 Volks 也是這個涵義；後面的 empfänger 則代表接收機。根據戈培爾的要求，這個收音機的設計者，科隆大學教授克斯廷（Walter Kersting）將通常需要六、七個電子管的收音機，簡化到只有三個電子管，也就是說它只能接收幾個中波頻道。為了進一步降低成本，設計者還把其他錦上添花的元件都拿掉了，比如改善音質的元件。總之，「人民的收音機」僅僅是為了用來聽新聞，而不是為了聽音樂。這樣一來，收音機的售價終於大幅度地降低了，嚴格控制在七十馬克以內，而且它只能收聽幾個德國電臺的廣播，根本收不到邊境上英美電臺的廣播。一九三三年，這種廉價的收音機一上市，很快就賣了幾百萬台。到一九四一年蘇德戰爭爆發時，德國三分之二的家庭都有了這種廉價收音機（見圖8-2）。

如果不考慮立場，我們應該承認戈培爾的辦法是成功的。有了這種收音機，不管前線戰事如何，老百姓聽到的新聞都是德軍一路高奏凱歌。今天，不了解那場戰爭的人可能會覺得奇怪，進入一九四三年之後，德國軍隊在前線動輒十幾萬甚至幾十萬地被殲滅，後方居然沒有出現恐慌現象，也沒有出現反戰情緒，依然一片歌舞

圖8-2　生產於1938至1941的廉價收音機

昇平。在很大程度上，是這種廉價收音機所傳播的納粹謠言所致。

不過人總是有好奇心，你越不讓他做的事，有時他越想做。一些聽膩了德國枯燥無味節目的無線電愛好者開始試著改裝這種廉價收音機。他們改變了收音機接收的頻率，私自增加了接收能力更強的天線，這樣一來，他們就可以聽到邊境上英美電臺的廣播了。為了防止鄰居聽到動靜後向蓋世太保報告，他們還發明了耳機版的改裝收音機。

通過改裝的收音機，一些德國人了解到德國慘敗的戰爭真相，但是少量的事實真相對人們的影響遠抵不上大量傳播的納粹謠言。《第三帝國的興亡：納粹德國史》一書作者夏伊勒當時是駐德記者。他在《柏林日記》中記述了這樣一件事：一名執行任務的德軍飛行員的母親接到通知，說她的兒子在前線陣亡了。但是幾天後，BBC公佈的德國戰俘名單裡卻出現了她兒子的名字。次日，有八個熟人好心地告訴她這個消息，安慰這位母親。出乎所有讀者意料的是，這位德國飛行員的母親居然向員警告發了這些人收聽敵臺，於是他們全都被捕了。

一九四五年紐倫堡審判時，納粹德國的軍需部長施佩爾（Albert Speer）說，這種收音機讓八千萬德國人徹底失去了獨立思考的能力。當然，德國的同盟國就不是這種廉價收音機的天下了。英國人就在國家邊境架設電臺，宣傳對德國不利的消息，甚至包括謠言，那些廣播對動搖德國同盟者的信心起到了很大的作用。[7]

從這兩個例子可以看出，在和謠言較量時，真相未必總能占上風。這並不是得到消息的人智力不足或缺乏理性，而是因為在沒有其他更可靠的資訊源提供佐證時，憑空斷定一條消息的真偽，是一件很難做到的事。

羅斯福對日本偷襲珍珠港知情嗎？

直到今天，依然有不少相信陰謀論的人會認為在珍珠港事件之前，羅斯福就已經掌握了日本要偷襲珍珠港的情報，但是他演了一齣苦肉計。至於為什麼要犧牲掉美國那麼多軍艦和士兵的性命，是因為美國當時孤立主義大行其道，大部分美國人不想捲入那場戰爭。而羅斯福則希望以珍珠港為代價，換取美國民眾對日開戰的支持。事實上，相信這個陰謀論的人，不但對美國的政治運行機制缺乏了解，也完全不清楚情報部門的運作方式。

先說說羅斯福能否以近三千名士兵的生命為代價，換取對美國參戰的需求。美國總統不是美國唯一掌握權力的人，不能夠乾綱獨斷，他不僅受到國會的制約，受到反對黨的各種挑戰，還會受到同僚和下屬的嚴格監督。很多由總統宣佈的命令和政策，看似由他所做，其實背後是一個團隊在幫助他做決策。

此外，美國的資訊來源是多管道的，並非少量知情人數可控的單一管道。也就是說，無論從情報來源還是從參與決策來看，知情人是很多的。像珍珠港那樣大的犧牲（超過整個太平洋戰爭海軍死亡人數的百分之七），如果是出於私心的決策，羅斯福要面臨的就不僅是能否連任總統的問題，也不僅是要被問責的問題，而是要被法院起訴的問題了。

不過，關於珍珠港事件羅斯福知情的謠言流傳甚廣，美國歷史學家和情報專家寫了不下十本非常具有權威性的書來闢謠，並解釋為什麼羅斯福當時會出現這樣嚴重的誤判。其中最讓人信服的，是由美國情報專家沃爾斯泰特（Roberta Wohlstetter）在一九六二年出版的《珍珠港：警告與決策》（*Pearl Harbor: Warning and Dec.sion*）一書，這位作者曾參與二戰時的美國情報工作。在書中，她解釋了為何羅斯福政府沒能準確判斷出日軍會對珍珠港發動突然襲擊。簡單地說，那不是因為羅斯福忽視了各種情報，尤其是所謂軍統情報人員池步洲提供的情報，而是因為羅斯福和他的團隊獲得的情報太多，以至無法在真真假假、甚至充滿矛盾的資訊中判定哪些資訊是真實的，而哪些又是謠言、誤導或者雜訊。

7 Marc Wortman. The Fake British Radio show That Helped Defeat the Nazis[EB/OL].[2017-02-28]. https://www.smithsonianmag.com/history/fake-british-radio-show-helped-defeat-nazis-180962320/.

沃爾斯泰特用了「海量資訊」一詞來形容從一九四一年一月到十二月，美國各個情報機構不斷獲得的與日美相關的資訊。其中一些資訊和珍珠港相關，更多的資訊則和東南亞其他地區有關，包括關島和菲律賓等地。況且，這些海量資訊雜糅在一起，要從中將並不算多、但與襲擊珍珠港相關的資訊逐一甄別出來，同時確認珍珠港將是日軍飛機攻擊的目標，不是一件容易的事。事實上，在被截獲的情報中，提及有關菲律賓的最多，涉及珍珠港的最少。而池步洲所破譯的一份由日本外務省致日本駐美大使野村吉三郎的密電，主要內容有三點：

- 立即燒毀一切機密檔及各種密碼電報本，只留一種普通密碼本。
- 將海外存款轉存於中立國家銀行。
- 日本政府將按御前會議的決定採取斷然行動。

然而，美國情報部門已經完全掌握了這份密電，因為當時日本外務省的密碼早已被美方破譯。但是對美國情報部門來說，難點不在於破譯情報，而在於分析情報，並且甄別情報的真假。從池步洲破譯的那份情報來看，沒有人能夠直接看出它預示著日本要襲擊珍珠港。沃爾斯泰特在書中指出：「事後看（事前的）跡象總是清楚的。……我們現在能看出它當時預示著什麼樣的災難，因為災難已經發生，但在事發之前跡象總是模糊不清，有各種互相矛盾的理解。總之，我們未能預見珍珠港事件，不是因為缺乏有關資料，而是因為無關的資料太多了。」至於很多人堅信的神話——「池步洲破譯了日軍偷襲珍珠港的密電，但美國人的傲慢使得他們與此重要情報失之交臂」，來自軍統人員沈醉的回憶錄。沈醉完全是在不了解美國決策機制的情況下，一味強調軍統的情報偵察能力而已。

時過境遷，當年的謠言變成了今天陰謀論者的證據。但是，無論過去還是今天，那些人都犯了一個簡單的邏輯錯誤，也就是先射出了箭，然後才在箭的周圍畫上靶圈。具體來說，就是在日本襲擊珍珠港已成事實之後，再從海量的情報資料中找出了與珍珠港相關的那一小部分資訊，然後由此推論出「羅斯福故意放任日本襲擊珍珠港」的結論。

二戰之後出現了資訊理論，才有了判定資訊可靠性的各種量化度量方法，比如「信噪比」這個量化度量信號和雜訊比例的專業指標，以及對資訊可信度的各種專業性的量化度量方法。但是在二戰期間，鑑別資訊的真偽還只能靠情報人員的經驗，因此那時高層的決策者常常犯下一些誤用資訊的錯誤，也是在所難免。不過，如果我們今天依然把專業知識拒之門外，省去了用專業的方法收集資訊、分析資訊的過程，以及進行嚴密的邏輯論證的環節，就容易被陰謀論所誤導。事實上，陰謀論滋生的環境，並不是資訊的缺乏，而是懶於思考的群體。

本章小結

資訊的湧現改變了世界的運作方式，這種改變來自兩方面，那就是正向的和反向的。我們在前面章節中說到的改變大多是正向的，而在這一章，我們看到了資訊在另一個方向的作用，即因為資訊的丟失及錯誤的資訊（謠言），給人們造成的巨大危害。

不過，人類不會因為資訊可能產生危害就退回到資訊閉塞的時代，而是需要想辦法解決問題。當然，在沒有資訊理論的情況下，各種解決問題的方法都是從經驗出發，是自發的，也是不成系統的，它們的效果非常仰賴執行者的能力，也需耗費大量的人工，比如加密者和解密者的個人業務水準，以及情報分析人員的甄別能力。這樣的做法雖然能救一時之急，但是缺乏一體適用的解決效果。因此，這些問題的出現也激發了世界對資訊理論的需求。

第二編
自覺時代

第九章
讓成功從偶然到必然

和其他技術的發展過程一樣，資訊技術早期更多的是靠應用驅動，從經驗中積累知識。這是一種自發狀態，其主要特徵往往表現為較大的隨意性和不確定性。即使在一個領域獲得成功，那些經驗也通常很難推廣到另一個領域，因此從結果上看，早期的資訊技術進步在很大程度上取決於個別天才的成就，比如摩斯之於電報、貝爾之於電話、馬可尼之於無線電。事實上，他們的成功都有很大的運氣因素，也就是在無意之中走對了路。當然，在這個階段更多的失敗者，包括惠斯通、巴貝奇、穆雷和特斯拉等人，是留不下名字的。

不過，和其他技術一樣，資訊技術發展到一定階段，就會發展出自己的理論基礎，而那些最終成為資訊技術發展基石的基礎理論，在一開始可能看上去和蓬勃發展的資訊技術並沒有太多關係。這就如同歐幾里得的幾何學和牛頓的運動學，非歐幾何中的黎曼幾何和愛因斯坦的相對論一樣，最初的關聯總是不為人知的。就在十九世紀隨著電的普及與蓬勃發展之際，資訊技術的理論基礎也在悄然形成。

符號和表意

一八三三年，正當摩斯在美國搭起了實驗室開始研究電報裝置的時候，二十三歲的英國青年羅林森爵士（Sir Henry Rawlinson）作為東印度公司的雇員被派往德黑蘭，幫助訓練當地的士兵。從十七歲起，羅林森就展開了他的軍旅生涯，但是他一生在軍事上並沒有什麼建樹，相反，他對於古代文字的好奇心後來讓他成為歷史上最重要的古文字學專家之一。由於在德黑蘭的公職是份很輕鬆的工作，羅林森有足夠多的閒暇在四周遊歷。

一八三五年，羅林森聽說貝希斯敦小鎮附近發現了「雕畫」，很多人都去看熱鬧。他出於好奇，跋涉了幾百公里，終於趕到了貝希斯敦。在那裡，羅林森看到在懸崖峭壁的一百公尺高處，有著約二十五公尺寬、十五公尺高的巨型浮雕石刻，也就是人們所說的雕畫。雕畫中有國王和許多臣民的形象，但這雕畫表達的是什麼主題、什麼意思，卻沒人知曉。這幅畫周圍有密密麻麻的，由細長三角形（楔形）構成的銘文，但是沒有人懂得它們的涵義，大家對此也不感興趣。

羅林森和眾多看客不同，對他來說，這些楔形符號具有巨大的誘惑力，因為只有讀懂它們，才有可能了解雕畫的涵義，才能知道幾千年前發生了什麼事情。羅林森想抄下這些文字以便帶回去仔細研究，但是苦於無法攀登百米高的懸崖。這時，一個善於攀爬的庫爾德男孩扮演了英雄的角色，他在羅林森的重賞之下勇敢攀岩而上，在銘文附近掛了一個類似吊籃的裝置，然後他像盪秋千一樣左右移動，幫助羅林森拓下了那些「稀奇古怪」的銘文。

這篇銘文今天以它被發現的地點命名，被稱為「貝希斯敦銘文」（見圖9-1）。銘文其實包含了三種不同的古文字，即古波斯文、古埃蘭文和古巴比倫文。但是和同樣包含三種文字的石碑「羅塞塔石」不同的是，貝希斯敦銘文的三種古文字沒有一種是大家認識的，也就是說，它們都是死文字，也就是已經失傳的文字；而羅塞塔石碑上有讀得懂的古希臘文，相比之下，破解貝希斯敦銘文要難許多。事實上，在破譯羅塞塔石碑時，商博良[1]從石碑上面的古希臘文中找到了一些線索和啟發；而羅林森要破譯貝希斯敦銘文，則需要另想辦法。

所幸羅林森是一位罕見的語言學天才，而且有著深厚的歷史知識積澱。兩年後，也就是一八三七年，他居然發表了這段銘文前兩段的譯文。原來這篇銘文說的是古波斯王大流士平

1 讓·弗朗索瓦·商博良（Jean Fran.ois Champollion），法國著名歷史學家、語言學家、埃及學家，是第一位破解古埃及象形文字結構並破譯羅塞塔石碑的學者，從而成為埃及學的創始人，被後人稱為「埃及學之父」。

息各地政變和起義，取得王位的經過。對這項十分艱巨且沒有任何可參考文獻的任務來說，兩年時間實在是太短了。要知道從羅塞塔石碑被發現，到它被商博良破譯，歷經了好幾批語言學家十幾年的不懈努力，而羅林森以一己之力，居然這麼快就取得了突破，可謂奇蹟。

那麼，羅林森為什麼能創造奇蹟？除了他有語言學的天賦、運氣好，還要感謝當時歐洲在符號學[2]領域所取得的重大成就，以及學者探討和研究將資訊和知識抽象化的學術氛圍。正是在這樣濃郁的學術氛圍中，一些天才才能夠產生將資訊和符號對應起來的直覺。

符號學的歷史可以追溯到古希臘時代，

圖 9-1 貝希斯敦銘文

不過那時還只是知識份子的遊戲罷了。到了中世紀後期和文藝復興時期，達．芬奇等人也在玩這種遊戲。很多人熱衷於密寫術，因為這樣可以讓自己的研究成果只被自己看懂，而不易被他人剽竊。當然，有熱衷於密寫的，就會有熱衷於破譯的。一開始，有人想方設法設計出一些自己一看便知、其他人卻不懂的抽象符號，以此記錄自己的秘密。很快，另一些人則千方百計地去破解那些由抽象符號組成的謎團，試圖窺視別人不為人知的秘密。

但是漸漸地，大家開始思考那些符號和它們所表達的內容在數學和哲學層面的意義。比如，十七世紀末十八世紀初的大數學家萊布尼茨，就考慮用一套符號系統把人類的知識表示出來。他所設計的描述微積分的那些記號，就比牛頓使用的記號好得多。既然高深的微積分都能夠用符號來表述清楚，那麼其他資訊是否也可以用符號來進行表述呢？雖然萊布尼茨在這方面並沒有取得太多值得被人們稱頌的成果，但是歐洲的數學家、哲學家和邏輯學家依然前仆後繼，繼續進行這方面的研究。他們最終的目的有兩個，而這兩個方向是截然相反的。

第一個方向是尋找符號和真實世界之間的表意關係。今天語言學的一個分支比較語言學在十九世紀非常熱門（如今已經熱度不再了）。語言學家試圖對比一些截然不同的語言，找

2 這裡說的符號學是廣義上的概念，不同於二十世紀六〇年代在歐洲興起的結構主義符號學。

出人類在使用符號（包括語音）表達涵義時所表現出來的共性。像商博良破譯古埃及文字和羅林森破譯楔形文字，都是普遍受到這種思潮的影響。雖然世界上有各種各樣不同的符號系統（比如不同時代的語言、不同地區的語言就是不同的符號系統），在描述同一事物和概念時，用的符號完全不同，但是當時大部分學者都相信，符號之間必然存在著一些共性，而且這些共性是能夠找到的。

其中一個典型例子就是，專有名詞在語言上下文中是不變的，比如我們說「凱撒」，它在一段文字中不會變來變去。相比這樣的專有名詞，大部分動詞的使用則是隨著上下文改變的。比如我們說「做」，可以有做工、幹活、勞動等很多不同的涵義。商博良和羅林森在破譯古代語言時都用到了這個原理，商博良先破譯了托勒密這個名字，而羅林森破譯了大流士。[3] 事實上，殷墟出土的甲骨文的破解，也用到了這個原理。

第二個方向，則是設計出讓大家更容易明白的符號，來表達

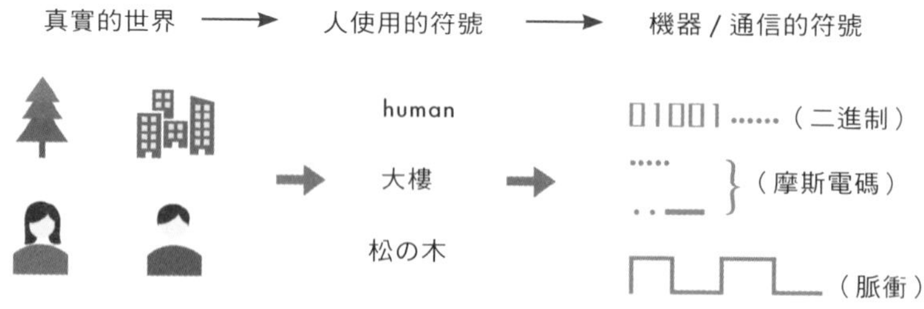

圖 9-2 從真實世界，到人使用的符號，再到機器使用的符號之間的對應關係

真實世界的涵義，以及各種涵義之間的關係。比如說，我們用紅色代表熱水開關，藍色代表冷水開關，任何人第一次在洗手間見到這種標誌，不用教就能明白它的意思。再比如，你到國外開車看到各種路標，哪怕以前沒有見過，也不懂當地語言，也能大概猜出它所要表達的交通指令涵義。這背後的原因，正是一些符號天然與生活中的涵義相互對應，並且這些對應關係十分具體。

有具體的對應，就會有抽象的對應，比如摩斯用「嘀」和「嗒」這兩種狀態的組合代表各種字母和數字，就屬於抽象對應；他之前想到的用數字代表單詞，也是一種抽象對應關係。將複雜的資訊用簡單抽象的符號表示出來，這種需求在有了近代通信之後變得日益顯著起來，因為近代通信系統（無論是信號塔還是電報）都需要用簡潔抽象的符號來指代資訊，比如摩斯電碼。

3 在具體的破譯過程中，羅林森先找到了大流士這個名字。由於他對波斯歷史非常熟悉，並且對大流士的身世以及官方文獻中對他的稱謂也都非常清楚，兩相對照，他就輕而易舉地破譯了一些出現在大流士這個專有名詞周圍的文字。比如，銘文中有一段是這麼說的，「大流士，偉大的王，眾王之王，西斯塔斯皮斯之子」（Darius, great king, king of kings, son of Hystaspes）。羅林森在破譯古波斯文字時還做了一個大膽的假設——古波斯文是表音文字。這樣一來，他從那些專有名詞的讀音中找到了不少楔形文字所對應字母的讀音方式，加上從其他古波斯語文獻中瞭解到的一些讀音，他很快就破譯了古波斯語版本的銘文。但是，破譯古埃蘭語和古巴比倫語則要困難得多，羅林森花了十幾年的時間才完成了這兩項極為艱巨的任務。

符號和真實世界的關係，可以概括成圖9-2。

幾千年的人類文明進程中，我們能夠瞭解到的資訊、人類創造的所有知識和藝術的表述，都有賴於圖9-2中這種方便人類使用的符號系統。我們的語言自不用說，數學也是用方便人理解的十進制來計數和運算。而前文說到的羅林森和商博良等人的古文字破譯工作，不過是搞清楚圖9-2中的第一步，即真實世界和語言符號的對應關係。

但是當電報機、電話機敲響了近代資訊化大門，它們更喜歡用機器的符號來工作。於是，所有概念、所有看到的資訊，都需要對應到機器的符號中。今天由於資訊理論和電腦科學的發展，大家已經不懷疑這種做法的可行性，因為我們每個人都在使用它。比如，我們看到的舞臺演出是一些變化的圖像，而在電腦裡存儲的則是一些特定格式的數字。

人類不僅需要表達靜態的資訊，比如專有名詞、概念、狀態等，還需要表達行為動作、邏輯和世界萬物之間的規律，甚至是

亨利・羅林森爵士（Sir Henry Rawlinson）
1810年4月5日至1895年3月5日

羅林森是一位英國軍官，也是一位考古學家。一次叢林奇遇讓他愛上了波斯古跡，並立志於解讀貝希斯敦的楔形文字銘刻。他以超常的語言學天賦，為歷史學家提供了一部可以稱得上美索不達米亞地區早期字典的珍貴資料，為人類探索古老東方文化做出了傑出的貢獻。

要表達自己對世界的看法，比如情緒。再進一步，我們不僅要將世界上所有資訊表達出來，傳輸出去，還需要處理資訊。所謂為資訊尋找數學基礎，其實就是構建一個新的數學體系，在便於機器處理的新符號基礎上，將過去的全部知識重構一遍，並且在新系統的基礎上創造出更多新知識。

為資訊尋找數學基礎

萊布尼茨早在十七世紀末就發明了二進制，並試圖把邏輯納入數學的範疇，但是當時並沒有大量的資訊需要數位化存儲、傳輸和處理，因此二進制誕生後的一百多年內，也沒有人使用它。到了巴貝奇設計計算機時，他能想到的運算方式還是傳統的十進制運算，這讓計算本身複雜得不得了。今天從事電腦資訊工作的人都知道，任何數字和符號的運算及簡單的邏輯操作，都可以用幾種（甚至只用一種，比如二進制）基本的邏輯操作來完成。但是巴貝奇當時並不知道這一點，因此他設計的電腦在當時複雜得無法用於實際工作。

真正系統性地提出用簡單符號來表示邏輯命題這樣的資訊，然後通過簡單的運算來解決邏輯問題的人，是十九世紀中葉英國數學家布爾（George Boole）。後來英國著名的邏輯學家和數學家懷特海（Alfred North Whitehead）發現布爾的方法還可以用來解決所有的計算問題。再往後，人們逐漸體會到，解決了計算問題，很多資訊處理的問題也就隨之輕而易舉地解決了。

說到這裡，讀者朋友可能會有一個疑問，計算這件事的公式化、符號化早就有了，為什麼非要用布爾搞出來的新工具呢？這其中最根本的原因在於，布爾的這套方法十分簡單，適合機器使用。當然，在介紹布爾的理論之前，我們先來說說布爾這個人的經歷。

今天我們尊稱布爾為數學家，因為他是數學工具「布林代數」的發明人，也是數理邏輯的開山鼻祖之一。然而在布爾生活的時代，人們只知道他是一名普通的中學數學老師，後來他雖然當了大學教授，但也不是什麼有名的教授。

布爾生於一八一五年，他在年輕時就展現了卓越的數學天分。當時英國的數學教科書品質不高（布爾這麼覺得），於是他就去閱讀大數學家拉格朗日的原著。受到拉格朗日關於解決最優化問題的方法啟發，他在變分法上有了重大發現，這一發現可以用來解決有關曲線和曲面的最優化問題。布爾對數學有著極其深刻的理解，又善於書面表達，因此他後來寫的微分方程教科書在十九世紀被英國許多大學廣泛採用。

大學畢業後，布爾在一所中學擔任數學老師。工作之餘，他開始研究數學問題，並且在

《劍橋大學數學雜誌》（*Cambridge Mathe-matical Journal*）發表過論文。當時英國的一些數學家正在爭論代數的公理化和抽象化問題，布爾也加入了論戰。一八四七年，他把自己的觀點和想法寫成了《邏輯的數學分析》（*The Mathematical Analysis of Logic*）一書。這本書並不厚，只是本小冊，卻是數理邏輯的開山之作。人類使用了幾千年的形式邏輯，從此就和數學開始統一了。這使得今天很多知識可以通過符號化的數學運算來獲得，而不再需要人的思維。比如，大家可以使用一個工具軟體 Mathematica 推導數學公式，它背後的基礎就是數理邏輯。

要說清楚數理邏輯對資訊的作用，我們還要從大家常用的形式邏輯說起。

在形式邏輯中，對一個事件的描述被稱為一個命題。比如我們說「企鵝生活在南極」，這就是一個命題。一個命題可以是真的（對的），也可以是假的（錯的）。比如上述命題就是真的，而「北極熊生活在南極」這個命題就是假的。我們還可以把一個命題反過來說，比如「企鵝不生活在南極」，我們稱之為原命題的否命題。顯然，如果一個命題為真，它的否命題就必然為假，反之亦然。

幾個命題可以組合形成一個複合命題，比如，我們可以把上述兩個命題組合成「企鵝生活在南極，同時，北極熊生活在南極」，這就是個複合命題。顯然，這個複合命題是假的，因為後一半條件不滿足，於是導致整個複合命題都不能夠成立。

值得指出的是，我們說的消息，常常是一個簡單的命題，或者是一個由簡單命題構成的複合命題。比如我們說，「今天央行基準利率降低了百分之〇點五，但是股市沒有上漲。」這其實就是一個複合命題，它可以被進一步拆解為前後兩個簡單的命題。如果我們將命題不斷拆解下去，當命題再也無法繼續拆解，得到的命題就是原子命題。比如「企鵝生活在南極」、「股市沒有上漲」，這些都是原子命題。

對於命題或者資訊，採用不同的組合方式，得到的複合命題肯定不一樣。比如我們說，「企鵝生活在南極，或者，北極熊生活在南極」，這個複合命題就成立了。因為只要兩個命題中有一個是真的，整個就是真的。在各種組合中，人類最引以為傲的就是發現了很多命題之間的因果關係，比如我們說，「因為北極熊不生活在南極，因此它們見不到企鵝。」有了因果關係，人類就可以進行推理，比如我們有以下兩個複合命題：

——如果北極熊想見到企鵝，那麼它就必須生活在南極。

——北極熊不生活在南極。

從中我們可以得到結論：

——北極熊見不到企鵝。

這就是形式邏輯中著名的「三段論」。形式邏輯從古希臘開始已經存在了兩千年，雖然學者們經常研究它，但是沒有人把它抽象成幾個簡單的符號。

到了十九世紀，由於機械論和近代原子論的出現，學者們開始相信，再複雜的事物都可以用最基本的元素，通過基本的操作搭建而成。在這樣的大背景下，人們對布爾邏輯中的命題做了最大程度的抽象，使之變成一個符號，比如，「企鵝生活在南極」用符號P代表，「北極熊不生活在南極」則用Q代表。這些符號的取值又進一步簡單到只有真和假（在布林代數中，不允許有折中）。

如果回顧前文說到的符號和資訊間的對應關係，我們就會發現，布爾完成了從一個邏輯命題到符號（大寫字母）的對應。不過，布爾並沒有止步於此，他最了不起的地方在於，用三種很簡單的運算把命題之間的各種邏輯關係全部概括了。這三種邏輯運算就是邏輯中最基本的「與」「或」「非」關係。當兩個命題進行「與」運算時，只有它們的取值都為真，得到的複合命題才是真的，否則就是假的。而當兩個命題進行「或」運算時，只要兩個當中有一個取值為真，結果就是真。這和我們平時的思維是完全一致的。

至於「非」，就是對一個命題的否定，真變假，假變真。當然，這些簡單的運算本身也可以再進一步組合，比如一個命題先做一次「非」運算，再和另一個命題做「與」運算。命題之間的邏輯運算可以很複雜，不過布爾告訴大家，所有複雜的運算，包括因果關係和三段論推理，都可以用上述三種簡單的邏輯運算組合而成。這樣一來，現實世界中各種複雜的表述、因果關係、邏輯推理，就變成了一些簡單的數學符號運算。由於布爾給出的方法其實是特殊的數學運算，所以他所發明的這套工具被稱為「布林代數」(Boolean algebra)。

一八五四年，布爾把他關於數理邏輯的全部思想和論述寫成了《思維規律的研究》一書，在書中詳細表述了符號化之後邏輯演算的數學方法。這本書在當時並沒有引起數學界的巨大轟動，一來是因為布爾本人一直游離在主流數學家群體之外，二來他所發明的布林代數在當時並沒有太多的用途。隨後的幾年，數學家開始使用布林代數，但是它依然沒有得到數學界應有的廣泛關注。真正讓布爾名聲大噪的是英國著名邏輯學家和數學家懷特海。

一八九八年，懷特海在《泛代數》(*A Treatise on Universal*

喬治．布爾（George Boole）
1815年11月2日至1864年12月8日

他出身寒微，才智過人，在從事教學工作時，因為不滿意當時的數學課本，決定自己寫一套新的微分方程和差分方程的課本，這套課本在英國一直被使用到了十九世紀末。喬治．布爾是十九世紀最重要的數學家之一，並且因為在符號邏輯運算中的特殊貢獻，很多電腦語言中都將邏輯運算稱為「布林運算」，將其結果稱為「布林值」。

表 9-1 二進制、布林代數與真實世界的對應關係

數學	邏輯	電路	摩斯密碼	電壓
1	真	連通	▬	高
0	假	斷開	●	低

Algebra）一書中全面運用了布爾的理論。此後，數學家發現使用布林代數可以實現我們已知的全部運算，比如加、減、乘、除，乘方、開方，微分、積分等，而它又是如此簡單，很容易通過機器來實現。

到了二十世紀，數學家開始習慣於用二進制的組合來表示資訊了。人們發現二進制、布林代數和真實的世界其實有著天然的對應關係。比如，我們可以用「1」代表邏輯上的真，也可以對應於摩斯電碼中的槓、電路的連通、高電壓等，而0則可以代表邏輯上的假，對應於摩斯電碼中的點、電路的斷開、低電壓等（見表9-1）。

可見，所有算數運算和簡單的邏輯運算其實是同一件事，都可以用布林代數來解決，而布林代數中的真和假又對應著電路連通和斷開、高電壓和低電壓。當人們意識到這種關係之後，利用電來實現計算就變得大有可能了。當然，利用電或者機械來處理資訊，中間還缺少一個十分關鍵的橋樑。這個橋樑在二十世紀三〇年代，由一位天才的年輕人搭建完成，他就是克勞德·向農。

本章小結

與其他技術一樣，資訊應用發展到一定階段，就會尋找自己的理論基礎，比如資訊的處理（如計算）需要理論的支援，資訊的通信和加密等同樣如此。

關於資訊的理論出現於十九世紀，雖然最初它和已經開始應用的資訊技術是平行發展的，兩者間看似並無交集，但是它很快被證明能夠指導資訊技術的進步，讓人類少走很多彎路，從而讓偶然的成功變成必然的結果。

第十章
開啟資訊時代的天才

一九三七年秋天，一位二十二歲的年輕人千里迢迢從麻省理工學院跑到了美國首都華盛頓特區進行他的碩士論文答辯，這種情況在美國其實非常罕見。在美國，碩士論文不太重要，因為絕大部分碩士生根本不需要發表論文就可以獲得學位。少數選擇發表論文的碩士生，論文水準也遠遠無法和博士論文相比。美國高等教育對碩士生的要求只是掌握足夠多的專業知識，將來能從事相應領域的工作。而對博士生的要求，則是需要他們對人類的知識體系有所貢獻。正是在當時的學術氣氛中，這位年輕人奔赴千里只為一場非必要的答辯，就顯得更加異乎尋常了。

非常之事的發生必有其原因。一方面，這位學生的導師非常特殊，他叫萬尼瓦爾·布希（Vannevar Bush），是美國二十世紀最重要的科技管理者之一。作為美國的第一任總統科技顧問，布希不僅創立了美國國家科學基金會，還參與制定了美國政府支持和管理科學研究的基本國策。這項國策沿用至今，確保了從二戰開始美國的科技水準始終遙遙領先於世界。另一方面，則是因為那篇答辯的論文很重要，它很有可能徹底改變世界，布希希望有更多專家聽一聽，所以給了這位年輕人到首都來彙報研究成果的大好機會。

至於這位年輕人的工作在歷史上具有何等的重要意義，就要從他一年多前進入布希在麻省理工學院的實驗室說起。

一位天才的橫空出世

一九三六年，這位二十一歲的美國青年在密西根大學讀完了兩個本科學位後，來到了麻省理工學院跟隨布希做碩士研究的課題。布希不僅是一位傑出的科技管理者，也是非常著名的電子工程專家，他設計了當時世界上最複雜的微分分析儀。那是一台機械類比電腦，可以通過一堆機械輪盤的運轉來進行微積分計算，求解微分方程。在電子計算機還沒有出現的年代，它算得上是最精密的實用計算設備。這位二十一歲的新生一來，布希就安排他管理微分分析儀。很顯然，這表明布希對他格外重視。

還沒有走進實驗室，這位新生就聽到屋內傳出了嗡嗡的巨大響聲。打開實驗室的大門，他看到一台巨大的機器正在運行（見圖10-1）。那台機器設計得十分精巧，也極為龐大而複雜，它在某種程度上解決了當年巴貝奇想解決而不能解決的問題——讓機器完成微積分和解微分方程的運算。但是，它不具有艾達和巴貝奇所設想的靈活性。因為它每次計算不同的問題，設備結構都需要重新搭建一遍，這就讓它的實際使用價值大打折扣。

為了解決這個問題，布希想發明一種新的分析儀，通過一些開關自行調整儀器的結構——啟動一些新的功能，同時也關閉另外一些不需要的部分。過去這件事往往是通過工人操作螺絲刀來完成的，如今布希希望用開關來取代螺絲刀，而且用問題本身來控制開關。因此，他把這位新生帶進了實驗室，希望這位年輕人能夠用他的聰明才智幫助自己解決這個困擾許久的問題。

在接下來一年多的時間，這位碩士生每天都會穿過麻省理工學院那條「沒有盡頭的走廊」[1]，來到十三號樓[2]那間成天機械噪音嗡嗡作響的實驗室，構想如何才能用開關來控制那台十分複雜的機器。當時，人們已經開始廣泛使用繼電器來控制電路的連通與斷開——當給繼電器通電時，它就可以打開一個電路。人們通過這種方法用電流控制非常複雜的電路，

1 這是人們給那條長上百米、貫穿麻省理工學院四棟大樓的走廊取的名字。
2 麻省理工學院的人習慣於用數字給所有的東西取名字。

以此決定哪個部分工作、哪個部分閒置。至於如何控制那些需要很複雜的邏輯才能啟動或者關閉的電路，實現起來就頗費周章了。

接受了布希交待的任務，年輕人那天才大腦便開始了高速運轉。他想到了在大學時學到的數理邏輯，也就是我們前面介紹的布林代數。當時他學習這些內容，並不是在數學或者電路課堂上，而是源自哲學課的一部分。由此可見，通識教育對一個人的重要性。現在，那門哲學課所教授的知識即將派上用場。

這位碩士生很快就發現，所有控制開關的複雜邏輯，其實就是布林代數中那幾種簡單邏輯的組合而已，而且控制開關完全可以通過繼電器來實現。只要用繼電器實現了布林代數中的「與」、「或」、「非」這三種簡單的邏輯，就能滿足各種要求，對各種電路進行控制。於是，這位碩士生搭建了一個裝滿了各種繼電器開關的控制箱，來控制複雜的微分分析儀。最終，他出色完成了導師交給的這項艱巨任務。

圖 10-1　微分分析儀

但是，完成任務的意義遠不止於此，因為它開創了一個完全嶄新的時代。在此之前，電路的設計完全靠經驗，在此之後，人們只要把控制電路的邏輯用布林代數寫成一個方程式，就能夠按部就班用最簡單的開關電路搭建出結構和功能十分複雜的機器。為了證明這點，這位碩士生用自己的方法搭建了一個控制電路，只需要兩個並不複雜的步驟就能完成。而在此之前，他的同事靠經驗完成這件事則需要十一個步驟。從此，人類對電路的設計從自發狀態上升到了自覺狀態，設計電路不再憑直覺和經驗，而是靠方程式和任何人都能學會的簡單規則。

隨後，這位年輕人進入聞名遐邇的 AT&T 公司的貝爾實驗室完成了他的實習。在實習期間，他接觸到了通信網路和交換機技術，這些啟發他開始思考微分分析儀、電話網絡和布林代數之間的共性。但是，他給那個世界上最出名的實驗室帶來的價值遠超他的收穫，而且大得多。貝爾實驗室的科學家也在探索這位年輕人在碩士期間已經解決的問題，但是沒有找到答案，而這位年輕人的出現，則給那些科學家帶去了深刻的思考，即電路設計和數學的關聯。此外，他還讓那些科學家看到，數學和邏輯其實是一回事，它們都可以通過一些簡單的方法，也就是布林代數在同一個平台上實現。從此，AT&T 公司在它的核心業務方面獲得了巨大的改進，它運用數學將全世界的電話網絡運營成本降低，且運行更加穩定。

在完成實習之後，這位年輕人開始思考一些更本質的問題。因為他所提出的開關電路不僅能夠控制微分分析儀完成計算，而且它本身就可以實現二進制計算。比如，我們將開關的連通和數字1對應起來，將斷開和0對應起來，那麼，我們就很容易實現一個如下邏輯的開關電路。

$$1 \otimes 1 = 0$$

$$1 \otimes 0 = 1$$

$$1 \otimes 1 = 1$$

$$0 \otimes 0 = 0$$

也就是說，當兩個開關都處於連通或者斷開狀態時，整個電路是斷開的；當兩個開關一個是連通另一個是斷開時，整個電路被連通。這種邏輯被稱為「異或」。這樣的電路有什麼用呢？其實它可以用來實現二進制的加法。我們知道，在二進制中：

$$0 + 0 = 0$$

$$1 + 0 = 1$$

$$0 + 1 = 1$$

$$1 + 1 = 10$$

如果，我們把關注點集中在結果的個位數上，就會發現它和「異或」電路的結果完全相同。當然，在進行二進制1+1的時候還會有進位，這個問題也可以用開關電路來實現。如果我們回顧一下布林代數中的「與」邏輯，就會發現進位和「與」邏輯實際上是保持一致的。因為只有當兩個加數都是1時，進位才為1，否則就是0。

這樣，利用簡單的「異或」邏輯和「與」邏輯，就可以實現二進制的加法——個位數上的結果取決於「異或」邏輯運算的結果，而進位取決於「與」邏輯運算。二進制的乘法就更簡單了，它本身就是「與」邏輯。四則運算中的減法和除法，又分別是加法和乘法的逆運算，它們也很容易用開關電路來實現。至於其他運算，則可以用數學公式變成四則運算，這樣所有的運算都可以用簡單的開關電路來實現。

有意思的是，開關電路背後則是半個多世紀前就被提出的，但是人們一直沒有找到有直接用途的布林代數。再後來，人們發現布林代數中的「與」、「或」、「非」邏輯，以及我們前面提到的「異或」邏輯，都可以用一種被稱為「與非」的邏輯來實現。也就是說，我們甚至不需要實現「與」、「或」、「非」三種基礎的邏輯電路，只要設計出一種簡單的電路來實現「與非」邏輯，就能用它作為基本模組，來搭建能夠完成所有計算的各種複雜的電路。

這位年輕人後來還證明，世界上所有的資訊都可以用兩種符號來表示，比如0和1。於是，所有的資訊處理、存儲和傳輸，從本質上說，就是兩種符號和一種簡單的（與非）邏輯。至此，資訊處理就有了真正的數學理論基礎。這個基礎的重要性堪比幾何學中的公理，在此之上才有了今天完整的資訊科學。

這位碩士生在通過碩士論文答辯之後，並沒有在第一時間把論文交回學校，而是開始從事更重要的事。第二年（一九三八年）他將碩士期間的研究成果發表在美國電氣與電子工程師學會的學報上。直到三年後，他才把這篇碩士論文《繼電器和開關電路的符號分析》交回麻省理工學院，並簽上了自己的名字——克勞德．E．向農。同一年，向農獲得了美國工程師學會的諾布林獎[3]，這是一年頒發一次，並且只授予一位三十五歲以下英才的工程獎項。

向農這篇碩士論文毫無爭議地被譽為二十世紀最重要的碩士論文，甚至有的學者認為，這可能是有史以來最重要的碩士論文。因為我們今天所有數位積體電路設計最底層的原

克勞德．埃爾伍德．向農（Claude Elwood Shannon）
1916年4月30日至2001年2月24日

向農是與馮．紐曼、圖靈齊名的人工智慧領域的先知，他被貝爾實驗室和麻省理工學院尊稱為「資訊理論及數位通信時代的奠基人」，是一位顛覆時代的科學天才、當之無愧的「資訊理論之父」。他為人類資訊通信發展做出了里程碑式的貢獻，此外，他還是比特（bit）這個單位的發明者，也是世界上第一個提出「電腦能夠和人類下棋」想法的人。

理都寫在了這篇論文中。從此，人類資訊處理進入數位化時代。

不過，這篇論文並沒有涉及如何運用程式來控制那些複雜的計算，而同年，一位英國的天才恰好給出了解決這個問題的數學模型。這兩位天才很快在貝爾實驗室相聚了。

向農與圖靈的智力遊戲

一九四二年，美國已經被迫捲入第二次世界大戰。那是一場全民戰爭，身處後方的科學家也責無旁貸地直接或間接參與其中。整整的一代數學家和物理學家思考的是和戰爭直接相關的問題，比如：

- 摧毀一個特定的目標需要多少噸炸藥的爆炸力；
- 轟炸機應該以何種隊形排列出擊；
- 飛機有限的裝甲應該用於保護經常被炮彈擊中的地方，還是其他地方；

3 諾布林獎（Alfred Noble Award）和諾貝爾獎（Nobel Prize）在拼寫上很相似，以至很多人會把它們搞混，但它們完全是兩回事。

• 深水炸彈應該在多深的水域引爆……

被譽為一代天才的向農也接受了一個和戰爭直接相關的秘密任務，而他表面的身分僅僅是貝爾實驗室的研究員。

二戰期間，參戰雙方都在千方百計努力破獲對方的情報，同時讓自己的情報傳輸和通信變得更加安全。為此，雙方都想出了各種稀奇古怪的辦法，比如，美軍曾經找了五百名印第安土著納瓦霍人作為戰場上的通信員，因為他們的語言外界無人能聽懂。但是當在戰場上進行遠距離通話時，顯然不能在所有的講話人身邊都安排這樣的通信員。因此，雖然美國採取了各種加密措施並在通話中加入了干擾雜訊，以確保情報傳遞的安全，但是德國在荷蘭設立的大型監聽站還是能竊聽到邱吉爾和羅斯福的談話，因為當時的技術還無法對語音通話進行加密。於是這個較難解決的任務就交給了貝爾實驗室，專案代號為X，對外是嚴格保密的。貝爾實驗室內部對此還有一個特殊的代號，叫作SIGSALY（見圖10-2）。

SIGSALY的技術在今天看來簡單得不值一提，但是在當時卻是一個壯舉。它的原理並不複雜，首先將語音進行數位化採樣，過濾掉語音中的一些冗餘資訊，然後對採樣資訊（聲音振動的幅度）進行加密，也就是疊加一個密鑰。加密後的語音在常人聽起來就和雜訊差不多，因此即使敵方在電話線上裝了竊聽設備，並且截獲了通話的語音，也聽不懂具體內容。而自己的接收方，由於知道密鑰，就可以先將聲音解密，然後再用機器將聲音還原。這樣在聽到的聲音中就過濾掉了講話人的口音、語氣等很多輔助資訊，只剩下非常簡明、尚能辨別涵義的語音了。這對於當時的保密電話來說，能夠做到這一點已經很不容易了。

在那個還沒有計算機的時代，要利用電子管搭建一個能完成上述功能的電子系統是一件工程量和難度都相當巨大的事。SIGSALY

圖 10-2　在美國國家密碼博物館的 SIGSALY 語音加密系統展覽

系統重達四十五噸，占地面積兩百五十平方公尺，建造費用高達五百萬美元，是世界上第一台電子計算機埃尼亞克的十倍。不僅如此，SIGSALY 工作起來耗電量也大得驚人，整個房間需要日夜不停地開著空調來降溫。為了傳輸一毫瓦的（語音）資訊，居然要消耗掉三十千瓦的電。

即便如此，SIGSALY 還是創造了很多世界第一。這種對語音進行加密的語音系統被稱為「聲碼器」，至今軍隊的保密電話依然採用聲碼器來加密。SIGSALY 還第一次對電話進行了脈衝碼調制（PCM），這是今天數位電話所用的技術，只不過我們平時用的電話不需要加密而已。此外，SIGSALY 也是世界上第一個語音合成系統。向農是 SIGSALY 小組的二十多位成員之一，他負責檢驗各種加密算法，以保證 SIGSALY 系統加密後資訊的安全。

在第二次世界大戰期間，美國幾乎所有的頂級科學家，包括愛因斯坦、馮·紐曼、奧本海默、恩利克·費米、歐尼斯特·勞倫斯和亞瑟·康普頓等人都參與到和戰事直接相關的各種應用研究中。在這個過程中誕生了核反應爐、原子彈、迴旋加速器等現代科技成就，更重要的是誕生了三個我們使用至今的理論（或者說新學科）。它們分別是維納的「控制論」、馮·紐曼的「電腦系統結構」和向農的「資訊論」。當然，它們誕生的方式完全不同。

維納的控制論早在一九三五年他還在清華大學任教時就有了雛形，到了二戰時，他想為戰爭做點兒事情，於是將那些初具雛形的理論用在了火炮控制上，並最終成形。使用至今的馮・紐曼電腦系統結構，則純屬馮・紐曼這位超級天才無心插柳的行為。他在研製氫彈時需要用到計算機，但發現從事計算機研發的人完全走錯了路，於是他提出了自己構建計算機的思路。向農建立資訊理論和這兩位成名已久的大人物完全不同，他只不過是在參與 SIGSALY 專案時，思考了別人根本不曾思考的理論問題，或者說資訊技術的數學基礎問題，然後找到了答案。

向農並非 SIGSALY 項目的負責人，他甚至沒有被告知自己所做的加密研究最終將應用於何處，因為 SIGSALY 在當時是絕密項目。不過，這項工作讓向農接觸到了語音編碼、通信和密碼學，並讓他產生了十分濃厚的興趣。當時，幾乎所有的密碼學家都把密碼學當作一門非常實用的學科，即利用技巧設計一個可以用得上的密碼系統，或者找出其他密碼系統的數學破綻。但是，向農所思考的則是與密碼學相關的數學和哲學問題。他寫的密碼學論文並沒有涉及太多具體的密碼方法，因此當時的密碼學專家對此並不十分感興趣。不過，在戰爭期間，向農還是有自己無話不說的知己的。

從一九四二年開始，在很長一段時間，大家可以看到有兩個年輕人經常在貝爾實驗室的咖啡廳喝茶聊天。他們是二十世紀兩位不世出的天才——向農和圖靈，後者是作為英國密碼專案訪問團成員來到美國的。圖靈當時才三十歲，而向農也僅僅二十六歲。貝爾實驗室當時很想把圖靈留下來，他本人也很願意留下來，但是美國安全機構對此有所顧慮，因為它不太想讓外國人插手軍方密碼這樣高度機密的研究。

這兩位年輕人在情報界的名氣讓他們的會面充滿了神秘色彩。後世的記者和傳記作家總在試圖瞭解他們當時到底談論了什麼，但遺憾的是，不曾有任何人記錄了隻言片語。有一點可以肯定的是，由於雙方的工作都屬於各自國家的最高機密，他們都沒有談及自己正在從事的工作細節，也沒有打聽對方在做什麼。很多年後，記者在採訪向農時又問及這個問題，向農說：「我們一點兒也沒有談到密碼學……一個字都沒有交流過。」當被問及是否能猜出對方在做什麼的時候，向農說道：「我或許能猜到他所做的那些工作，但是肯定不知道具體的細節。我不了解（圖靈所破譯的）恩尼格瑪機，也不了解他（圖靈）在其中是什麼角色。」

事實上，向農和圖靈當時談論得更多的是哲學層面的一些問題，比如能否讓機器像人類那樣產生智慧。幾年後，也就是一九五〇年，圖靈提出了判定機器是否具有智慧的方法——圖靈測試。而到了一九五六年，向農則和明斯基等九位科學家一起，提出了人工智慧的概念。很多人都在猜測，如果這兩位天才當時能夠討論密碼學問題，其卓絕的智力碰撞也許能產生驚人的成就。事實證明，像密碼技術這樣的研究課題，對他們而言實在是微不足道。雖然密碼學在二戰時特別重要，但是像向農和圖靈這樣超級聰明的頭腦，應該用於思考關於人類的更重大的問題。

事實上，關於密碼學最根本的理論，向農在二戰期間已經於無意中徹底地解決了。真正讓這兩位年輕人經常坐到一起喝咖啡的原因，不是在某一個領域的共同語言，而是對彼此才華和思想的欣賞。圖靈非常仰慕向農的多才多藝，向農精通很多領域的知識，堪稱科技領域的哲學家，這樣的人在英國很少見。同樣，向農對圖靈精深的思想讚歎不已，絲毫不掩飾對圖靈的讚許。他常常向周圍的人們說：「圖靈有偉大的思想，他非常了不起。」

不過，兩位天才間這類隨機的討論對向農創立資訊理論是否有所啟發，就不得而知了。圖靈當時在破譯德國的恩尼格瑪密碼機時發現了對方密碼的一個破綻，就是加密後的密文並不具有完全的隨機性，以至有些常用的字符可以被推測出來，這就大大降低了英國人破譯德國密碼的計算量。

比如，德國人習慣於使用X取代單詞之間的空格符「 」(空格)，這對密碼設計來說是一個十分致命的破綻。因為空格符是文本中最常見的符號，能夠幫助閱讀者理解文本涵義。向農在從事了一段時間的密碼學工作之後，就開始從具體的問題進入了更深層次的思考，他從資訊的角度給出了密碼學兩個最根本的指導性建議。

首先，任何密碼在使用一段時間後，都會有洩露的可能性，唯一不會被破譯的密碼就是一次性密碼。當然，在向農的那個年代，使用一次性密碼是根本不可能實現的事情，但是它成了今天量子通信的最重要亮點。

其次，加密後的密文，要力求做到完全的隨機性，這樣即使對方截獲了密文，也不可能從密文中分析出任何有用的資訊。在後來正式提出資訊理論之後，這個理論就被描述得更加清晰了。假如在對方截獲密文之前所瞭解的訊息量是I，而在截獲密文之後所得到的訊息量是I'，那麼對方獲得的資訊增量就是：

$$\Delta I = I' - I$$

ΔI要盡可能的小，最好等於零。這樣，無論對方截獲密文與否，對我們的瞭解都不會有任何明顯的變化。

為什麼要讓密文看上去完全隨機呢？因為完全隨機的信號中所包含的訊息增量最少。而且，任何不是隨機的密文都會多少洩露一些訊息。因此，像恩尼格瑪密碼機那樣的加密方式，因為所產生的密文並不具備完全的隨機性，是有十分嚴重的破綻的。

和圖靈一樣，向農對密碼這種智力遊戲有著天生的興趣。他還是孩子的時候，就成功破解了愛倫．坡小說《金甲蟲》中的一段密碼。那段密碼是用各種奇怪的符號寫成，但是那些符號有著和英語相同的統計規律。它們雖然看上去是密文，其實包含了和明文相同的資訊，而且這個資訊可以輕易被提取出來。或許是因為任何能夠歸納出統計規律的加密對他來說都太容易破解，所以他對密文一定要具有隨機性這件事才有特別深刻的體會。

在向農之後，密碼學演進出了十分堅實的理論基礎，密碼才開始真正變得安全了。雖然「冷戰」持續的時間要比二戰長了四十年，其間密電文的數量比二戰時多出了很多，但是卻沒有像二戰時那樣，雙方不斷地成功破譯對方的密碼。

當然，如果向農只是一個在密碼學領域有所建樹的理論家，他就不可能獲得今天在資訊領域人人皆知的名氣。他所做出的更大貢獻在於，他發現了密碼學其實和通信在原理上根本就是一回事，並且提出了通信的數學原理。

雜訊通道：通信數學模型的基礎

在向農以前，從事密碼工作的人和從事通信領域的人常常是兩類截然不同的人。像貝爾、馬可尼這些人根本不懂密碼學，而雅德利等人也根本不懂通信。這兩類人相安無事地在各自的領域工作了多年，也沒有覺得對方所擅長的領域和自己有什麼關係。但是在向農之後，這兩個領域就開始變得互通了，因為向農發現了它們共同的規律。向農在〈保密系統的通信理論〉（*Communication Theory of Secrecy Systems*）一文中這樣寫道：「密碼系統和有雜訊的通信系統沒有什麼不同。」

這個結論對於外行來說只是一個陳述，但是對於這兩個領域的從業者來說，卻是一語道破天機。事實上，只要我們對比一下密碼傳輸和通信各自的工作方式，就不難明白為什麼向農這麼說了。

圖10-3顯示的是典型的通信過程。在這個過程中，講話人先發出資訊，資訊可以是語音，也可以是文字，然後經過調製變成通信線路能夠傳輸的信號，比如電話線中的電信號，或者無線電廣播中的電磁波。接下來，這些調製後的信號經過通道進行傳輸。這個通道可以是銅導線、大氣，也可以是光纖。當信號到了接收方，先要進行解調。這個工作由接收器完成，比如我們日常使用的收音機、電視機都是解

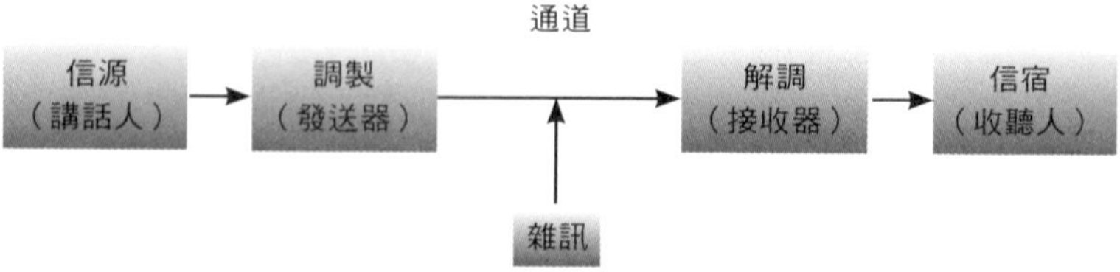

圖10-3　有雜訊通道的通信過程

調器。經過解調後，收聽人才能明白講話人原來要表達的資訊。

上述通信過程由於無法完全避免雜訊的出現，以至接收方所獲得的資訊可能和發送方想傳遞的資訊出現不一致的情況。比如，當我們和朋友在飯館裡吃飯聊天時，如果周圍環境非常吵鬧，我們就可能無法聽清朋友說話的聲音。這就是因為信號在空氣這個通道中進行傳輸時，雜訊被加了進來，和信號混在了一起，以至我們難以識別講話人在說什麼。

真實的通道永遠是有雜訊的。其實電話通信、無線電通信的情形和我們在吵鬧的飯館裡聊天差不多，電線中隨機的脈衝和電壓的波動、大氣中的宇宙射線和周圍無線電設備的干擾，都是影響資訊有效傳遞的雜訊的來源。雜訊通道的假設是現代通信理論的基礎，它對於通信的重要性，就如同歐幾里得公理對於幾何學，亞當．斯密關於人是理性和自私的假設對於經濟學一樣。

在向農之前，人們並沒有認識到雜訊是通信的天然屬性，還在持續不斷地努力研究，希望造出一種沒有任何雜訊的通道，或者讓通信不受雜訊的干擾。但是向農十分明確地告訴大家，這些努力都是徒勞的。當傳輸的距離不斷加長，信號的強度也在持續減弱，而雜訊的強度並不會因此有絲毫下降，於是在超過一定的距離之後，接收方常常會覺得信號消失了。其實，信號本身其實並沒有消失，它們只是變弱了，甚至被徹底地掩埋在雜訊之下，讓人們無法辨認。當然，如果我們對雜訊有足夠多的瞭解，就可以反向疊加同樣的雜訊，將雜訊抵消掉。今天各種高端去雜訊的耳機用的就是這個原理。

接下來我們再來看看加密和解密的過程（如圖10-4所示），就能理解它和基於雜訊通道的通信之間的一致性了。

在圖10-4中，我們要將信源發出的資訊進行加密，然後把密文送到通道中傳輸。這時，通道中傳輸的信號是由原有資訊和密鑰疊加後生成的，這和有雜訊通道中傳輸的資訊由信號和雜訊疊加而成是一個道理。接收端在收到密文後，由於他知道應該用什麼密鑰解密，因此可以將密鑰從密文中分離，恢復原有的資訊，這就如同我們在瞭解雜訊之後可以消除雜訊一樣。

但是對於截取信號的竊密者來說，由於不知道密碼，就無法破解密文，資訊被淹沒在雜訊中，無法分離出來。由此可見，加密和解密其實和雜訊通道的通信是一回事。

不僅密碼傳輸和雜訊通道的通信在過程上是一致的，而且所

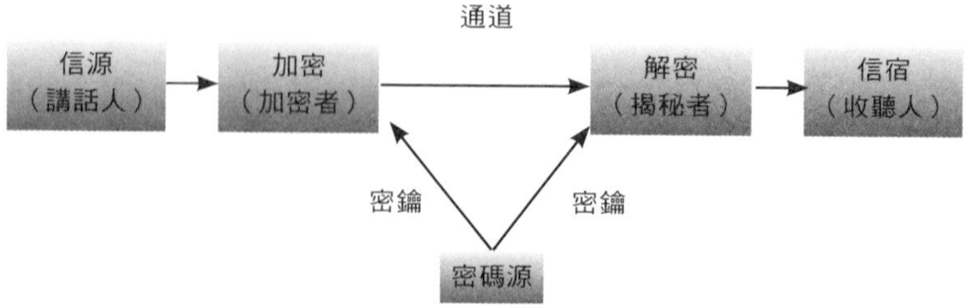

圖 10-4 加密和解密的過程

用方法在理論基礎上也是一致的。

對於正常的通信來說，我們希望雜訊盡可能低，信號盡可能強。這樣，我們就無須過濾雜訊，也無須知道雜訊的來源，就可以收到信號源發出的資訊。這就是我們在嘈雜的飯館裡說話需要大點聲的原因。向農提出了一個信噪比的概念，即信號的能量和雜訊能量的比值。當信噪比太低時，我們就無法準確地辨認對方傳來的資訊。因此，改進通信系統的目標則是提高信噪比。

密碼設計的原理和有雜訊下的通信原理是相同的，但是追求的目標卻相反。密碼的設計者要想方設法讓密文在外人看來完全是雜訊，是沒有任何有價值的資訊。從這個意義上說，加密就等價於在信號中加入雜訊。那麼，什麼樣的密碼是安全的呢？向農指出，加入最難去除的雜訊所對應的密碼最安全。那麼，什麼是最難去除的雜訊呢？答案是白雜訊（白噪音）。它們是一種完全隨機的信號，在不同頻率下具有相同的強度，沒有任何可以辨別的特定性質。因此，想將白雜訊從信號中甄別出來並且徹底去除，根本無從下手。基於這個原理，向農指出，安全的加密方式是要讓密文看上去像白雜訊，各個字符出現的頻率都相同，找不到任何統計規律，解密者對此就無能為力了。這時，如果我們衡量一下密文的信噪比，它近乎為零。

在理解了密碼和雜訊通道的通信具有相同的原理之後，向農進一步建立了描述通信原理的數學模型，這個模型後來被稱為「向農公式」。這個公式對通信的意義類似於熱力學第二定律之於熱力學——它不僅指出了通信的極限，而且告訴了人們改進通信的方向。從那時開始，人類在通信領域，從被動自發的狀態開始進入主動自覺的狀態。

向農為通信建立的數學模型後來也成為人工智慧的理論基礎。二十世紀七〇年代，弗雷德里克．賈里尼克等人利用雜訊通道的通信模型解決了語音辨識、機器翻譯等一系列人工智慧問題，直到今天，這個模型依然被廣泛地應用於資訊產業的方方面面。

本章小結

在向農之前和向農的時代，資訊處理專家所關注的是如何進一步改進資訊處理的具體方法，而通信專家則致力於改進具體的通信系統。向農則不同，他致力於尋找資訊處理和通信的數學基礎，並且幾乎以一己之力解決了資訊處理、密碼學和通信最基本的理論問題。因此，向農無疑是資訊史上劃時代的傑出人物，歷史因為他的貢獻而發生了巨大的轉折。

向農留給了世界很多的知識遺產，他除了找到了通信的數學基礎，更重要的是他揭示了資訊的本質，給人類帶來了一種新的世界觀。

第十一章

消除複雜世界的不確定性

人類歷史難得有將最聰明的頭腦聚集到一起的偉大時刻，而那些時刻一旦出現就將影響歷史的前進方向，並且締造一段傳奇。

歷史上第一次這樣的聚會是在二十世紀頭二十年的幾次索爾維會議[1]上。那時正趕上物理學發展的黃金時期，馬克斯・普朗克、愛因斯坦、尼爾斯・玻爾、居里夫人等科學巨人聚在一起碰撞出智慧的火花，照亮了全世界的科學領域。但是，那只是物理性質的科學，包括物理學、化學、地質學等，是歷史的絕唱。在此之後，雖然這些科學還在往前發展，卻不再像過去那樣激動人心，以至今天的大部分年輕人都不願意致力於相關領域的研究。

從二十世紀中期開始，決定我們這個星球文明程度的主要因素，開始從能量轉變為資訊。這是一個漫長的漸進過程，以至於一開始大家都沒有察覺。不過，二戰後的一系列聚會卻預示著轉變的到來，那就是從一九四六年到一九五三年在紐約比克曼（Beekman）酒店不定期舉行的系列講座和討論會，這是歷史上第二次最聰明頭腦的大聚會。

最聰明頭腦的大聚會

比克曼酒店位於紐約下城區市政廣場旁邊，是當地歷史最悠久的酒店之一，它的紅磚大廈曾經是紐約市的地標性建築。歷史上，愛默生、馬克．吐溫、梭羅和愛倫．坡都和它有過交集。一九四六年，二戰剛剛結束，科學將要迎來一個新的黃金時期。神經生理學家麥卡洛克（Warren McCulloch）說服了小喬賽亞．梅西基金會（Josiah Macy Jr. Foundation）來資

圖 11-1　1911 年，第一屆索爾維會議參會者會影

1　編者注：索爾維會議是二十世紀初一位比利時的實業家歐尼斯特．索爾維創立的物理、化學領域的討論會議。一九一一年，第一屆索爾維會議在布魯塞爾召開，以後每三年舉行一屆。

助科學家在這裡舉行一些非正式聚會，來討論深層次的科學問題。當時，物理科學的發展被認為已經告一段落。世界上頂級學者此時最關心的是新科學，包括神經科學、認知科學，以及剛剛誕生的系統論和資訊理論，這些便是每次聚會時科學家報告和討論的方向。

和索爾維會議一樣，比克曼酒店的聚會也僅僅是一個小範圍的活動，只有那些頂級的科學家才會被邀請，參與者名氣並不輸幾十年前參加索爾維會議的學者，很多人甚至成為二戰後開創世界科學新領域的泰斗，當然更引人注目的，是當時已經成名的一批科學巨匠，包括馮．紐曼、圖靈、維納和向農等。

最初幾次會議最熱門的話題是控制論。大家出於對控制論創始人維納的敬意，將會議稱為「控制論會議」，但是談論控制就不能不說到資訊。就連維納也承認，他們所討論的那些新的交叉學科，無論是心理學、人類學還是認知科學，歸根結柢研究的都是相同的課題——通信。終於，從一九五〇年三月二十二日至二十三日的那次會議開始，資訊理論成為大家熱烈討論的中心。

向農是會議的第三個報告人，在此之前大家已經就資訊的本質進行了十分充分的討論。馮．紐曼還花了不少口舌向大家解釋資訊可能是一種離散的數位信號，以糾正人們關於「世界萬物皆可連續」的傳統認識。不過，向農還是顛覆了所有人的已有認知。他的結論對大家的衝擊堪比四十五年前愛因斯坦的相對論之於物理學界。

向農一上來就開宗明義，告訴大家所謂資訊的涵義根本不重要，甚至很多資訊沒有任何涵義。所謂資訊，不過是對一些不確定性的度量。一個資訊源，比如我們的大腦，會利用不同的概率產生資訊。因此，如果我們想要瞭解一個人大腦裡有什麼樣的想法，可以向他提出猜測性的問題。比如，你問他：「你想說的話裡面，第一個字符是否是T？」他可以給你肯定或者否定的答覆。當你確定了第一個字符後，可以用同樣的方法再次向他詢問，一直到你確定了第二個字符是什麼。

在這個過程中，你每問一個問題並且得到答案，就獲得一比特的資訊。當你獲得足夠的資訊後，你就清楚了他大腦裡的想法，也就因此消除了所有的不確定性。這樣一個通過不斷地提問得到答案的實驗後來被人們稱為向農實驗。在這個實驗的過程中，當我們知道了前幾個字符後，越往後提問數量就越少。向農解釋說，這是因為在語言中總是或多或少地有一些資訊冗餘，也就是說，前面的資訊在一定程度上包含了後面的資訊。當然，最後所問問題的總數不可能小於某一個特定的值，這個值就是語言內在的「熵」。

當向農說到「熵」的時候，一直在專心聽講的維納想到了自己所研究控制論的預測理論。他插話道：「我的（控制論的）方法和你說的有相似之處。」原來維納在研究控制論時，曾用類似熵的概念來描述被控制系統的無序狀態，這更像是熱力學中對熵的理解。無獨有偶，向農將熵和資訊聯繫在一起，並用它來描述一個信源內部的不確定性。儘管他們兩個人對熵的理解側重點有所不同，但在本質上沒有大的差別。

有了熵的概念，向農就把資訊和不確定性聯繫到了一起。他在研究中發現，要消除信號源或者一個封閉系統的不確定性，就需要引入資訊。我們都知道，在數學上，不確定性是用概率來描述的，一件事越不確定，它發生的概率越小，反之則越大。如果概率等於一，它就是確定的了。對於一個信源的不確定性，向農用以下公式來定義資訊熵：

$$H=-\sum_{i=1}^{n} P_i \log P_i \qquad \text{（公式 11.1）}$$

在數學上，這個公式是很容易證明的。如果信號源發出每一種信號的概率都是相同的，那麼它的資訊熵就達到了最大值，而且要消除它的不確定性，需要的資訊也就最多；反之，如果上述概率分佈P有大有小，消除不確定性所需要的資訊就少。這個結論和我們日常經驗其實是一致的。比如，在一個有六十四名選手參加的網球賽中，我們要猜猜誰能獲得冠軍。如果這六十四名選手的水準相當，大家得冠軍的概率相等，我們猜起來就非常困難。但是，如果這些選手的水準強弱差距懸殊，我們就比較容易猜中結果了。在第一種情況下，你需要猜六次，因為你總是可以這樣提出問題：「冠軍是在上半區還是下半區？」這樣每一次提問你就可以排除一半的可能性。在第二種情況下，你需要猜的次數會遠遠小於六次。

在向農做報告的過程中，除了維納曾經打斷過他，其他人都聚精會神地聽著。當他的報告一結束，人們紛紛提出各種各樣的問題。比如，不同語言或者同一語言不同的文體，是否具有相同的資訊量；成年人和嬰兒說的話，誰的更難猜測等。對於第二個問題，向農給出了明確的答案——只要和那個嬰兒熟悉，顯然是嬰兒的話更容易猜測，因為他能說的話數量太少。

雖然在場的聽眾都是各自領域的頂級學者，但是他們並非真正理解向農對資訊理論的闡釋。和麥卡洛克一同籌辦會議的人類學家米德（Margaret Mead）就難以接受向農所提出的這種沒有涵義的資訊的概念，和她持同樣觀點的還有物理學家弗爾斯特（Heinz von Foerster）。弗爾斯特認為，向農所說的資訊理論更確切地說，應該叫信號論，因為信號只有經過大腦處理之後，才能夠被稱為資訊。弗爾斯特的這種看法其實混淆了資訊編碼和資訊的差異。

直到今天，依然有不了解資訊科學的人抱持著當年米德和弗爾斯特的觀點。因為他們無法理解資訊和不確定性有關，而且和所謂涵義毫無關聯。但是，更多的人接受了向農的理論，並且圍繞著不確定性建立起對我們這個世界新的看法，即不確定性是世界固有的特性，不要試圖否定它。而要消除不確定性，或者說預測事情的發展，不能靠套用一兩個經典理論，而需要大量的資訊。正是在這樣的方法論的指導下，人類才能邁入資訊時代，我們今天才會想到利用包含了大量資訊的大數據來解決問題。在二戰之前，衡量經濟發展和科技進步最簡單直接的指標是物質和能量的總量，而今天，這一指標則進化成了資訊。這一點從物理學家的索爾維會議變為資訊學家的比克曼會議就已經顯現出來了。

資訊冗餘和資訊壓縮

在資訊理論誕生之前，人們經常混淆資訊和資訊編碼。比如我們說，《史記》的資訊量很大，那麼它到底有多大呢？過去沒有人說得清楚，只能說它有五十三至五十六萬字。其實，字數只代表漢字對資訊編碼的長度，並且字數多未必就等同於資訊量大。比如，托爾斯泰的《安娜．卡列尼娜》中譯本有六十八至六十九萬字，但是恐怕沒有人覺得其包含的資訊量要比《史記》大。

《史記》資訊量大，篇幅卻相對簡短，主要原因是它採用了文言文寫作。如果把它翻譯成白話文，字數會多出來很多。以台灣學者翻譯的《白話史記》為例，這本書字數多達一百六十萬，幾乎是原文字數的三倍。即使扣除了一些注釋，也是原文字數的兩倍多。也就是說，兩套書的內容相同，卻可以用簡短和冗長兩種方式來表達。

文言文和白話文，其實是對資訊的兩種不同的編碼方式。用前一種方式編碼，得到的碼長更短，而用後一種方式編碼，得到的碼長相比之下要長不少。但不論是用哪種方式編碼，一段資訊固有的信息量是恒定的，它就是這段資訊的資訊熵H。

如果我們用比特（一位二進制）作為單位來度量資訊熵H，再把每一個漢字轉化成二進制，然後這段資訊中用漢字的字數C乘以每個漢字的比特數I，就得到了編碼的總長度$L=C\times I$。向農指出，對於任何資訊，無論採用哪一種方式編碼，得到的編碼總長度都永遠不會小於這段資訊的資訊熵。也就是說，$L\geq H$。這是可以用數學公式來嚴格證明的。

很多人有這樣一個疑問：當我們用語言文字（或者二進制）對資訊進行編碼之後，得到的編碼長度總是會超過資訊熵，那麼編碼中比資訊熵多出來的那一部分是什麼呢？向農說，多出來的部分就是資訊冗餘。同樣的資訊，用不同的方式編碼，產生的資訊冗餘是截然不同的。越是簡潔的編碼，產生的資訊冗餘越少；越是冗長的編碼，產生的資訊冗餘就越多。因此不能夠因為編碼的總長度長，就認為資訊多了，多的其實都是冗餘。比如，《聖經》的英文版有七十多萬個單詞，總的編碼長度（以存儲量算）大約是三百萬個位元組，而它的中譯本（和合本）只有九十多萬個漢字，總的編碼長度不到二百萬個字節（位元組），少了大約百分之四十。那麼在英語中多出的那部分並非資訊，而是資訊冗餘。

資訊冗餘在傳遞資訊時也是具有重要意義的，因為它可以保證在部分傳輸錯誤發生時，我們能夠通過冗餘的資訊恢復原有資訊的內容。比如，從一本白話文的書中刪掉百分之十的字，或將它們變成錯別字，依然能夠根據上下文恢復原有的內容。但是，如果這本書的資訊冗餘很少，比如是用文言文書寫，出現有些錯別字或丟掉了一些字，那麼此時恢復原有的內容就相當困難了。

有了資訊冗餘的概念，向農就能解釋為什麼有些密碼很容易就被破譯了，這是因為冗餘資訊常常是密碼的破綻所在。它們可以相互提示上下文的資訊，破譯者只要破譯出其中少量的字符，就能順藤摸瓜破解整個密碼系統。比如，在英語裡，Q這個字母的後面經常跟隨著字母U。那麼，只要破譯出Q，就可能破譯出U。而U在英語裡是一個相當常見的字符，於是從U出發，就能一步步逐漸撕開密碼系統的裂口。商博良破譯古埃及文字，以及羅林森破譯美索不達米亞的楔形文字時，就是從個別字符的對應入手，通過甄別資訊冗余，逐步破解了那兩種古文字。

向農的理論一方面給密碼設計指明了方向，那就是在加密之前，要盡可能地去掉冗餘資訊。我們可能有這樣的經驗，如果我們以文本的方式向對方傳送一個檔，那麼即便這個檔中間有個別的地方損壞了，我們依然可以大致瞭解檔案的內容。但是，如果這個檔案是用zip格式壓縮過的，那麼中間哪怕僅僅是壞了一個字節，我們也無法恢復，加密傳輸的道理也是如此。

另一方面，我們也可以通過增加資訊的冗餘度來增強資訊傳輸的安全性和可靠性。比如，我們在使用一個不穩定的通信電路進行資訊傳輸時，很有可能在傳輸的過程中出錯。如果我們把同一份資訊傳輸三遍，一旦中間出了錯，我們可以將三次傳輸的結果進行比對，用少數服從多數的方法進行判定，就能避免大部分的傳輸錯誤。具體來說，如果每次傳輸出錯的概率是百分之一，採用傳三次的方式，可以將出錯的可能性降低到百分之〇點〇三。

這種做法和人們的生活經驗是一致的，我們經常說，重要的事情要說三遍，其實就是在利用資訊的冗餘來保證我們的意圖能夠準確無誤地傳遞。具體到自然語言，它們不過是人類使用的一種資訊編碼方式。一種語言如果帶有較多的冗餘資訊，通常比較容易被人理解；相反，如果它的冗餘資訊太少，就難以被人理解了。今天對人們來說，白話文比古文更加容易理解的原因正在於此。

瞭解了什麼是資訊，資訊和資訊編碼的區別，以及資訊的冗餘度，我們就可以將所有資訊傳輸和存儲問題變成在特定需求下選擇合適的資訊編碼方式的問題，根據不同的應用和要求，在編碼長度和冗餘度之間尋找一個平衡點。比如，我們要將尺寸很大的圖片保存下來，最好的辦法不是直接存儲每一個像素，而是先把圖片中的冗餘資訊「擠掉」，再進行存儲，也就是我們常用的壓縮存儲，可以節省大量的存儲空間。表現在靜態圖片的編碼上，今天我們可以大比例壓縮檔案的大小（也就是編碼的長度），而且不丟失任何資訊。至於動態的視頻，它們中的資訊冗餘更多，我們可以通過巧妙的編碼，在沒有任何資訊損失的前提下，輕易壓縮到原來檔大小的幾十分之一，甚至幾百分之一。

那麼，有沒有一種優化的編碼方式能夠讓資訊編碼的總長度接近它的資訊熵呢？向農在資訊理論中指出，這件事情能做到，並且給出了具體的做法，即對不同符號要採用不同編碼；經常出現的符號，就採用較短的編碼；而出現次數較少的符號，則採用較長的編碼，這樣就能夠做到總的編碼長度最短。如果能做到每種符號的編碼長度正好等於它出現概率的對數，那麼編碼的總長度就是它的資訊熵。

比如，一個信號源能發出八個字符：A、B、C、D、E、F、G、H。它們出現的概率分別是1/2、1/4、1/8、1/16、1/32、1/64、1/128和1/256，如果我們用0作為A的編碼，

10作為B的編碼，依此類推，110、1110、11110、111110、1111110、1111111分別作為C到H的編碼，那麼平均的編碼長度就是一點九八比特（位元），這正好是這個資訊源的資訊熵。如果我們採用相同碼長的編碼，每一個符號都需要三比特的編碼，那麼平均的編碼長度就是三比特，比一點九八比特大了很多。

這個原理被稱為向農第一定律，又被稱為無失真（不丟失資訊的）信源編碼定律。它有兩個非常重要的意義。

首先，這個定律為人們進行資訊壓縮指明了方向，使我們可以將任何形式的原始資訊都轉化為一種新的編碼符號，並且可以使這種新的編碼符號具有盡可能短的編碼長度，同時完整保存了所有原始信息。在需要恢復原始資訊時，我們可以採用和編碼逆向的操作過程來準確無誤地恢復它們。

其次，這個定律也給資訊壓縮劃定了一個極限，即如果想不丟失任何資訊，無論採用什麼樣的編碼，都不可能將資訊壓縮到小於資訊熵的程度。這個資訊熵，就如同物理學中的光速和絕對零度一樣，是條不可逾越的極限。在前面對八個字符編碼的例子中，一點九八比特的平均碼長就是它不可逾越的極限。從事資訊工作的人，應該懂得不要把精力浪費在試圖突破這個極限上。

如果我們已經將資訊壓縮到了極限，卻依然無法滿足存儲或者傳輸的要求，怎麼辦？這時要想進一步壓縮，我們就不得不丟失一些次要資訊，以保證有更高的壓縮比。在這種情況下，通常會預設一個資訊的失真率，然後看看在這樣的失真率下，我們能做得有多好，即能將壓縮比提高多少。當然，我們也可以預設壓縮比，看看能讓失真率降到多低。今天各種視頻或者圖像的壓縮標準，其實都是根據不同的應用場景，在上述兩個維度中選擇一個維度進行優化。比如，用手機傳輸視頻或者圖片，壓縮比需要很高，這個前提不能變，而各種技術的改進就圍繞著如何降低資訊的失真率來展開。

在向農提出他的第一定律以及冗餘度的概念之前，人們對資訊的編碼只有一個感性認知。如果我們回顧一下摩斯電碼就會發現，它其實符合向農第一定律的原則，即常見字符的編碼較短，罕見字符的編碼較長，只不過這是摩斯僅僅從自己的經驗出發設計的。摩斯當時還不可能知道向農的理論，否則，他設計的編碼可能會更加優化。其實，在向農提出他的理論之前，對於資訊是否壓縮得足夠緊湊，如果不夠緊湊又應該如何進一步改進編碼等問題，大家並不知道答案。向農的資訊理論則給大家指明了方向，它告訴人們該如何有效地壓縮資訊，能夠壓縮到什麼程度。因此，今天的人是非常幸運的。我們在設計各種編碼時，從一開始，就可以做到讓編碼十分優化。

在解決了資訊的有效編碼，或者說資訊的壓縮之後，資訊存儲和傳輸的效率就能得到極大的提高。但是如何保證資訊在傳輸時不出錯，這個問題還沒有得到有效的解決。這就要靠向農第二定律來解決了。

向農的資訊理論

自從馬可尼等人發明了無線電，人們就試圖在一定的無線電波發射頻率內盡可能地設置更多的無線電臺。但是這件事似乎辦不到，因為如果兩個電臺的頻率靠得很近，它們就會互相干擾，我們收聽到的就是雜訊。起初，人們覺得那是因為我們接收機（比如收音機）的接收頻率調得不夠精準，或者電臺的發射頻率功率不夠大，抑或周圍有其他信號的干擾，但是，當無線電發射裝置的功率增加，同時接收機能夠準確地調整頻率後，這個問題依然沒有能夠得到妥善的解決。在很長的一段時間裡，沒有人能夠對這個問題給出理論上的解釋。人們只知道一個經驗，那就是兩個電臺之間的頻率間隔要「足夠遠」，但是到底該多遠，人們也只能憑經驗來決定。

最早發現上述問題的是貝爾實驗室的一位名叫尼奎斯特（Harry Nyquist）的工程師。他發現，如果要想不失真地恢復一個無線電信號，只要採樣的頻率足夠高就可以做到，也就是說，採集這個信號中足夠多的樣點。具體來說，如果一個無線電信號的頻譜中最高頻率是F，那麼採樣的頻率是2F，即達到最高頻率的兩倍時，就能不失真地恢復原有信號。為什麼會有這樣一個關係呢？因為任何一種無線電信號都可以通過傅立葉轉換，分解為不同頻率的正弦波，信號有多高的頻率，就可能有多少條正弦波。而任何正弦波，只要固定了其中的兩個點，就能將它們確定下來，因此最高頻率是F的信號對應著F條正弦波，進而可以由2F個樣點來確定。這個發現後來被稱為尼奎斯特—向農採樣定理，簡稱採樣定理。

如果我們把採樣定理反過來看，每一條正弦波能夠傳遞的資訊其實是有限的。因此，如果無線電波的頻率區間是從F1到F2，那麼它所能傳遞的資訊就是這個頻帶（區間）的寬度（F2–F1），再乘以每一條正弦波所能傳遞的資訊，這也是一個有限的數量。比如一個無線電的頻帶是從九五點六千赫茲到九五點八千赫茲，那麼它的頻寬就是兩者相減的結果，即〇點二千赫茲，或者兩百赫茲。粗略一點理解，我們可以認為它包含了兩百條正弦波。

向農從數學上證明了採樣定理的正確性，並且給出了當一個通信通道的頻寬為B時，這個通道所能傳遞的資訊C的上限。向農把這個上限稱為通道容量，具體來說：

C=B×log（1+S/N）（公式11.2）

其中S和N分別代表信號的強度和雜訊的強度，S/N就是我們前面說到的信噪比。在上面的例子中，如果頻寬B=兩百赫茲，信噪比是63：1，那麼這個通道的容量就是：

C=200×log（1+63）=1600比特／秒

從公式11.2中可以看出，如果信噪比太低，這個通道的容量就很低。比如當信噪比降低到7：1的時候，雖然頻寬沒有改變，通道的容量只剩下六百比特每秒了。事實上，如果離Wi-Fi（無線上網）發射器距離二十公尺，信噪比是63：1，在沒有任何建築物阻礙的情況下，我們挪到距離六十米（三倍遠）遠的地方，信噪比就會下降到7：1，這時我們會覺得網速慢了很多。這是由通信通道的上述性質決定的。

向農還指出，在任何一個通道中，無論怎樣對編碼進行「優化」，資訊的傳輸率R永遠都不可能超過通道的容量C。這就是向農第二定律，它可以簡單地描述為R≤C，它也是可以通過數學來嚴格證明的。

向農第二定律為人們劃定了通信技術的一個極限，這個極限就如同熱力學第二定律給蒸汽機和內燃機效率所劃定的極限一樣，不可逾越。在向農提出這個定律之前，人們由於不知道通信的極限在哪裡，在無形中做了一些試圖超越極限的事情，結果就是通信實驗失敗。了解了向農第二定律，就能從根本上搞清楚那些通信實驗失敗的原因。比如，在一個固定的頻帶範圍內，不可能安排太多的電臺，因為每套廣播都有一個基本的資訊傳輸率，也就是我們每秒鐘傳輸的語音資訊，比如說是六十四千比特每秒，這就是向農第二定律裡所說的R。

為了保證這些資訊能夠傳輸出去，就需要一定的頻寬。我們還是假定信噪比為63：1，根據公式11.2，我們可以算出，頻帶的寬度B是八千赫茲。假設某個電臺的頻率是六百千赫茲，這其實是一個頻率範圍，從五百九十六千赫茲到六百零四千赫茲，而不是一個單一頻率點。在這個頻率範圍內，不能有另一個電臺工作，否則資訊重疊就變成了雜訊。事實上，為了防止電臺彼此干擾，這個電臺的頻率範圍可能需要從五百九十千赫茲一直延伸到六百一十千赫茲。這也是今天各國都不允許私設電臺的原因，因為會干擾正常的通信。

雖然向農第二定律聽起來理論味道十足，但是我們每個人既受益於它，也受限於它。通信行業的從業者在設計和實現與通信相關的產品時，都要以它作為一個重要原則。就拿網際網路來說，中國第一代網民使用的是電話撥號上網，大家都感覺網速特別慢。這是因為撥號上網的頻寬非常窄，只有八千赫茲，此時通道的容量只能達到五十六千比特每秒。在這種情況下，我們上網只能查收一下郵件，看看以文字為主的網頁，如果要打開一個圖片，時間就會特別長。這是因為通道容量（或者說頻寬）的限制。

幾年後，大家開始使用ADSL（非對稱數位用戶線路）上網，ADSL採用了所謂擴頻通信技術，將頻帶的寬度增加了幾百倍，於是通道的容量就大大增加了，傳輸率也隨之有了十分明顯的提高。這樣大家就可以在網際網路上看圖像了，但是看視頻還會卡。等到第二代網際網路用戶開始上網時，已經有了寬頻入戶，進入每一個家庭的頻寬又增加了許多，這時，大家就可以流暢地看視頻了。當然，如果家裡有三台電腦同時看高清視頻，依然會出現延遲停頓的情況，這依然是通道容量不足所致。等到有些家庭開始享受光纖入戶的服務時，無論看多麼高清晰度的內容，有多少設備同時使用，頻寬也是夠用的。

移動通信也是如此，從1G大哥大手機到今天的5G手機，本質的區別在於通信的頻寬不斷增加。具體來說，如今的移動通信比之前的頻寬增加了十萬倍都不止，這才讓我們能夠在手機上做越來越多的事情。

向農第二定律，還給我們指明了增加通道容量的兩個途徑，即增加頻率範圍（也就是頻寬）和增加信噪比。

增加頻寬的意義人們都很容易理解，它和通道的容量成正比。光纖通信相比無線電通信和電纜通信，其資訊傳輸率可以高出很多，根本原因就是它的頻寬要比後兩者寬了很多。光纖通信用的是可見光，而光的頻率比無線電通信中電磁波的頻率高很多。同樣是無線電通信，從1G到5G，它的頻率是不斷提高的。因為我們要想增加頻寬，讓頻率變動的範圍往上走是有很大空間的，但是往下走的空間卻很有限，最多頻率降到零，但不可能是負的。當然，僅僅是簡單地增加通信的頻率會帶來很多問題，比如電磁波頻率很高時就無法繞過障礙物了。而解決這些問題，就是今天電信科學家和工程師每天要做的工作。

增加信噪比的意義也不難理解，因為從公式11.2可以看出，信噪比和通道的容量正相關。「信噪比」，顧名思義包括信號和雜訊（噪聲）兩個部分，而增加它們的比值，只能從增加信號的強度和降低雜訊這兩個方面入手。在早期通信中，人們更多考慮的是加大發射功率，增加信號的強度。但是這種做法是有極限的，比如我們移動通信的基地台，如果功率太大就會對周圍的人造成輻射傷害，因此我們總是要把它限制在安全的範圍內。至於衛星通信，太陽能電池板所提供的能量根本無法確保無限制地加大發射功率。於是，人們更多地將精力花在如何最大限度地降低信號的衰減，以及如何降低雜訊上。比如在有線網路中，我們採用同軸電纜（見圖11-2），它將信號「包在」遮罩層內，將雜訊「擋在」遮罩層外，同時起到了遮罩雜訊和防止信號衰減這兩個效果。至於光纖，它們在這兩方面的效果就更好了。

但無線電通信就沒有這麼幸運了，因為信號無法被「包裹」起來，它會隨著距離的增加，按照平方的速度衰減。也就是說，當無線電信號傳播到十公里遠的時候，功率只有一公里位置的百分之一了，而雜訊則是恒定不衰減的。於是要想在不增加功率的情況下增加信噪比，唯一的方式就是縮短通信距離，這就是5G基地台要建得非常密集的原因之一。[2]

很多人詢問特斯拉公司CEO、SpaceX CEO埃隆．馬斯克進行的「星鏈計畫」(Starlink)是否比5G更先進，這其實是拿蘋果和橘子相比，因為星鏈計畫和5G要解決的根本不是同一個問題。5G是要解決大量設備同時高速上網的問題，而星鏈計畫要解決的是那些無法建設基地台的地區通信的問題，比如遠海地

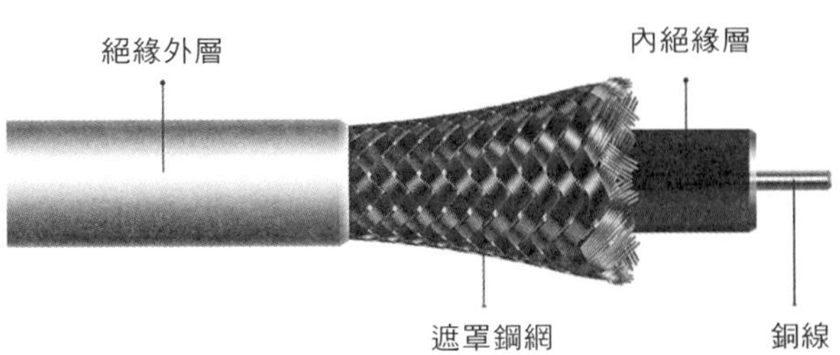

圖11-2 同軸電纜內部圖

2 5G基地台之間的距離將從4G基地台距離的兩千至三千公尺縮短到兩百到三百公尺，一方面是為了增加信噪比，另一方面是因為5G信號繞過障礙物的能力要遠比4G的差。

區、南極和喜馬拉雅山上。如果單純地從通信的容量來看，最好的通信衛星也達不到無線基地台的百分之一。因為它和地面設備的距離遙遠，功率也不會很大，因此信噪比就非常低。大家如果看到過在演唱會或者足球賽場外那些進行電視轉播的衛星發射器有多大，而且需要專門的電機供電，就能體會這點了。如果每個人都要看高清電視，那通信量就大得不得了。中國僅大陸地區的 4G（第四代通信技術）基地台數量就達了五百多萬的量級，這個總頻寬遠非三萬顆通道容量不到百分之一的衛星可比的。

很多時候，人們喜歡請專家解讀新的通信技術，但其實只要瞭解了七十年前向農提出的那些最基本的通信原理，就具有了理解今天通信技術的能力。這就如同我們知道了相對論，就能理解宇宙中最高的傳送速率以及最多的能量所在；瞭解了熱力學第一定律和第二定律，就不會相信有永動機一樣。

向農預見了在給定條件下通信的極限，我們的技術通常達不到那些極限，即通道的容量。那麼我們能否找到一個方法，充分利用通道的容量呢？向農對這個問題給出了肯定的答案，這就是向農第三定律。在這個定律中，向農說，總能找到一種行之有效的編碼方法，讓資訊的傳輸率無限接近通道的容量而不出錯。這就如同我們總有一種編碼方式，可以將資訊壓縮到資訊熵的大小一樣。但是，向農在這個定律中同時指出，如果試圖以超越通道容量的傳輸率來傳輸資訊，那麼不論怎樣編碼，通信出錯的概率都是百分之一百。

對於這一點，其實大家都有十分深刻的體會。當網速很慢，多個人還想同時上網時，最終所有人都上不了網，而不是簡單的下載時間變長，因為這時的網路傳輸一直處於出錯狀態。此外，我們每個人還有這樣的經驗，如果環境太吵，為了能讓對方聽清楚我們說話，我們能用的辦法，除了提高聲調，就是把話說得慢一點。這其實就是因為當雜訊降低了通道的容量後，我們可以通過降低資訊的傳輸率，讓資訊能夠傳輸出去，而不是被堵死。

向農的這三個定律奠定了資訊傳輸和存儲的理論基礎，並且指明瞭資訊產業的發展方向。在科技史上，幾乎所有的數學理論和實驗科學的理論都是在實踐中慢慢形成的，而且，這個過程通常歷經幾代人甚至幾個世紀的時間。但是向農的資訊理論卻是個例外，它一旦問世，便已經是成熟而完整的理論體系。在此之前，幾乎找不到任何先期的工作；在此之後，直到今天，人們不過是在向農指明的方向和劃定的邊界內把事情越做越好而已。

對記憶本質的討論

明確了資訊的本質是對不確定性的一種描述，那麼一個和人相關的最本源的問題再次引發了科學家的思考，那就是：為什麼我們會有記憶？記憶的本質是什麼？

在二十世紀之前，人們更多的是從哲學的角度來思考這個問題，因為那時既搞不清資訊的本質，對人的神經系統也瞭解甚少。進入二十世紀以來，人類才有條件從科學的角度來研究這個問題，這要感謝神經科學和量子力學的發展。前者搞清楚了人和動物的神經系統大致的工作原理，後者表明了我們的世界可能是不連續的，是可以量化的。在這些研究成果的基礎上，在第二次世界大戰之後，數學家、物理學家、生理學家和心理學家都從各自的角度來思考記憶的本質到底是什麼。在比克曼酒店的討論會上，那些聰明的科學家也會經常討論這個話題。

馮·紐曼認為，記憶是神經細胞的兩種狀態，即有資訊和無資訊，這兩個過程可以相互切換。他的這一觀點非常符合電腦存儲資訊的基本原理。馮·紐曼相信，我們的世界可

馮 · 紐曼（John von Neumann）
1903年12月28日至1957年2月8日

馮 · 紐曼是在現代電腦、博弈論、核武器和生化武器等領域內難得的科學全才之一，被稱為「現代計算機之父」、「博弈論之父」。他天資聰穎，心算能力極強，擁有過人的認知能力。諾貝爾物理學獎獲得者貝特（Hans Beth）曾這樣評價他：「我有時在思考，馮 · 紐曼這樣的大腦是否暗示著存在比人類更高級的生物物種。」

以用離散的，也就是二進制的方式進行描述，而那些看似連續的資料則可以用多個二進制的狀態表示。當人們問馮．紐曼，為什麼對大腦的刺激，或者讓電腦的真空管（當時只有電子管的電腦）工作的電流都是連續的，組織會議的麥卡洛克是這樣幫他回答的：在世界上，即使從宏觀上看是連續的東西，也都可以被視為若干個非常小的單元。[3]

馮．紐曼的看法代表了今天多數人的看法，特別是得到了從事資訊處理和實驗科學的人士的認同。今天很多人喜歡說「萬物皆比特」，雖然這聽來更像一句口號而非經過科學驗證的規律，但是依然不會妨礙很多人像信仰宗教一樣十分虔誠地信奉它。比如，今天很多人幻想著將自己的記憶植入晶片或者其他存儲體，這樣將來即使自己的意識離開了肉體，也能獲得永生。這些想法和馮．紐曼對記憶的理解是類似的。二十世紀五〇年代的很多學者和科學家，比如維納、薛丁格和喬治．伽莫夫[4]，都持類似的觀點。

其中，伽莫夫還花了不少精力試圖把人全部的資訊都記錄下來。伽莫夫認為，每一個活細胞的細胞核就是一座資訊庫……它還是一個能自動啟動的資訊源，所有生命的延續都依賴

3 Warren S. McCulloch，John Pfeiffer，Of Digital Computers Called Brain，Scientific Monthly，69，NO.6（1949），pp. 368

4 提出核聚變和宇宙大爆炸的物理學家，著名科普著作《從一到無窮大》的作者。

於這個資訊系統，而遺傳就是細胞的語言。[5] 伽莫夫和發現 DNA（去氧核糖核酸）雙螺旋結構的沃森和克里克有著密切的來往，不過克里克告訴伽莫夫，雖然這個觀點十分新穎卻過於簡單，並不能解釋各種生物現象。後來分子生物學的很多研究成果表明，人體細胞內的分子，在接收外來信號後，其改變狀態的機理是極為複雜的，並不是兩個狀態之間的切換那麼簡單。如果一定要用0和1二值的狀態將細胞內分子的各種組合變化都記錄下來，其數量比宇宙中基本粒子的數量還要多很多。

參加比克曼酒店討論會的學者中還有生理學家和心理學家。他們認為，對於資訊編碼的記憶和對於資訊本身的記憶可能是兩回事。因為當我們把手伸進沸水時會被燙傷，從此有了關於「燙」的記憶，而這個記憶不是一個簡單的詞，很可能是身體某部分的一個改變，這個改變極為複雜。大腦對「燙」這個詞進行編碼是容易的，但是沒有誰的大腦能夠描述身體從此發生了什麼樣的改變，而記憶甚至不需要經過大腦。

十九世紀的最後幾年，俄羅斯著名的生理學家巴甫洛夫，通過調整狗在進食前的刺激，讓狗產生了記憶，這種記憶被稱為條件反射。有了條件反射，狗不需要用腦子思考就會分泌唾液。會議的組織者麥卡洛克還舉了一個例子，一個人在他熟悉的小鎮行走，可以輕易地到達任何一個目的地。但是，你要是讓他回憶一下自己走過的路程，他未必能夠想得起來。再比如，即使同樣一件事，不同人所獲得的記憶可能也會相去甚遠，甚至截然相反。這些都說明，和圖像、聲音或者文字的記錄不一樣，記憶是一個記憶者和觀察物件互動的結果。

說到互動，就有人提出，記憶和思維與電有關，或者說電是產生記憶互動的媒介。這種看法得到了當時剛剛被發明的電子計算機存儲原理的支持，也得到了神經科學的支持。比如，計算機之所以能夠「記憶」資訊，動物神經系統之所以能傳輸資訊，都是靠電。不過，圖靈否定了這種看法，他舉了一個反例——巴貝奇的計算機並沒有用到電，但是也有記憶功能。

雖然人們對於記憶的本質持有各種不同的看法，但幾乎所有與會者都認同，記憶並不是動物所特有的屬性，機器也完全可以具有記憶能力。為了證明這一點，向農在第二年（一九五一年）把他那個「走迷宮的老鼠」帶到了會場給大家演示——這個只有幾十個位元組記憶體的機械老鼠能夠學習在迷宮中行走（見圖11-3）。向農被報刊和網站報導最多的照片，就是在操作這隻走迷宮的機械老鼠時拍下的。當然，向農並不是個善於程式設計的人，因此這個老鼠有可能多次走入同一個死胡同。為了防止這種事情的發生，向農強行設置了一個限制，即只要六次進入同一個死胡同，就再也不能到那裡去了。這個機械老鼠的出現又引

5 George Gamvow, Information Transfer in the Living Cell, *Scientific American* 193, NO. 10 (October 1955), p. 70.

起了參會者對另一個話題的熱議，那就是機器能否有智慧。這是我們接下來要談的話題。

總之，比克曼酒店討論會的參會者並沒有討論清楚記憶的本質到底是什麼，也沒有取得一些根本性的共識，但是他們的討論卻成功地推動了一門交叉學科的產生，那就是認知科學。在認知科學領域的很多先驅人物都參加過比克曼酒店的討論會，當時，他們在一個問題上有了共識，那就是機器可以有記憶。不過今天我們發現，機器的記憶和人的記憶可能是兩回事。這並不是說人的記憶機器無法模仿，而是人的記憶太複雜，遠遠超出了我們自身的認知，以至模仿起來所耗費的機器資源是驚人的。

圖 11-3 向農和他的機械老鼠

本章小結

資訊的本質是什麼？在二十世紀五〇年代之前，人們普遍認為資訊是由語音單元或者文字所承載的涵義。但是，向農告訴大家，資訊和涵義從根本上就是截然不同的，資訊甚至可以完全不考慮涵義，它只和隨機性有關。

雖然向農的資訊理論原本是通信的理論，但是它給人們的思維帶來了巨大的衝擊。它對於不確定性的描述，以及將整個世界置於不確定性之上來考慮的思維，是資訊時代最根本的世界觀。而我們利用資訊的目的，就是要消除那些不確定性。

向農將通信的基礎置於雜訊通道之上，這樣就徹底解決了通信的理論問題。特別是他對通道容量和頻寬意義的描述，讓「拓展頻寬」這個概念成為這個時代的新思維，並且被廣泛地應用於各行各業。向農從來都沒有覺得他是一個思想家，但他實實在在地為人類帶來了新思維。

第十二章

大規模處理資訊成為可能

向農解決了資訊的傳輸問題，也為資訊處理奠定了理論基礎，但是他沒有涉及資訊處理中兩個非常根本的問題：首先，什麼樣的資訊有可能用機器來處理，什麼樣的資訊處理必須要由人來完成；其次，對於那些能夠用機器處理的資訊，如何用指令控制機器去完成複雜的處理過程。

這兩個問題是由另一位天才——圖靈徹底解決的。圖靈提出了著名的「圖靈機」——今日電腦的數學模型。圖靈機為資訊處理劃定了一條分界線，界線以內的事情，有可能讓機器來處理，至於界線以外的事情怎麼做，暫時不得而知。圖靈將機器完成資訊處理的過程，稱為廣義上的計算。今天我們常說，用電腦來處理資訊，其實指的是第一類資訊的處理工作，它佔據了資訊處理總工作量的絕大部分，這也是很多人把電腦和資訊這兩個概念聯繫起來的原因。

艾倫·麥席森·圖靈（Alan Mathison Turing）
1912年6月23日至1954年6月7日

圖靈是英國傑出的數學家、邏輯學家，被稱為「計算機（電腦）科學之父」、「人工智慧之父」。二戰期間，他曾經協助破解過德國的著名密碼系統恩尼格瑪機，為世界反法西斯戰爭的勝利做出了巨大貢獻。1954年6月7日，他吃下含有氰化物的蘋果中毒身亡，享年四十一歲，這無疑是科學界一場痛徹心扉的意難平。電影《模仿遊戲》（The Imitation Game）就是改編自《艾倫·圖靈傳》，述說了圖靈傳奇的一生。

不過，圖靈並沒有發明出這樣一台能用於計算的機器，而且世界上第一台具備了計算功能的計算機也不是馮·紐曼等美國電腦先驅建造出來的，而是另有其人。

德國工匠的奇蹟

有人相信，想偷懶的天性促使人類不斷發明各種各樣的機器，讓機器替人幹活。事實上，用這樣的理論來解釋各種發明的出現非常牽強，不過在電腦的發明動力上，這種說法並沒有什麼問題。

一九三六年，年僅二十六歲的德國工程師康拉德·楚澤辭去了工作，因為他已經厭倦了每日拿著計算尺做大量重複的計算。他待在家裡，沒有找工作，而是每天苦思冥想，怎樣才能設計一種機器，讓機器替他來做那些讓人討厭的工作，而此前他對計算機一無所知。如果我們今天遇到像楚澤這樣的一個人，肯定會覺得他簡直是瘋了，或者嘲笑他是個不知天高地厚的「民間科學家」。但是兩年後，他居然成功了！

康拉德．楚澤，德國數學力學工程師，電腦科學的先驅人物。他還真不是什麼民間科學家，而是德國柏林理工大學[1]的高材生，精通數學和工程。一九三五年，楚澤畢業時正趕上德國積極備戰，並大規模研發和生產各種新式武器。於是他在福特公司工作了幾天後，就在一家飛機製造廠得到了一份技術性更強的工作——參與飛機的設計。不過，楚澤很快發現，他的這份新工作其實很無聊。因為他和同事成天都要進行大量的煩瑣計算，而且當時的工具只有計算尺。

楚澤還發現，絕大多數計算其實使用的公式都是相同的，只是需要代入不同的數據而已。他認為，這種重複而枯燥的工作應該交給機器去完成，而不是由人來完成。自從有了這個想法，楚澤就在父母的公寓裡開始設計能夠進行計算的機器。不久，他實在無法兼顧工作和自己的發明創造，就乾脆辭了職。

和後來美國人研製電子計算機需要一整個團隊不同，楚澤自始至終只有一個人。當時他對向農的開關電路，以及圖靈關於圖靈機的理論一無所知，他甚至沒有聽說過巴貝奇這個名字。因此要想研制計算機，他所面臨的巨大困難可想而知。所幸，他知道布爾的理論，這讓他沒有重複巴貝奇失敗的老路，而是想到了用二進制來實現計算。這種化繁為簡的想法後來證明是他能夠成功的最重要原因。

楚澤先是用齒輪和其他機械裝置搭建了一個二進制的浮點運算器。這個能進行很多位數運算的大傢伙，其實是由很多相同能夠進行一位數二進制計算的基本單元組合而成，這有點像用簡單的樂高積木搭出複雜的房子一樣。為了控制運算器工作，楚澤又用機械搭建了一個控制器。

接下來的問題是，如何才能將控制指令輸入計算器。當時既沒有磁記憶體，也沒有存儲卡片或者存儲紙帶，不過這件事根本難不倒楚澤。他首先把控制指令變成二進制，然後在三十五毫米的膠片上打孔，以此記錄控制指令。有孔的地方是1，沒有孔的地方是0。之後他通過馬達轉動，將指令輸入那台運算器。楚澤的這種想法後來被發揚光大，成了早期計算機的一種輸入輸出設備——紙帶輸入輸出設備。

經過兩年夜以繼日的辛勤工作，楚澤終於研製出了他的第一代計算機，並給它取名為Z-1（見圖12-1），其中Z是他名字的首字母。這台計算機和巴貝奇想建造的計算機一樣，全

1 德國柏林理工大學過去的名稱是Königlich Technische Hochschule zu Berlin，簡稱Technische Hochschule，二戰後改名為TU Berlin。

部是由機械部件構成的。它一共有三萬多個零件，動力來自一台電動馬達——它可以驅動計算機每秒鐘完成一次浮點計算。這在當時已經是非常快的計算速度了。

Z-1在計算機發展史上是個重大突破，因為它是世界上第一台自動運行程式的計算機，而且在設計上高度模組化。它擁有今天計算機的很多組成部分，比如控制器、程式指令和輸入輸出設備。另外，特別值得一提的是，Z-1在設計理念上也是十分成功的。因為它是用簡單的方法來解決複雜的問題，而不是像巴貝奇那樣，為了解決複雜的問題，而採用了更加複雜的方法。

不過，這麼複雜的機械設備其實很難長期穩定地運行，因為無法保證幾萬個零件中的每

圖 12-1 楚澤的 Z-1 計算機

一個都加工得十分精密，而且它們在機器運轉時還會磨損，因此Z-1經常出現故障。解決這個問題的方法，不是把零件加工得更精密，因為機械加工的精度是有極限的，這也是萬尼瓦爾．布什的微分分析儀後來精度無法再提高的一個原因。當時人們已經開始廣泛使用繼電器來控制開關。雖然楚澤並不是電學工程師，但是想到這一點對他來說並不困難，於是他用繼電器取代機械部件，把Z-1又重新做了一遍，這就是Z-2計算機。由於沒有錢，楚澤大量使用了從廢舊電話拆下來的舊的繼電器，就是靠著這些舊的元件，楚澤居然在一九三九年搭建出來了當時世界上最先進的計算機。Z-2運行的可靠性遠超過Z-1，而且由於繼電器的機械延時要比單純的機械部件小，它可以做到每秒鐘進行五次運算，這在當時是非常了不起的計算速度。

不過這台計算機依然存在著一些明顯的缺陷。由於楚澤不知道圖靈機的理論，因此Z-2並不能實現圖靈機的全部功能。比如，如果想讓Z-2進行這樣的運算：如果x>5，則y=2x；如果x≤5，則y=x+5，就需要根據x的數值來修改電路，這樣顯然不方便。

楚澤的Z-2並沒有真正用於工程領域，不過他的計算機卻得到了德國航太航空部門「哥廷根空氣動力研究所」(Aerodynamischen Versuchsanstalt)的認可。當政府官員和專家來到楚澤父母的家，看到佔據了好幾個房間的Z-2計算機時，簡直目瞪口呆。隨後，德國政府以合同的方式資助楚澤的小公司搞計算機研發。在此期間，楚澤為德國航太航空部門設計了無線電制導炸彈的控制器——一種帶有簡單的計算功能的電子設備。同時，他的主要精力則放在了設計能進行任何計算的新型計算機Z-3上（見圖12-2）。

一九四一年五月十二日，Z-3誕生了。這是一台可程式設計、能進行二十二位二進制浮點運算的計算機。Z-3最了不起的地方在於，它是世界上第一台所謂「圖靈完備」的計算機，也就是說，它能夠完全勝任圖靈所描述的計算任務。在這點上，它和今天所有電腦是等價的，只不過速度較慢，容量非常小而已。更讓人難以想像的是，此時的楚澤依然不知道圖靈的理論，只是靠自己對布林代數的理解和工程經驗來設計和改進計算機。

圖12-2 楚澤的Z-3計算機複製品局部（現存於慕尼黑德意志博物館）

由於Z-3得到了德國政府的部分資金支援，加上楚澤主要的合作者施賴爾（Helmut Schreyer）是納粹成員，後來給楚澤的研究工作帶來了一些麻煩。但是楚澤並不直接為德國納粹政府工作，在Z-3之後的研究中也沒有拿過納粹政府的錢，因此人們考慮到他在經濟上的難處，沒有深究那段歷史。

在研製Z-3的時候，施賴爾曾經建議使用電子管取代繼電器，但是不知道為何被楚澤拒絕了，這給後世留下了一個謎團——如果楚澤當時使用了電子管，Z-3是否會成為世界上第一台電子計算機。但是歷史沒有假設，事實上，當時楚澤也用不起昂貴的電子管，即便是在獲得了德國納粹政府幾千馬克的資金支援，他也依然只能使用廢舊的繼電器來研製計算機。相比之下，美國的莫奇利（John Mauchly）和埃克特（John Eckert）一上來就獲得了近五十萬美元的資助，他們擁有的豐富資源是楚澤不能比的。

圖 12-3 楚澤的 Z-4計算機（現存於慕尼黑德意志博物館）

楚澤在二戰期間最後研製的計算機是Z-4（見圖12-3）。這是世界上第一台真正具有商用意義的計算機，它能進行三十二位的浮點運算。一九四五年，德國人已經知道柏林必將被蘇聯佔領，為了防止這台歐洲最先進的計算機落入蘇聯人手裡，他們將Z-4計算機轉移到了哥廷根大學。這台計算機最終落戶於瑞士著名的蘇黎世聯邦理工學院，並且長期穩定運行，完成了不少資訊處理任務。在Z-4之後，楚澤把計算機一代又一代做了下去，一直做到了Z-22，直到後來他的公司被西門子收購。今天我們回顧歐洲大陸電腦的歷史，會發現楚澤幾乎以一己之力開創了歐洲的電腦時代，這堪稱一個奇蹟。

一九四七年，楚澤終於在哥廷根大學見到了圖靈，不知楚澤當時有何種感慨。十多年前他們兩個人一個從實踐上，一個從理論上，共同解決了計算機的核心問題。如果楚澤能夠更早地知道圖靈的理論，或許他在發明計算機的道路上會走得更快，因為圖靈的那套理論太簡潔，又太重要了。

康拉德·楚澤（Konrad Zuse）
1910年6月22日至1995年12月19日

十九世紀三〇年代，一位就職於飛機製造廠的德國工程師厭煩了無趣又煩瑣的計算工作，決定辭職回家搞發明——楚澤漫長的研製生涯從此開始了。縱觀科技技術的發展史，楚澤的高光時刻就是於1941年設計出了世界上第一台可編程的、有圖靈完全性程式控制功能的計算機。因為這項發明，他被尊稱為「數位計算機之父」。

探究可計算的奧秘

世界上幾乎所有的人都會正向思考問題，比如要用機器來處理資訊，大家會想到的第一個問題就是能否讓機器計數。在解決了這個問題之後，大家就會想第二個問題：能否讓機器對數位做運算。再往後，大家會想第三個問題：能否將其他資訊也變成數位，讓機器來處理。當機器能處理越來越多的資訊，大家就會想出更多的問題：能否讓機器做更多的事，能否讓它比人更聰明……這種思維模式就是正向思維。

但是圖靈想問題的方式恰恰和常人相反。他先給機器劃定了一個邊界，在邊界內的問題都是可以通過一步步的計算來解決。當然，在邊界外可能還有更多問題，但是它們就和計算無關了。注意，圖靈所說的計算其實遠不止四則運算，還包括一些簡單的邏輯判斷和演算。因此，我們把它理解為機械的資訊處理可能更加準確。圖靈劃定的「可計算」的這條邊界，對於人類的意義非常重大，因為這樣人類就能有的放矢，設計一些機械，幫助人類處理那些可以計算的問題，然後讓人類把精力集中在解決那些無法通過計算解決的問題上。

可是即便是計算這個問題，在今天看來也是非常大且非常虛的。那麼當時年僅二十歲出頭的圖靈為什麼要思考這樣一個十分抽象、甚至不知能否找到答案的問題？這背後其實沒有任何商業利益，甚至在短時間看不到有什麼應用場景，僅僅是因為它深奧、有趣，而且尚無人能給出答案。

二〇一九年，我專程訪問了英國皇家學會，拜訪了包括前任主席里斯（Martin Rees）在內的多名院士及一些諾貝爾獲獎者。我很好奇只占世界人口百分之一的英國何以對世界的科學貢獻如此之大。他們的共同看法是，英國的科學家和古希臘的學者一樣，十分喜歡研究那些深奧的、在外人看來完全沒有任何應用價值的問題，在這點上，他們和美國、德國的科學家都不同。

以圖靈為例，他研究可計算性的問題有什麼實際意義嗎？至少在研究這個問題時，他完全不知道這個答案。後來發現這個理論有用，還有巨大的商業價值，是其他人的事。圖靈從來沒有想通過發明計算機來發財致富，雖然二戰後很多人都在動這個腦筋，包括研製第一台電子計算機的莫奇利和埃克特。但在歷史上，正是像圖靈這樣的人，以及他們的前輩——畢達哥拉斯、歐幾里得、托勒密等，點亮了人類文明前進道路上的希望之光。

思考可計算性這樣複雜且純理論的問題，通常需要獲得一些啟發或者靈感。圖靈在這個問題上有兩位精神導師，一個是比他大九歲的馮．紐曼，另一個是馮．紐曼的老師，著名數學家大衛．希爾伯特。

馮・紐曼雖然只比圖靈大了九歲，但是他很早就成名了。一九三一年圖靈剛剛開始在大學學習時，馮・紐曼已經是普林斯頓大學的終身教授了。一九三二年，馮・紐曼寫的一本介紹量子力學的專著《量子力學的數學基礎》（*Mathematical Foundations of Quantum Mechanics*），將這個最重要的近代物理學分支給公式化了，圖靈讀了這本書後大受啟發，他靈光乍現，突然意識到計算對應於來自確定性的機械運動，而人的意識可能來自「測不準原理」，因此，凡是和計算有關的事，應該都能由一系列的機械操作完成。

希爾伯特對圖靈的啟發則是他所提出的一大堆數學問題，即那些著名的希爾伯特問題[2]。其中第十個問題對圖靈的啟發尤其大，這個問題表述起來其實很簡單。

任意一個（多項式）不定方程，能否通過有限步的運算判定它是否存在整數解。

所謂「不定方程」（也被稱為丟番圖方程，Diophantine equation），就是指有兩個或者更多未知數的方程，它們的解可能有無窮多個。為了對這個問題有一些感性的認識，我們不妨

2　一九〇〇年，希爾伯特在巴黎國際數學家代表大會上提出了二十三個（當時還無解的）著名的數學問題。這些問題後來被稱為希爾伯特問題，包括著名的龐加萊猜想。

看三個特例。

例一：$x^2+y^2=z^2$

這個方程有三個未知數，它有很多整數解，每一組解其實就是一組勾股數，構成直角三角形的三邊。

例二：$x^N+y^N=z^N$，其中 $N>2$。

這些方程都沒有整數解，這就是著名的費馬大定理。

例三：$7x^3+5y^3=8z^6$

這個方程是否有整數解，就不那麼直觀了。

希爾伯特的第十個問題並不是要求解不定方程，而是關心能否有辦法知道它們有沒有解。只有確定了有解，才可能找到解。解不定方程的問題只是一小類的數學問題，如果小問題都存在大量的不可判定性，就說明還有很多數學問題我們永遠無法知道是否有答案，而這些問題自然不可能機械化地一步步求解。正是希爾伯特對數學邊界的思考，讓圖靈明白了計算這件事的極限所在。雖然圖靈當時並不能確定第十個問題的答案，但是他隱隱覺得答案應該是否定的，也就是說，有大量的問題，我們根本無法判定是否有解。[3]

有了這點認識，圖靈首先將關注點聚焦到哪些能夠判斷是否有解，而且能夠通過有限步驟求得解的問題之上。一九三六年，他提出了解決這一類問題的一種通用的數學模型，該數學模型被稱為圖靈機。

今天很多人把圖靈機想像成一種具體的計算機，其實這是對圖靈機的誤解。圖靈機只是從數學和邏輯上描述了使用機械（無論是純機械還是電子機械）來解決數學問題的通行做法。這種通行做法是我們今天計算機設計的準則。對於所有能夠通過圖靈機的邏輯和步驟來解決的問題，則稱為「可計算的問題」。比如，判斷一張圖片中的某張臉是否屬於某個人的，這就是個可以通過圖靈機一步步判定的問題。再比如，窮舉圍棋所有可能的下法，雖然這個問題解決起來非常耗時，但依然是可以在有限步驟內用圖靈機完成的任務。

但是，如果要根據瑪麗的行為來判定她是否愛約翰，這就無法通過圖靈機一步步完成了，這種問題就屬於不可計算的問題。當然這類問題通過收集一些資訊，根據經驗和常識有時也能做出準確的判斷，但是從廣義上說，更應算作是資訊處理問題。又比如，我們管理城市做

3 一九七〇年，俄羅斯天才數學家馬季亞謝維奇從數學上解決了希爾伯特的第十問題，並且給出了否定的答案。對這個問題結論的表述，今天也被稱為馬季亞謝維奇定理。

決策，雖然要用到資訊，但並不能完全通過計算來完成。也就是說，並非所有資訊處理的問題，都是可以通過計算來解決的。

對於那些無法通過計算來解決的問題，圖靈並不打算考慮它們。至於在邊界內的、可以計算的問題如何通過圖靈機來解決，這就需要解決問題的人設計一套標準化的流程，並且將這個流程載入到圖靈機中，這個流程在今天就體現為電腦程式。當時圖靈並沒有告訴大家這個程式該怎麼寫，因此他的工作只是為大家劃定一條邊界，讓大家不必再浪費時間糾結那些沒有意義的事，也不必試圖超越極限。

那麼圖靈是怎麼劃定可計算的邊界的？他模擬人進行數學運算的過程設計了一種虛擬的機械，即圖靈機。這個機械在工作時會不斷重複人演算數學題的兩個動作：

第一，在紙上寫上或者擦掉一些符號。

第二，筆在紙上不斷移動書寫位置。

當然，要完成這兩個動作，人的大腦要記住運算的規則。

具體來說，圖靈機的構成和工作過程見圖12-4所示：

圖解：

一、有一條無限長的紙帶，它被劃分為一個接一個的小格子，每個格子有個編號，比如，從左到右依次為〇、一、二……它們相當於我們做題用的紙，只不過紙的數量是無窮多。當然，在現實世界的電腦中，存儲容量是有限而非無限的。

二、有一個可以左右自由移動的讀寫頭，它能讀出當前所指格子中的符號，並能改變它們。這個讀寫頭，相當於筆和橡皮。

三、有一套控制規則，它根據當前機器所處的狀態及當前格子中的內容，確定讀寫頭下一步的動作。這套規則就相當於我們算題的法則。比如我們求解方程 $ax+b=c$，要套用公 $x=(c-b)/a$，這就是運算的規則。

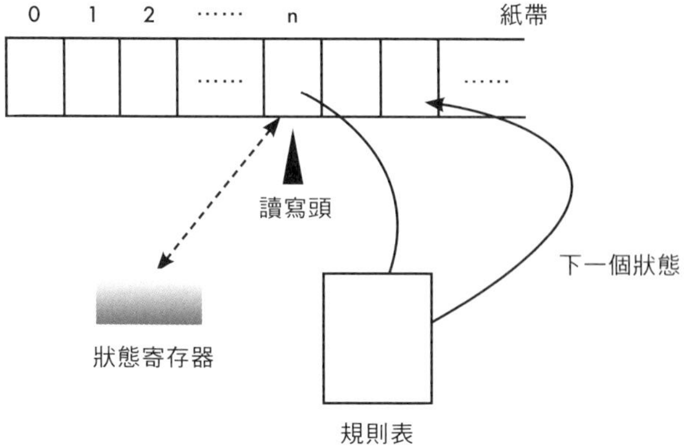

圖 12-4 圖靈機示意圖

四、有一組狀態寄存器，它用來保存圖靈機當前所處的狀態。我們在紙上算數學題時，經常要問自己，算到哪一步了，寄存器所記錄的就是這樣的狀態。

注：在圖靈機中有個特殊的狀態，即所謂的「停機狀態」。如果圖靈機運行到這個狀態，整個運算就結束了；如果永遠到不了這個狀態，說明這個問題是不可計算的。

如果我們說牛頓描述了物理學的數學原理，向農描述了通信的數學原理，圖靈則是通過圖靈機描述了今日所有計算機（電腦）的數學模型。圖靈機的理論說來簡單，即使是非計算機專業的人也不難理解，但是今天所有的現代電腦無論運算多麼快、設計多麼複雜，在數學的功能上與圖靈機都是等價的，也都被稱為圖靈完備。圖靈的成就再次驗證了牛頓在《自然哲學之數學原理》開篇說的那句話，「真理在形式上是簡單的」。有了圖靈關於計算機的這套理論，再加上同時期向農關於開關電路的理論，人們搭建計算機就不再僅僅依靠經驗，而可以按照理論按部就班地完成了。

不過從圖靈和向農解決了計算的基本問題，到世界上第一台電子計算機的誕生，經歷了近十年的時間。而同時代的楚澤一個人從設想到研製出符合圖靈機標準的 Z-3，卻只用了五年時間。為什麼會有這樣看似充滿矛盾的結果？這就要說到戰爭的需求對技術進步的巨大推動作用了。

比炮彈還快，「簡直是電的腦」

一九三六年，當楚澤開始研製計算機時，德國已經開始著手備戰了。備戰過程中有很多涉及重複計算的工程問題要解決，而且已經有大量的科學家投入戰時服務了。而直到一九四二年，美國的科學家還在研究和平時期的課題，沒有對計算機產生強烈的需求。恩格斯說過：「有技術上的需要，比十所大學更能推動社會的進步。」[4]美國一旦被捲入戰爭，對各種新科技的迫切需求就產生了，這個國家巨大的潛力也因此被激發了出來。二戰期間，美國很多科學家直接參與了和戰爭相關的工作，比如維納等人就直接參與了火炮的改進與設計工作。

一九四三年，為了取得在火炮上對德國的優勢，美軍決定設計和制造一種威力更大、更

4 馬克思，恩格斯等《馬克思恩格斯選集》[M]第四卷，北京：人民出版社，2012：55.

精準的長程火炮。而這項研究涉及大量重複性的計算，這就意味著要花上很長的時間。在當時前線戰事吃緊的情況下，為了搶時間，美國陸軍決定建造一個「超級大腦」來完成火炮設計中十分繁重的計算問題。美國陸軍彈道研究所（後來著名的火箭專家馮．布勞恩曾任職於此）把這項極為艱巨任務交給了賓夕法尼亞大學的摩爾工學院[5]的教授莫奇利和他的學生埃克特，經費預算高達五十萬美元，比德國政府給楚澤的幾千馬克資助高出了兩個數量級。

莫奇利和埃克特對計算機的一大貢獻，是使用真空電子管來實現數位開關電路，而不是直接使用繼電器。使用電子管有兩個明顯的好處：首先，用它實現開關電路可以將開關「接通」和「斷開」之間切換的延時變得非常短。我們知道，繼電器雖然也使用電，但是它的開關還是機械運動。但凡是機械運動，就不可能運行得很快，因為機械部件是有慣性的，不可能在一瞬間從向上運動變成向下運動。但是電子管是靠電流的運動來切換開關，它可以做到幾乎沒有延時，這就是今天的電腦可以運行很快的根本原因。

其次，電子管的電路不會因為使用時間長而出現磨損。況且，如果哪個電子管燒壞了，人們馬上就能發現，並且及時更換。但是繼電器在磨損後，往往會出現一種看似連通、但實際上並沒有接通的情況。這種接觸不好的毛病很難被人們發現。

當然，使用電子管也有兩個迫切需要解決的問題：第一，電子管成本昂貴。如果用繼電器實現開關電路，一個開關只需要一個繼電器，成本很低。相反，如果使用電子管，則往往需要幾個甚至十幾個電子管才能「搭建」一個開關，而當時電子管比繼電器貴許多。

第二，電子管的耗電量巨大。每個電子管的功率就相當於一個小的白熾燈泡。如果是幾萬個電子管放在一起，耗電量是非常驚人的，而且發熱後需要大功率的空調來降溫，這也需要消耗大量的電能。事實上，那台電子管計算機每次使用時，周圍居民家的電燈都會瞬間變暗。不過在戰爭期間，美國國內的能源條件要比德國好了很多。美國人為了搶時間並且追求高性能，是不惜成本的。

莫奇利和埃克特給他們正在研製的設備取名為「電子數值積分計算機」（Electronic Numerical Integrator and Calculator，簡稱 ENIAC，即埃尼亞克），這個名字注定被載入史冊。由於有了圖靈和向農的理論為基礎，ENIAC 的研製不需要靠經驗，直接使用理論就可以了。這和以往的巴貝奇計算機或者楚澤的 Z 系列計算機完全不同。不久，莫奇利就完成了計算機的原理和圖紙設計，然後由埃克特負責研發制作的生產流程，很多工程師也開始加速趕工忙碌起來。但是，莫奇利和埃克特一直沒有發現他們的計算機設計實際上存在很大的問題。

5 摩爾工學院和提出摩爾定律的摩爾沒有任何關係。

所幸的是，就在 ENIAC 剛完成一半時，一個人偶然的加入改變了計算機發展的道路，也讓計算機的發展少走了很多年的彎路，這個人就是後來被譽為「現代計算機之父」的馮·紐曼。

一九四四年，也就是 ENIAC 專案已經啟動一年後，正在洛斯·阿拉莫斯國家實驗室研製氫彈的馮·紐曼聽說莫奇利和埃克特正在研製電子計算機。由於在研製氫彈的過程中也需要解決大量的計算問題，於是他就找到這兩個人，想看看他們正在研製的電子計算機能否承擔起氫彈研製中繁重的計算任務。

馮·紐曼在瞭解了 ENIAC 的設計

圖 12-5 世界上第一台電子計算機 ENIAC

之後發現，莫奇利和埃克特是為了完成長程火炮彈道計算任務而製造的電子計算機，因此ENIAC被設計成了一種專用計算機，並不適合完成其他的工程計算。而且，每次更換計算任務，人們都需要改變計算機的電路。但同時，ENIAC已經進入製造流程，如果要推翻原先的設計方案重新設計，肯定無法按期完成。

這時美國陸軍徵求馮．紐曼的意見，後者說，ENIAC只能按既定計畫繼續製造，以便按期完成，儘早投入使用，為戰爭提供計算服務。與此同時，馮．紐曼建議美國陸軍再造一台新的計算機作為通用的計算機，來完成戰爭中的其他計算任務。就這樣，馮．紐曼和莫奇利、埃克特一道提出了一種全新的計算機系統設計方案——電子離散變數自動計算機（Electronic Discrete Variable Automatic Computer，簡稱EDVAC）。

這個方案在交給軍方後，陸軍彈道研究所的負責人在報告上隨手寫上了主要起草者馮．紐曼的名字。從此，EDVAC的設計方案被稱為馮．紐曼系統結構，而外界對莫奇利和埃克特的工作則所知甚少，他們兩人後來對此一直耿耿於懷。

一九四六年，ENIAC如期完成，前後歷時長達三年時間。但是它在二戰中並沒有派上用場，因為戰爭結束得比美國人預想得要早。根據美國後來解密的檔案，如果日本人堅持不投降，那麼美國計畫每個月向日本本土投放三枚原子彈；而美國人為陣亡將士準備的紫心勳章，直到今天還沒有用完。

不過，既然是為了計算彈道而設計了電子計算機，怎麼也要把原來的題目算一下。這台占地近一百六十平方公尺、由兩萬多個電子管和近十萬個其他電子元器件組成的龐然大物，每秒鐘能完成五千次計算，比楚澤的繼電器計算機足足快了三個數量級。雖然它的耗電量高達一百五十千瓦，但是平均到每次計算所消耗的能量，遠比楚澤的 Z-3 低。當 ENIAC 用二十秒鐘完成了一次長程火炮彈道的計算，火炮高速發射出的炮彈還沒有落地呢！當時，參觀這台計算機演示的英國元帥蒙巴頓勳爵發出了由衷的感歎，「它真快啊，簡直是電的腦！」從此，「電腦」一詞就成了今天計算機的代名詞。

由於不再需要計算長程火炮中的工程問題，ENIAC 主要用於氫彈的設計。它一方面大大加速了美國原子能研究的進展，另一方面，馮．紐曼預見的問題果然出現了。它每次計算新的任務都需要改變一次電路，而不是像今日計算機這樣直接載入程式。要知道早期的計算機內部連線是非常複雜的。ENIAC 有五百萬個焊點，修改電路的難度可想而知。通常，ENIAC 用於計算的時間可能只需要幾分鐘或十幾分鐘，但是重新連線卻要花費幾個小時或者幾天。即便如此，在一九四九年世界上第二台電子計算機 EDVAC 誕生之前，ENIAC 也依然挑起了美國原子能計畫中大規模計算的大樑。

建立在馮．紐曼系統結構基礎之上的 EDVAC，雖然是世界上第二台電子計算機，但卻是今天所有計算機的祖先。ENIAC 先天的缺陷使它成了一個孤版，和今日計算機在系統結構上沒有任何繼承關係。馮．紐曼的系統結構之所以了不起，就是因為它是實現圖靈機最直接的設計方案。如果我們將圖靈機比作對汽車的抽象描述，即用動力驅動的在道路上行駛的交通工具，那麼馮．紐曼系統結構就是針對這種抽象描述的一種最有效的設計。比如，它要求汽車有發動機、輪子、方向盤和載人載貨的空間。至於它是電動的還是由內燃機驅動的，是三個輪子、四個輪子還是六個輪子，能坐兩個人還是二十個人，這些都不重要。

按照馮．紐曼的設計思想，一台自動的計算機應該包括計算器、控制器、記憶體和輸入輸出設備，它是由程式自動控制的。至於，是有一個處理器還是多個，有少量的記憶體還是海量的，處理器和記憶體是單獨放置還是做到一個晶片中，這些也都不重要。正是因為圖靈和馮．紐曼提出了設計和實現計算機最直接而又包羅萬象的思想，我們今天所有關於電腦的研究工作依然在他們所劃定的設計框架內進行改良。偉人之所以偉大，就在於他們的思想可以超越歷史，在資訊處理理論的發展歷史上，圖靈和馮．紐曼就是這樣的偉人。

當然，今天電腦的性能已經和他們那個年代不可同日而語了。今天，一個手機處理器的性能就比 ENIAC 高出上億倍。二十世紀五〇年代，馮．紐曼、圖靈、向農、維納等人在暢想未來時，覺得到了二十世紀末，全世界所有電腦記憶體的容量將達到一千兆（1GB）。事實上，二十世紀末任何一台個人電腦的容量，都超過了他們那個大膽的猜測。

ENIAC的誕生具有劃時代的非凡意義，它標誌著人類從此進入了電腦時代。

6 雖然古希臘人更早發明了算盤，但是那種算盤並非廣義上的計算機，而中國人發明的算盤才是。關於這些細節，讀者朋友可以參看拙作《文明之光》。

本章小結

運用計算工具來處理資訊，是人類長期以來的夢想。早在兩千多年前，中國人就發明了算盤[6]，極大幅提高了四則運算的速度。但是隨後的一千多年，人類在計算工具方面並沒有取得實質上的進步，這在很大程度上是因為資訊，特別是數量資訊非常有限，所以資訊處理的工作量並不是很大。

在隨後的幾百年裡，帕斯卡、萊布尼茨、巴貝奇、布林、楚澤、向農、圖靈等人，在採用機器處理資訊的理論和實踐上前仆後繼，穩步推進，直到在二戰的戰爭需求下，才讓電子計算機的誕生在短短三年內就成為現實，這當然要感謝莫奇利、埃克特和馮．紐曼等人的辛勤工作。但是，如果沒有二戰，沒有莫奇利和埃克特，電子計算機依然會出現，只是可能要晚上個幾年。有了計算機之後，人腦就得到了延伸，大規模地處理資訊成為可能。不過，早期的計算機體積實在太過龐大、太耗電、太昂貴，而解決這個問題就需要另一項重大發明了。

第十三章

開啟由資訊驅動的社會

一九九九年，在千年紀更替之際，《洛杉磯時報》評選出了過去百年最偉大的美國人，肖克利（William Shockley）、諾伊斯（Robert Noyce）和基爾比（Jack Kilby）並列第一，排在他們後面的則是亨利．福特和佛蘭克林．羅斯福等人。雖然《洛杉磯時報》的評選結果只是一家之言，但是這三位科學家對世界做出的巨大貢獻無論如何讚揚都不算過分，如果沒有他們發明的積體電路，我們很難想像今天的世界會是什麼樣子。

怪人肖克利和青年才俊

一九五六年剛過完新年不久，美國東部的費城，二十八歲的羅伯特．諾伊斯正在為自己未來的職業發展而糾結。這位天才自從離開麻省理工學院之後諸事不順，這在很大程度上源於他畢業時不慎做出了錯誤的選擇。雖然他當時有機會進入世界頂級的電子公司，或者到著名的研究所做研究，但是他卻選擇了二流的「飛歌公司」（Philco），這讓他的同行跌破眼鏡。不過，年輕的諾伊斯有他自己的做事邏輯。他認為像飛歌這樣的二流公司，肯定要比一流公司更加倚重自己，讓他能夠在不受約束的情況下發揮更大的作用。

事實證明，這僅僅是他的一廂情願。二流公司之所以是二流，是因為它比一流公司有更多的問題，而不是更多的機會。飛歌是一家軍工承包商，天天最在意的就是如何同政府部門打交道，拿到軍隊的合同，而這些事情恰恰是諾伊斯最不喜歡，也不擅長做的。因此，在經歷了和飛歌公司十八個月的「蜜月期」，諾伊斯幾乎天天都是在煎熬中度日。好在電子行業的同行沒有忘記這位曾經的天才和剛起步的半導體行業的新星，著名的西屋公司向他伸出了橄欖枝，給了他比飛歌公司優惠很多的條件。但是飛歌公司在知道有企業來搶奪人才後，為了留住諾伊斯，也向他承諾可以給他比西屋公司更好的職位和更豐厚的待遇。這樣一來諾伊斯反而發愁了，一時間不知道該如何選擇。

就在這時，一個電話打了進來，從此改變了他的人生軌跡。諾伊斯後來說，當時他覺得彷彿接到了上帝打來的電話。對方只是問了諾伊斯一個問題，是否願意到加利福尼亞州為一個即將成立的新公司工作。諾伊斯二話不說辭去了在飛歌的工作，也婉拒了西屋的熱忱邀請，到了幾千公里以外的三藩市灣區追隨這位他仰慕已久的偶像。一個月後諾伊斯加入了他這位偶像開辦的公司，成為公司的第十七號員工，當天第十八號員工也來了。他比諾伊斯小一歲，卻比諾伊斯高半個頭，他叫戈登．摩爾（Gordon Moore）。

摩爾是三藩市灣區的本地人，化學博士，不過他和諾伊斯一樣也是從遙遠的美國東部長途跋涉來到這裡。此前他在約翰．霍普金斯大學著名的應用物理實驗室工作，每天都在寫那些他認為並沒有太多價值的論文。和諾伊斯一樣，他也是在接到這位公司創始人的電話後感到異常興奮，然後放棄了其他工作機會，從馬里蘭橫跨美國大陸來到了這位偶像的身邊。

之前諾伊斯肯定沒有想到他將從此開始和摩爾的終身合作，而摩爾則想的是，如果自己早一天報到，工號就比諾伊斯更靠前了。在接下來的十年，他們之中的一位將發明二十世紀最重要的產品，而另一位則提出描述資訊產業發展的定律。當然，把諾伊斯、摩爾等諸多英才聚集到一起的那位公司創始人，不僅是大家的偶像，也是當時全世界公認的最好的應用物理學家，甚至可能沒有之一。不久他獲得了諾貝爾獎，因為他發明了當時資訊產業最重要的產品——半導體電晶體（見圖 13-1），這個人就是威廉．肖克利。

肖克利是應用物理學和電子學史上少有的全能型學者。在肖克利的年代，應用物理學家最常見的職業發展道路就是在博士畢業後進入貝爾實驗室。肖克利也是如此。到貝爾實驗室工作沒幾年，肖克利就發表了幾篇重要的論文，奠定了固態物理學，也就是我們俗稱的半導體的理論基礎。特別是肖克利發明了半導體PN結[1]，而這是今天所有半導體元器件的理論基礎。

隨後，美國被捲入第二次世界大戰，肖克利也和貝爾實驗室的其他科學家一樣服務於戰爭。由於他在很多種武器的發明方面做出了傑出的貢獻，因此獲得了美國的最高榮譽勳章（Medal of Merit）。這個勳章由美國總統親自簽發，只授予那些極少數的傑出貢獻者，比如「原子彈之父」奧本海默等人。我們前面提到的大科學家維納和向農雖然對戰爭做出的貢獻也很大，卻沒有能夠獲得這個勳章。二戰後，肖克利重新回到了民用領域的科學研究。當他看到半導體在未來的電子和資訊產業巨大的應用前景之

圖13-1 半導體電晶體

1 編者注：PN結（PN junction），採用不同的摻雜工藝，通過擴散作用，將P型半導體與N型半導體製作在同一塊半導體基片上，在它們的交界面就形成空間電荷區，這被稱為PN結。PN結是電子技術中許多元器件所利用的特性。

後，便成立了貝爾實驗室的半導體研究所，開始著手把他在半導體研究中的理論，變成切實能夠取代電子管的電子器件——電晶體。

二十世紀五〇年代之前，在和資訊發射、傳輸、處理相關的電路中最為重要的元器件就是真空電子管（簡稱電子管，見圖13-2）。電子管從外形和結構上說有點像白熾燈泡，它也是抽真空的，裡面有燈絲，工作時需要點亮燈絲加熱。和白熾燈泡所不同的是，當電子管裡的燈絲被加熱後，在電子管的正負兩極之間加上電壓，電子管中就會形成電子流。當我們通過電路在電子管的一端（柵極和陰極之間）微調電壓時，就能在它的另一端（陽極）得到幾十倍甚至幾百倍的電壓變化。因此，電子管可以在電路中起到放大信號的效果。當然，電子管也可以做成像繼電器那樣的電子開關。所有的這些性質都讓它成為無線電發射和接收，以及電腦的開關電路中不可或缺的元器件。不過電子管有三個十分致命的缺陷。

圖13-2 真空電子管

第一，它太昂貴，也太耗電，無論是價格還是耗電量，電子管都占了電子產品的百分之九十以上。這就是世界上第一台電子計算機 ENIAC 耗電量如此之大的根本原因。

第二，它又大又重，而且特別嬌氣。因為電子管本身如同電燈泡，一摔就碎。大家可以想像，一個裝了六、七個「白熾燈」的收音機摔到地上會是什麼結果。因此，用電子管做的收音機在家裡一定要輕拿輕放，不然很容易毀掉電子管。但是在戰場上，這麼脆弱的設備用不了多久就被損毀，更不要說設備又大又重，也不方便使用。

第三，電子管的壽命很短。如同白熾燈泡使用一千小時左右就會燒壞一樣，電子管的壽命通常也只有幾千個小時。如果用上萬個電子管來製造一台電腦，通常幾分鐘就會有一個損壞，這樣的電腦顯然無法長期穩定地運行。

肖克利在研製中發現了半導體（矽或者鍺）的一些天然性質，讓它們有可能做成像米粒大小的元器件，以此取代一號電

威廉・肖克利（William Shockley）
1910年2月13日至1989年8月12日

威廉・肖克利是美國矽谷的靈魂人物，他創立了矽谷歷史上第一家科技公司——肖克利半導體實驗室。有人曾經這樣說：「要想讀懂矽谷，就要先讀懂威廉・肖克利。」他一生共獲得過九十多項專利，其中，他與同伴於一九五五年共同發明的電晶體，被媒體和科學界稱為「二十世紀最重要的發明」。

池大小的電子管。當然，這件事在二戰前還只是在理論上存在可行性。而且，要把導電性能只有銅的萬分之一且非常易碎的矽或者鍺做成電路的元器件，大家想都不敢想。然而，肖克利在看到資訊產業的興起對新的元器件的巨大需求之後，毅然決定知難而上，完成這項看似無法完成的任務。這就是他成立半導體研究所的初衷。

肖克利的手下可謂人才濟濟，特別值得一提的是，他的下屬巴丁（John Bardeen）和布拉頓（Walter Brattain）首先在半導體元器件的研究上取得了技術突破。但是，肖克利認為下屬們用到了自己的理論，所以應當在申請專利時加上自己的名字，甚至只應該有他的名字。而巴丁等人斷然拒絕了肖克利的要求，這讓肖克利很惱火，最後他們得到一個兩敗俱傷的結果。

由於巴丁等人沒有在專利上加肖克利的名字，於是肖克利利用自己在學術界和實驗室的影響處處排擠他們，不讓他們參與任何實質性的研究。不過，這件事也確實大大刺激了肖克利，他夜以繼日加快了研究工作，最終在另一個團隊的幫助下發明了電晶體最關鍵的技術，隨後做出了可以實用的半導體電晶體。

就在肖克利等人全身心地投入電晶體的研製時，大洋彼岸的歐洲科學家也在做類似的研究，但是比貝爾實驗室的科學家足足晚了五年。究其原因，主要是雙方在研究方法上有一定的差距。肖克利等人不僅精通半導體理論，更懂得如何根據當時的工藝條件來設計半導體電晶體的技術方案。而世界上的其他科學家，僅僅是根據半導體的物理特點來設計元器件。當完成了產品設計，卻發現工藝條件無法實現時，他們要麼重新設計一種產品方案，要麼花上很多時間去改進其實根本無法在短時間內改善的工藝條件，這樣一來一去就走了很多彎路。肖克利等人的成功可說是逆向思維的結果，因此當貝爾實驗室向全世界展示出能夠實用的電晶體，全世界電子行業和應用物理領域的科學家都驚異不已。

電晶體是二十世紀上半葉最重要的發明之一。它比電子管節省一百倍的能量，價格便宜十倍，體積縮小了一百倍，而且幾乎不會有使用壽命的限制。電晶體的發明不僅使電子產品迅速的普及，也使得工業生產的自動控制成為可能。雖然維納在二戰後已經發表了控制論，這個理論也已經被工業界普遍接受，但是在工廠裡是難以用脆弱且昂貴的電子管來製造自動控制設備的，而電晶體的出現解決了這個問題。不久，世界上誕生了機械臂，並且開始出現無人工廠。再往後，各種工業設備及民用設備（比如電梯）都開始用資訊來進行控制。也就是說，電晶體的出現大大加速了人類社會的資訊化進程。

發明了電晶體後，肖克利在短短五年內獲得了各種各樣的榮譽，包括美國工程院院士（當時他只有四十一歲）和各種大獎，他成為各個媒體追蹤報導的對象，這也讓他在諾伊斯等人的心裡像神一樣的存在。諾伊斯本人其實也是一位應用物理學的天才，他出生在美國中西部的小鎮，從小就喜歡製作和發明各種機械。中學時，他就自己製造過汽車，而且駕著自己做的滑翔機飛行過。年輕時他製造過很多惡作劇，也為此受過法庭的處罰，但大學畢業後他進入麻省理工學院深造，並在那裡對半導體產生了極為濃厚的興趣，成為大家公認的半導體領域的新星。

肖克利很早就知道諾伊斯這個人，因為諾伊斯算是他的同行，但是肖克利真正對諾伊斯產生好感是在一次學術會議上聽了後者所做的學術報告。他發現這個年輕人很會做研究，而且說解任何事情都是一針見血，條理清晰。當他準備自己創業辦公司時便想到了諾伊斯。至於摩爾，其實他根本不懂什麼電子技術，他是一位化學家。但是肖克利需要一個十分精通化學的人來　明自己解決半導體製造中可能出現的很多問題，便邀請摩爾加盟他的公司。肖克利用類似的方法還物色到了另外十多位年輕才俊，他們之中的絕大部分人後來都成為改變世界的大人物。

肖克利看人的眼光極準，以至他挑選人才的方法在很長一段時間都被矽谷的許多公司模仿。具體來說，肖克利考察人才有兩個標準：第一是聰明，肖克利是一個非常相信智商的人；第二是考察一個人是否會做研究。比如，肖克利經常在學術會議上透過聽研究生做報告來判斷他們的能力是否出色。

肖克利認為，一個人只要足夠聰明，又會做研究，就會有出息。至於那些專業領域的知識，是可以後天學習的。肖克利這種招聘人才的做法後來直接被谷歌和微軟採用，這兩家世界知名的IT（資訊技術）企業在早期一直喜歡考技術職位的求職者智力題，但是很少詢問研究生在校時所做的研究課題。很多求職者對此感到十分困惑。這其實是在考察那些應聘者的智商，而那些所謂的專業知識，在這兩家公司看來其實根本不重要，因為在學校沒學過的知識以後可以學，但如果智力太差，將來成功的概率就會很低。谷歌還曾經在加利福尼亞的101高速公路旁用大型看板登出這樣一則廣告：

{無理數 *e* 中前十位連續的素數}.com

你如果知道這個答案（7427466391.com），就可以通過答案中的這個網址進入谷歌的招聘網站。而能夠計算出這道題目，這個人必須很聰明。當然，後來由於受到政治正確[2]的影響，這兩家公司不再考求職者智力題了，以免某些族裔的人無法通過。

2 編者注：政治正確是指態度公正，避免使用一些冒犯及歧視社會上弱勢群體的用詞，或施行歧視弱勢群體的政治措施，比如，不能冒犯不同種族、性別、性取向、身心障礙、宗教，不能因政治觀點的不同而產生歧視、不滿與打壓。

一九五六年，肖克利的公司——肖克利半導體公司——可以說是兵強馬壯，士氣高漲。這種高漲的士氣在那年年底肖克利獲得諾貝爾獎時達到了高潮。但是半年後，這家明星公司就即將解體，問題出在公司創始人肖克利身上。那些青年才俊此時才發現，他們不遠萬里投奔自己的偶像，卻忘了思考一個非常重要的問題：為什麼肖克利過去的下屬沒有一位留下來跟著他一同創辦公司。

「八叛徒」與仙童公司

肖克利半導體公司的員工很快就發現，他們的老闆是一位極為罕見的怪人。有一次公司丟了一點小東西，肖克利居然讓每個人都去測謊，並把測謊變為一種常態。在工作中，肖克利表現出了對員工的極度不信任，甚至禁止大家討論工作中的問題，因此整個實驗室處於一種病態的氛圍之中。那些青年才俊都知道，如果一直這樣下去，公司遲早關門。

在這種情況下，一位叫克萊納（Eugene Kleiner）的員工在摩爾等六位員工的支持下，決定為拯救企業做最後一搏。他們決定共進退，去找公司的投資人、化學上常用的 pH 計量儀的發明人貝克曼（Arnold Beckman），看看他能不能說服肖克利退居二線，不再操心公司的日常管理。出發前，大家覺得應該詢問一下諾伊斯的意見，因為他是公司裡威望僅次於肖克利的技術專家。大家之所以一開始沒有找他，是因為諾伊斯過去在管理上曾經和肖克利站在了一起。出乎大家預料的是，諾伊斯十分爽快地加入了他們，這背後的深層原因就是肖克利常常利用自己的影響和權力在技術上打壓諾伊斯，使得後者的一些重要科研成果無法及時發表，其中就包括諾伊斯發明的「江崎電晶體」。

為什麼諾伊斯的發明會被冠以日本人的名字？正是因為他沒有能夠及時發表自己的專利成果，後來被日本科學家江崎玲于奈搶先，並且後者在十多年後獲得了諾貝爾獎。江崎玲于奈後來感慨說，其實諾伊斯的發明在先，但是被人為耽誤了。諾伊斯一生和諾貝爾獎無緣，他後來又第二次錯過了獲得諾貝爾獎的機會。

諾伊斯等八位年輕人和貝克曼談過後，才發現自己還是太過天真了。貝克曼是老一代的科學家和企業家，相同的經歷決定了他和肖克利的想法如出一轍，他也覺得世界上就該是一切由老闆說了算，不論是在學術界還是在工業界。這也就不難理解為什麼當初肖克利在貝爾實驗室會打壓巴丁等下屬。巴丁後來被肖克利壓制得無法再進行半導體研究，並且很快離開了貝爾實驗室，不過他也證明了自己才是世界上最優秀的應用物理學家，並成為世界上唯一位兩度獲得諾貝爾物理學獎的科學家。[3]正是因為肖克利的這種霸道作風，才使得當初貝爾實驗室沒有一個人願意和他共同創辦公司。看清了現實的這八位年輕人只好自己想辦法去找投資，繼續支持他們的研究工作。

開弓沒有回頭箭，八位年輕人只能繼續往前走。克萊納想到了給他父親管理股票的紐約基金管理人，於是給那個人寫了封信。也許是他們八個人運氣好，雖然那位基金管理人辭職離開了，但這封信落到了一位叫洛克（Arthur Rock）的繼任者手上。洛克當時的年齡比克萊納還小，毫無名氣，但日後他有了一個十分響亮的稱謂——風險投資之父。

年輕的洛克對科技充滿了好奇，當他看到遠在三藩市灣區的八位年輕人聲稱自己會製造電晶體，就如同深圳的一個投資人聽說黑龍江的漠河地區有人研發出抗癌藥一樣驚奇。最後他成功說服了自己的老闆艾爾科伊爾（Alfred Coyle），兩個人自費飛到加州去和這八位年輕人會面。

見面後，洛克和科伊爾立刻就被這八位年輕人所做的事，以及他們對未來的信心吸引了。但是，由於他們來之前並沒有期待能得到什麼結果，不僅沒有帶合同，甚至連公文紙也沒有帶。不過科伊爾腦子轉得很快，當即掏出十張一美元的鈔票放在桌子上，對大家說：「我沒有準備合同，但是大夥在這個上面簽個名，就算是我們的協議！」接下來，資訊產業的偉大時刻到來了，諾伊斯、摩爾、克萊納、洛克和科伊爾等十人分別在這十張鈔票上簽了名，這十張一美元的鈔票成為矽谷誕生和風險投資出現的見證。

根據大家商量的結果，洛克要幫助諾伊斯等人創辦的新半導體公司尋找資金。他聯繫了自己的三十多個大客戶，都沒有找到投資。這個結果讓洛克和科伊爾感到非常意外，因為那些富甲一方的有錢人對這樣一個有著廣闊前景的好項目居然沒有一點興趣。不過，洛克後來回想起這件事，覺得這一點都不奇怪，因為他根本就沒有找對人。洛克找的這三十多位客戶雖然都非常有錢，但對技術一竅不通，他們分別是聯合鞋業公司、通用磨坊公司（一家食品廠）、北美長途運輸公司等大公司的老闆。在一連串的碰壁後，洛克終於找對了方向——IBM 公司當時最大的股東費爾柴爾德（Fairchild）家族。

費爾柴爾德家族的上一輩曾經資助老沃森重組 IBM 公司，並因此成為 IBM 公司最大的股東。二戰期間，這個家族的第二代掌門人謝爾曼．費爾柴爾德（Sherman Fairchild）成為美國軍方航空照相器材和偵察機的承包商，也可以算是一名科技行業的老兵。這次諾伊斯參與了談判，並成功地說服了費爾柴爾德。會談過程中，諾伊斯用幾句話道出了未來資訊工業

3 巴丁第二次獲得諾貝爾獎是因為在超導上的卓越貢獻。

的本質。諾伊斯說，這些本質上是沙子和金屬導線的基本物質將使未來電晶體材料的成本趨近於零，於是競爭將轉向製造工藝。今後，廉價的電晶體將會使得電子產品的成本急遽下降，以至製造它們比修理它們更便宜。如果費爾柴爾德投資他們的公司，他就能贏得這場競爭。

費爾柴爾德顯然聽懂了諾伊斯在一九五七年對即將到來的資訊時代的描述。多年後這位老人回憶，他之所以願意在六十二歲「高齡」冒險給半導體這個新興產業投資，正是諾伊斯所描述的極其廣闊的產業前景深深打動了他。當年諾伊斯對於資訊產業特徵的描述即使到了今天也依然成立，半導體乃至整個資訊產業，無非是把矽和銅這種自然界的常見元素，通過特殊的製造工藝變成電子產品。今天，台積電之所以能成為全世界最大的半導體製造企業，核心競爭力就在工藝上。採用同樣的設備，台積電能做到百分之八十的成品率，而一些平庸的製造企業，成品率卻達不到百分之四十。而在生產工藝的背後又是科學技術的競爭，這點我們在後面會提到。

由於之前並沒有風險投資，大家基本上只能按照見者有份的原則平分股權。[4] 至於費爾柴爾德，他以貸款形式投資一百三十八萬美元，並且有權在八年內以三百萬美元的價格從諾伊斯和洛克等人手中回購全部的股份。諾伊斯等人覺得協議不錯，就接受了這個條件，然後就通知肖克利他們集體離職了。而這家新的公司以費爾柴爾德家族的名字命名，中文譯名是

「仙童公司」。

肖克利聞訊後怒不可遏，斥罵他們八個人是叛徒，並且到處對人們說，當初他們（除了諾伊斯）都不懂半導體，是他教會了他們，現在他們卻忘恩負義，背棄了自己。但是，憤怒歸憤怒，因為在加利福尼亞這個地方，在勞資糾紛中，員工是受到法律保護的，所以肖克利根本無法阻止諾伊斯等人另立門戶。從此，「八叛徒」這個詞就成為資訊產業歷史上一個重要的專有名詞，甚至「叛徒」這個詞在矽谷都是褒義詞。

仙童公司在諾伊斯等人的手上不到一年便開始獲利，在當時這可以說是創業的奇蹟。當然費爾柴爾德隨後便根據協定回購了全部的股份，並且完全控制了公司。諾伊斯等人先是沉浸在發財的喜悅中，但沒多久就感到失落，這也為日後仙童公司的解體埋下了伏筆。因為不久後，就有員工學著他們的創始人，從仙童公司叛逃出去自己辦公司了。在看到半導體產業巨大的發展前景後，離職創業的人越來越多。兩年後，居然連「八叛徒」請來的總經理斯波克也跑出去開公司了。[5]

4 根據洛克的設計，公司的總股份有一千三百二十五股，留出三百股留給公司日後的管理層和員工。在剩下的一千零二十五股中，諾伊斯等人每人一百股，洛克、科伊爾和他們所在的海頓．斯通投資公司占兩百二十五股。

5 由於仙童公司的八位創始人都喜歡做技術，不喜歡做管理，他們就請來了職業經理人斯波克擔任公司的總經理。

在隨後的十多年，這家公司裡員工的離職就從來沒有停止過。當然，諾伊斯等人靠著自己的人格魅力和對員工的關懷，不斷吸引著新的青年才俊加入仙童公司，補充人員缺位，形成了公司內部人才的動態平衡。就這樣，仙童公司通過不斷培養「叛徒」，在三藩市灣區創造出了一個又一個新的半導體公司，最終締造了全世界的半導體產業，直到仙童公司最終消失在了歷史的塵埃中。到二十世紀六〇年代末，在三藩市灣區召開的全世界半導體公司巨頭會議上，九成與會者都曾在仙童公司工作過。二十世紀七〇年代初，一位記者給這個擠滿了半導體公司的三藩市灣區起了一個新的名字——矽谷。

今天當人們回顧矽谷的發展史，都會說到「八叛徒」和仙童公司的貢獻，是他們自己的叛逆行為及他們對叛逆的寬容，締造了半導體產業，而且讓整個資訊產業成為世界上唯一一個能夠按照指數級速度增長的產業。當然，半導體產業乃至整個資訊產業能夠持續發展還有一個根本原因，那就是諾伊斯所說的，這個產業的成本其實很低，因為原材料就是銅和沙子，關鍵在於工藝上。如此一來，電子和資訊產品的價格主要取決於產品的技術附加值，而非物質成本。相比之下，世界上其他產業都做不到這點。

在資訊產業產品的所有工藝中，將大量的元器件裝入一個小盒子的工藝最為重要，它就是集成電路（積體電路）技術。

將所有的電路做到一個矽片上

仙童公司能夠在成立後短短一年內就實現贏利，堪稱奇蹟。這一方面是因為「八叛徒」有著過人的本領，另一方面則是靠著軍方以及IBM公司的合同。

一九五五年，美國開始研製女武神超音速遠端轟炸機（XB—70），這是人類迄今為止速度最快、（考慮通貨膨脹因素後）造價最貴的戰略轟炸機。這款轟炸機三點一馬赫的巡航速度，讓今天所有戰鬥機都無法望其項背。如此高性能的飛機對機載雷達等電子設備的要求極高，那些沉重而脆弱的玻璃電子管顯然無法滿足它的要求。因此，體積和重量更小，性能穩定的電晶體是唯一選項。但即便是電晶體，早期使用鍺製作的電晶體也無法在極端惡劣的場景中正常工作——它們太容易碎，而且熱穩定性較差。因此直到一九五七年，美國軍方也沒有找到解決辦法。

仙童公司成立後，諾伊斯等人通過XB-70的設備供應商IBM公司和美國軍方取得了聯繫，並且讓對方相信當時只有仙童公司才有能力製造出如此高性能的電晶體。經過IBM公司的撮合，仙童公司最終拿下了XB-70轟炸機的電晶體合同。當時美國軍方不在乎錢，只在乎產品的性能是否適用於飛機。軍方給出了一支電晶體一百五十美元的高價，這可比電子管的價格高多了（高出了約兩個數量級），但是他們根據軍工標準對電晶體的各項性能提出了非常嚴格的要求。

這個極為苛刻的合同對仙童公司來說是一把雙刃劍。如果成功了，它將在行業中一炮打響；如果失敗了，「八叛徒」的創業就失敗了一大半。諾伊斯等人之所以敢接下這個項目，是因為他們有自己的新思路——用更結實的矽取代鍺，來製造電晶體。

相比於鍺，矽太硬，不好加工，這是肖克利等人最初不願意使用矽作為半導體材料的根本原因。但是要達到美國軍方的要求，矽又是唯一的材料選擇。於是諾伊斯把八個人分成兩組進行技術攻關，這兩組分別由摩爾和另一位創始人赫爾尼（Jean Hoerni）帶領。最後赫爾尼的小組發明了一種被稱為平面工藝的半導體加工技術，可以將矽片做成電晶體。平面工藝原理有點像用底片沖印照片，如圖13-3所示。

第一步，將設計好的電晶體電路拍照，然後複製很多份（通常上百份）鋪在一個平面上，這就相當於照片的大底版。第二步，把矽片放到底版下面，用光照在上面進行光刻。底版中線路的部分會阻擋「曝光」，形成矽片上的電路。這樣一次光刻，就可以在矽片上刻出上百個電晶體。第三步，把刻好的一個個電晶體切割下來進行封裝。仙童公司使用這種工藝製造出了性能可靠的矽電晶體，而且製造成本也下降了很多。

在完成軍方的合同後，仙童公司在資訊產業名聲大振。整個資訊產業都相信「八叛徒」已經青出於藍了，接下來各種合同源源不斷地送上門，仙童公司還順利拿下了IBM公司的電晶體合同。當時IBM公司正在研製電晶體電腦，而交由仙童公司生產的這批電晶體就是用於製造這種電腦的。這個合同不僅給仙童公司帶來了足夠多的營收，而且讓電腦從電子管時代進入電晶體時代。[6]從此，電腦開始普及，它的主要任務也逐漸由大量科學計算變成了商業資訊處理。不過，靠一個個電晶體搭建起來的

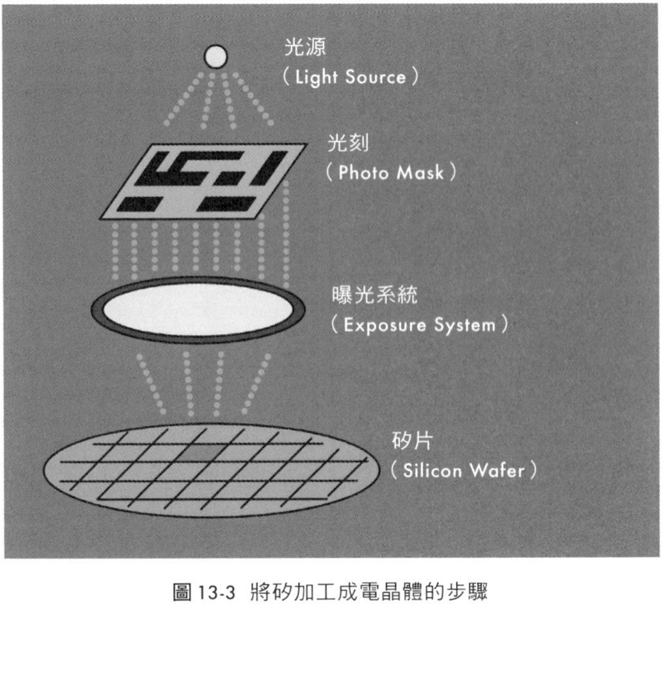

圖13-3 將矽加工成電晶體的步驟

6 在IBM公司之前，AT&T公司曾經嘗試採用電晶體製造電腦，但是由於性能不高，在商業上沒有產生什麼影響。

電腦依然十分昂貴，而且由於元器件數量太多，很容易故障，需要專職的專家來維護。要想讓電腦成為全社會資訊處理的工具，還需要新的技術。

這項新的技術其實是平面工藝的自然衍生。一九五八年，諾伊斯從赫爾尼的平面工藝中受到啟發。當時，電晶體先要在半導體生產線上被光刻到矽片上，再一個個切割下來，然後由生產線上的女工用細小的鑷子在放大鏡下裝上導線，封裝到金屬殼中，組裝成一個個電晶體成品。最後，將一個個電晶體焊到電路板上，進一步組裝成電子產品。這個過程一共要經過五、六個環節，成本非常高，而且中間無論哪一個環節出了問題，最後的產品都是廢品。與其這樣，還不如將電子設備的所有電路和一個個元器件都製成底版，然後刻在一個矽片上，這個矽片一旦刻好了，就是全部的電路，可以直接用於組裝產品。正是從這個思路出發，諾伊斯發明了積體電路。

就在諾伊斯發明積體電路的時候，德州儀器公司的一名科學家也在獨自進行類似的研究工作。當時剛從一家小公司跳槽到德州儀器公司當經理的張忠謀和這位尚未出名的科學家成了好友。他們通常都是最早到公司的兩個人，經常一起喝咖啡聊天。有一天，這位科學家告訴張忠謀，自己在做一件十分偉大的事——將電晶體一個個排在一起，做成具有特定功能的電路。張忠謀看不出這種電路有什麼用途，也不覺得他真的能做出這種電路來。但是不久後，這位在張忠謀看來平凡得不能再平凡的科學家真的把這種電路做出來了，並且取得了世界上第一個有關積體電路的專利。這位科學家在二〇〇〇年因為發明積體電路而獲得了諾貝爾獎，他就是傑克．基爾比（Jack Kilby）。非常遺憾的是，諾伊斯當時已經去世，於是第二次和諾貝爾獎失之交臂。基爾比在獨得這項物理學最高獎時發表了這樣的獲獎感言：「要是諾伊斯還在世，他應該與我分享這一榮譽。」

誰第一個發明了積體電路，這在二十世紀六〇年代一直是個頗具爭議的話題，並且引發了仙童公司和德州儀器公司長時間的官司。今天對於這個問題，資訊領域已經有了共識。基爾比發表的專利略早於諾伊斯，但是他們兩人的專利不是同個東西。基爾比發明的其實是一種被稱為混合型的積體電路，並不是一個完整的積體電路。基爾比的發明是將一些分離的元器件做到一個封裝在一起的電路板上，如圖13-4中左圖那塊封裝起來的電路。而諾伊斯發明的，才是我們今天所理解的真正意義上的積體電路，即在一個封裝好的晶片中包含了所有的電路，如圖13-4中的右圖。

如果按照基爾比的發明，生產出來的「模組」是沒有市場也沒有發展前途的。但是，在「把電路和元器件集成到一起」的專利上，基爾比又比諾伊斯略早。一九六六年，法庭最終裁定將積體電路想法（混合型積體電路）的發明權授予了基爾比，將今天使用的封裝到一個芯片中的積體電路（真正意義上的積體電路），以及製造工藝的發明權授予了諾伊斯。他們分別所在的德州儀器公司和仙童公司也因此達成協議，共用積體電路的專利，並且都因此獲得了巨大的利益。在二十世紀六〇年代的早期，其他企業也做出過類似積體電路的發明或者設計，並且和仙童公司、德州儀器公司有過專利之爭，但是都毫無例外地敗訴了，因為它們發明的時間較晚，而且所發明的東西其實並不是真正意義上的積體電路。

今天，更多的人把積體電路的出現看成資訊時代開始的標誌，而不是以一九四六年ENIAC的誕生或者一九四八年向農資訊理論的誕生為標誌。他們的依據是，雖然從二十世紀四〇年代開始，世界上出現了以資訊為核心的產業，但是還不能夠把整個時代稱為資訊時代，因為那時的資訊技術還無法廣泛影響到社會生活的各方面。但是積體電路出現之後情況就大為不同了，當一個晶片完整集成了資訊控制、處理和

圖 13-4　基爾比發明的混合型積體電路和今天普遍使用的積體電路

傳輸功能，它就可以直接應用於各種工業產品和民用產品，這時我們的社會才變成了由資訊驅動的社會。

與肖克利一同獲得諾貝爾獎的巴丁宣稱，積體電路為輪子之後的最重要的發明，這是個極高的讚譽。當初見證了基爾比發明積體電路過程的張忠謀說，從基爾比的工作中，他體會到了前瞻技術的力量。此後，即便是那些看似和自己的當下事業無關，但有可能改變產業的新技術，張忠謀一律給予應有的關心和重視。後來，張忠謀創辦了全世界最大的半導體製造公司台積電，他一直感謝基爾比早年對他的啟發。

如果我們從資訊和能量的關係來看，積體電路的出現比電晶體電路可以節省至少一個數量級的能量，並且由於所有元器件都做到了一個矽片上，並封裝在金屬殼內，它的體積和重量至少輕了一個數量級，可靠性也大大地提高了。如果沒有積體電路，阿波羅登月是不可能成功的，因為在飛船上處理和傳輸資訊的儀器，以及飛船的控制儀器都會太重，性能也不可靠。實際上，整個阿波羅計畫訂購了上百萬片積體電路，它也因此成為當時仙童公司和德州儀器公司收入的一大部分。

具有諷刺意味的是，積體電路的發明在為仙童公司創造了巨額的短期利潤的同時，也導致它的八位創始人分道揚鑣，以及公司後來的解體。

在積體電路被發明後，仙童公司就面臨一個是否要調整發展方向的問題。「八叛徒」之一的拉斯特（Jay Last）認識到未來資訊產業的發展方向將會圍繞積體電路這個核心，而不再是電晶體等各種分離的元器件。因此，他向當時公司的總經理諾伊斯建議，接下來應該停止擴大電晶體的生產線，將所有資金用於製造積體電路。作為積體電路的發明人，諾伊斯從內心贊同拉斯特的想法，不過在費爾柴爾德收回了仙童公司的全部股權後，「八叛徒」其實已經失去了公司的決策權。因此諾伊斯說，他一個人也做不了主，要和投資人商量。無論公司最後商量的結果是什麼，此時的拉斯特都等不及了，因為外面有很多人拿著一大筆錢等著他出來做事，於是他立即辭職了。和拉斯特一同辭職的還有發明平面工藝的赫爾尼，以及另一位創始人克萊納。

拉斯特等人和以費爾柴爾德家族所代表的公司控制人之間的分歧，其實反映出兩個時代的對撞。費爾柴爾德家族的思路還停留在工業時代，他們希望產品賣得數量越多越好，用這種思路來考慮問題，當然賣一百個電晶體要比賣一個積體電路晶片更合算。然而拉斯特等人想的則是，資訊時代的人們，購買的是產品資訊處理的能力，因此所售產品的性能要比數量更加重要。

和拉斯特一同離職的克萊納並沒有繼續從事技術研發，而創辦了位於矽谷的第一家風險投資公司——凱鵬華盈。凱鵬華盈的英文名稱是KPCB，其中K就是克萊納名字的首字母，它後來成功投資了蘋果、基因泰克、亞馬遜和谷歌，成為世界上最知名的風險投資公司之一。不久，仙童公司主管銷售的副總經理瓦倫丁（Don Valentine）也離開了公司，創辦了另一家知名的風險投資公司——紅杉資本。拉斯特等人的離職雖然對仙童公司來說是一個巨大的人才損失，卻也促進了全世界半導體產業的迅速發展。特別需要指出的是，從二十世紀六〇年代開始，全世界資訊產業的持續高速發展，在很大程度上要感謝風險投資的助力。

費爾柴爾德家族並沒有因為拉斯特的離職而理解資訊時代的特點，這直接導致了後來諾伊斯和摩爾的離職，他們兩個人將續寫積體電路產業的奇蹟。當然，仙童公司也和原先的肖克利半導體公司一樣，從此退出了歷史舞臺。不過，人們在回顧仙童公司時依然會說，它是歷史上最偉大的公司之一，因為它不僅發明了積體電路，而且通過不斷分化出新的公司，開創了一個在長達半

羅伯特．諾伊斯（Robert Norton Noyce）
1927年12月12日至1990年6月3日

在電腦的發展過程中，積體電路的發明具有劃時代的意義。羅伯特．諾伊斯就是積體電路的發明者。作為集財富、威望和成就於一身的發明家和企業家，他還是矽谷最偉大的兩家公司——仙童公司與英特爾的創始人之一，被人們稱為「矽谷市長」。

個多世紀的時間裡全世界增長最快的產業，如果誕生於仙童公司的所有公司加在一起，它們的市值將會超過三萬億美元。對於全世界來說，大家寧可要一個快速增長的產業，也不要一家巨無霸公司。

本章小結

資訊產業的發展受益於積體電路的出現，它讓人們傳輸、處理和存儲資訊變得非常便利，而且成本低廉，這也使我們的社會從工業社會過渡到了資訊社會。而積體電路的出現，又依賴於之前電晶體的發明。

從這個意義上說，肖克利、諾伊斯和基爾比被稱為二十世紀最偉大的美國人，不算過譽。正如向農和圖靈發現了資訊傳輸和處理的數學基礎一樣，諾伊斯和摩爾發現了資訊產業的規律。直到今天，資訊產業依然像六十多年前諾伊斯所描述的那樣，物質材料的成本極低，關鍵是工業和技術附加值。至於摩爾，他後來提出了摩爾定律，這是我們在第十五章要說的內容。

積體電路的出現還讓一件事情成為可能，那就是民用移動通信。

第十四章

用更少能量傳輸更多資訊

如果要問大家平時用得最多的傳輸、存儲和處理資訊的設備是什麼，大家肯定都會異口同聲說是「手機」。在我們這個星球上，一大半人已經親身感受到資訊社會是從使用手機開始的。手機通信有一個稍微專業點的名稱，叫作移動通信。和世界上很多技術始於軍事需要一樣，移動通信也是如此。

從對講機到汽車電話

我小時候經常在電影中看到這一類鏡頭：在戰壕裡或者臨時指揮所裡，一位通信兵或者指揮官拿著對講機的話筒呼叫：「長江，長江，我是黃河，我是黃河。」而對方接到呼叫後馬上回應：「我是長江，我是長江，黃河請講，黃河請講。」事實上，在二戰之後的各種戰爭片中都有類似的場景。自從十九世紀末老毛奇在普法戰爭中證明了電話的重要性後，各國部隊就開始對通信越來越重視了。無論是行軍還是作戰，指揮官都開始逐漸依賴於電臺和語音呼叫。由於戰爭需要部隊具有高度的機動性，因此無線通訊顯然要比有線通信更方便。

移動電臺，也就是無線發報機早就有了。馬可尼實驗無線電就是從無線電報開始的，但是無線對講機出現的時間就要晚了許多。雖然從通信原理上說，無線對講機和無線電臺之間的差別並不太大，但是實現難度相差很多，這主要是因為語音通話所需要的頻寬比電報高出了兩、三個數量級。其實這種差異大家在生活中都有過體驗——用文字發微信，無論信號好壞都能發得出去，但是要想實現語音通話，就需要網路特別通暢了。

大家可能會問，為什麼收音機能夠接收無線電廣播所傳輸的音訊信號？這是因為廣播電臺的信號發射塔發射功率非常大，但是在戰場上根本做不到這一點。那麼能否用較低的發射功率來傳輸大量的資訊呢？在二戰之前，這件事一直沒有做到。當時向農還沒有提出資訊理論，當然也就沒有人能夠懂得和運用向農第二定律。工程師以為只要自己在工程設計上做得更好，就可以使用較低的發射功率傳輸語音。所以，在沒有搞清楚頻寬、信噪比和傳輸率的關係之前，他們走了許多彎路，甚至南轅北轍。

珍珠港事件之後，由於美國對軸心國全面開戰，美國軍方迫切希望能夠迅速開發出用於戰場的語音對講設備。但是美國信號部隊的技術人員和之前各國的工程師一樣，一直不得要領。一天，美國信號部隊的科爾頓上校（Col. Colton）和奧康內爾少校（J. D.O'Connel）聽了摩托羅拉公司的一次報告，發現該公司的技術可以幫助他們開發語音對講設備，於是他們來到摩托羅拉公司找到了這方面的專家諾布林（Daniel Noble）。這兩位軍官向諾布林說了華盛頓方面的要求，即使用無線電收音機的中波調幅技術開發一款用於戰場的對講設備。科爾頓等人的想法和之前的工程師如出一轍，他們認為，既然無線電廣播能傳輸語音，那麼把發射裝置做小，不就可以方便攜帶了嗎？諾布林馬上告訴這兩位軍官，採用收音機的中波調幅（AM）技術根本不可能做出他們想要的產品，必須使用短波調頻（FM）技術。

為什麼採用短波調頻技術取代收音機的中波調幅，就有可能做到低功率傳輸語音呢？今天，我們只要瞭解了向農第二定律，就很容易解釋其中的原因。如果我們回顧一下第十一章的公式11.2就不難理解，如果發射功率不夠，信噪比下降很多，可以通過增加頻寬來補救。諾布林當時也不可能懂得資訊理論，但是他的科研經驗十分豐富，之前他一直在研究中波和短波在傳輸語音時的優劣，知道短波調頻比中波調幅能夠傳輸更多的資訊。諾布林直截了當地告訴科爾頓等人，如果把這件事交給他來做，他和摩托羅拉公司能保證盡快研製出這款用於戰爭的對講設備。由於摩托羅拉是一家口碑很好的公司，科爾頓上校就代表軍方和摩托羅拉公司簽署了對講設備的研發合同。

接下來諾布林的研發團隊就和信號部隊的工程師在蒙茅斯堡軍事基地和摩托羅拉公司舉行了一系列的工程會議。通過討論，軍方徹底接受了諾布林等人的工程設計方案，然後諾布林就和他的研發團隊夜以繼日開始了研發。這款對講產品，實際上是一個可以調整頻率的小功率電臺，外加一個可以調整頻率的接收器。當然，它充分地考量了在戰場上使用的場景，比如設計了對講機自動進行頻率調整的功能。這樣在戰場上，軍人們不再需要精確地調台，就能接收到十分清晰的語音。

為了適應複雜的戰爭環境，諾布林設計的這個通話設備能夠在各種溫度和濕度的條件下使用，甚至考慮到如何防止話筒發霉。當然，最大的技術困難還是如何在信號發射小功率條件下盡可能地實現高信噪比，以及設備的小型化和輕量化方案。為了解決這些問題，摩托羅拉又大大提高了接收裝置捕捉信號的能力，從天線到電路等許多方面都取得了突破性的進步。在隨後的幾十年，摩托羅拉的通信設備之所以一直以接收信號能力強而著稱，正是因為它的通信技術基因在二戰時就形成了。二〇一二年谷歌收購摩托羅拉後，發現它僅僅和天線相關的專利就有近萬個。

經過大約一年沒日沒夜的開發，諾布林團隊終於做出了兩台原型機，取名為 SCR-300

步話機（Walkie-Talkie），意思是能夠一邊走，一邊通話。摩托羅拉的創始人高爾文之子鮑勃．高爾文（Bob Galvin）親自陪同諾布林和奧康內爾上校（此時他已經升為上校），帶著原型機來到肯塔基州的諾克斯堡軍事基地，交給軍方驗收。軍方的評測委員來自步兵委員會和信號部隊，極為熟悉部隊對講機的使用環境，他們素來以挑剔著稱，但是這次他們對SCR-300步話機的性能，以及「子彈都打不壞」（Bullet Proof）的品質非常滿意（見圖14-1）。

第一批SCR-300步話機很快便出廠了，然後由飛機空運到歐洲前線，並且在一九四三年九月的義大利戰役中首次使用。隨後一批又一批的SCR-300步話機被送到了太平洋戰場和歐洲戰場。在二戰中，SCR-300步話機的使用對於盟軍的勝利來說可謂功不可沒。在整個二戰期間，摩托羅拉一共生產了大約五萬部SCR-300步話機，這也使摩托羅拉從此成為高品質無線電通信的代名詞。二戰後，諾布林因此獲得了美國陸軍頒發的最高榮譽勳章。

圖14-1　1940年左右的摩托羅拉 SCR-300

SCR-300步話機性能優異，通信範圍超過十公里，但是重達十六公斤，比較笨重，因此只能用於軍事領域。在戰場上，SCR-300步話機通常需要兩個人同時使用——前面一個人背著設備，後面一個人打電話。摩托羅拉一直試圖將對講機小型化，繼SCR-300之後，還開發出一種手提式對講機（Handy Talkie）SCR-536，將重量減輕到四公斤。但是這款小型對講機即使在開闊地帶，通信範圍也不超過一點五公里，在茂密的樹林和建築林立的城市中則只有三百公尺，完全不實用。可見，當時的無線電技術水準根本無法兼顧無線通訊設備的移動便捷性和傳輸距離。

二戰結束之後，由於軍方對步話機的需求量降低，摩托羅拉只能開始開拓民用移動通信市場。在更遠傳輸距離和更小體積重量不可兼得的時候，顯然傳輸距離更重要。當然，背著一個十六公斤的大傢伙上街也並不現實。不過美國是汽車王國，絕大部分家庭都有汽車，於是摩托羅拉決定將這個笨重的大傢伙裝到汽車上。一九四六年，摩托羅拉發明了汽車電話，並且在二十世紀五〇年代到七〇年代成為主要的民用移動通信手段。看過亨弗萊·鮑嘉和奧黛麗·赫本主演的電影《龍鳳配》（*Sabrina*）的讀者可能對這種產品會有印象。影片中身為大公司董事長的萊納斯（Linus）從紐約長島家中出發，一上汽車便通過汽車電話向遠在曼哈頓的同事下達指示。那部電影拍攝於一九五四年，反映的是那個時代移動通信的成就。

汽車電話並非只是簡單將步話機放到汽車上，它比起步話機有兩處巨大的進步。

首先，它能夠通過公共電話網絡和有線電話（市話）通話，而步話機只能相互通話。其次，資訊傳播的方式從簡單的點到點，變成了從點到基地台再到點，這和今天手機的通信方式有一些相似。因此，汽車電話是個複雜的系統，這個系統的設計為後來移動通信系統的設計提供了很有價值的經驗。

在建設汽車電話網絡和系統的過程中，工程師發現，將基地台的位置按照六角形（蜂窩狀）分布，可以用最少的基地台覆蓋最大的範圍。後來移動通信的基地台採用的就是這樣的佈局法，這也是手機被正式命名為「蜂窩式行動電話」的來源。「正是由於汽車電話在系統方面和後來的行動電話有相似之處，人們甚至稱之為0G的移動通信。

繼摩托羅拉之後，芬蘭也推出了汽車電話服務，並且建立了上百個基地台。遺憾的是，汽車電話一直都是富人的奢侈品，儘管經

丹尼爾・諾布林（Daniel Earl Noble）
1901年10月4日至1980年2月16日

美國工程師，也是摩托羅拉董事會執行副主席，他以設計和安裝美國首個全州雙向FM無線電通信系統而聞名。他帶領的研發團隊研製出來的SCR-300步話機在二戰中為盟軍的勝利做出了重要貢獻。

過了三十年的發展也沒有得到廣泛普及，直到它被手機服務取代。即使在發展最好的年代，全球也只有三萬多台汽車電話在使用，很多人甚至對此都沒有耳聞。

不過，摩托羅拉關於對講機和汽車電話的研究工作並沒有白做。關於對講機的研究使得摩托羅拉為手機的研發積累了豐富的經驗，關於汽車電話網絡的研究則使摩托羅拉積累了移動通信基地台和網路技術的經驗。汽車電話在三十多年後終於給世界帶來了一個大大的驚喜。

行動電話與固定電話

行動電話第一次亮相是在一九七三年，行動電話發明人馬丁・庫珀（Martin Lawrence Cooper）用一個磚頭大小、將近兩公斤的「大哥大」進行了手機的第一次通話。或許是因為太興奮，或者是因為太緊張，他連號碼都撥錯了。三十年後庫珀曾拿著當年的手機為媒體做了一次擺拍，大家可以從當時的照片中看出手機的大小。這個笨重的手機和今天各種輕巧亮麗的手機根本無法相比，但是它比二十世紀七〇年代十幾公斤重的汽車電話可強多了。

1 今天我們把手機稱為cellphone，它是由「蜂窩」（cellular）和「電話」（telephone）兩個單詞組合而成的。

摩托羅拉之所以能夠把汽車電話所有的東西都擠進這塊「磚頭」，是因為它採用了積體電路技術，而當時的汽車電話還在大量地使用電晶體。從能量和資訊的關係來度量，它比汽車電話單位能耗傳輸和處理資訊的能力提高了兩個數量級。不過，價格卻和當時的一輛中檔家用汽車差不多，高達四千美元，這顯然遠遠超出了絕大多數人的經濟承受能力。更要命的是，它雖然裝了一個巨大的電池，但是充一次電只能通話三十分鐘，不通話時的待機時間也只有六小時。對於這樣一款產品，電信業巨頭AT&T公司做出的判斷是，全世界賣不過一百萬台。

AT&T公司對於行動電話的態度一直搖擺不定。早在一九四七年，AT&T公司就曾經討論過是否需要發展無線電話，但當時的電子技術做出來的遠端無線通訊設備信噪比太低，聽到的都是雜訊。AT&T公司也嘗試過汽車電話服務，當時它將這種電話稱為移動無線電收音機電話（見圖14-2），但只賣出去幾千部。這種移動無線電收音機電話和後來的手機差異巨大。從圖

馬丁．庫珀（Martin Lawrence Cooper）

1973年4月3日，是人類科技歷史中不平凡的一天，位於紐約曼哈頓的摩托羅拉實驗室中傳出了陣陣掌聲。「我們成功了！」這個團隊的領頭人馬丁．庫珀宣告他們的研究成果一世界上第一部手機成功誕生。從此，馬丁．庫珀作為世界上第一部手機的發明者被載入史冊，無限通信的新時代開始了。

14-2的外觀上，可以看出它有一個巨大的無線電發射和接收機，和步話機倒是很相似。考慮到行動電話這種尷尬的定位，AT&T公司很快就將大規模開發的想法扔到一邊了。

在隨後的二十多年，摩托羅拉一直在研發和改進汽車電話，並且為美國警察局提供了自成一體的車載呼叫系統。而同樣擁有無線移動通信技術的AT&T公司就這樣看著摩托羅拉不斷地折騰，卻沒進入這個領域的打算。這其中最重要的原因是，當時AT&T公司是一家壟斷企業，每年僅僅長途電話這一項業務就可以獲得巨額收入；此外，AT&T公司建造了一張越來越龐大的長途電話網路。況且，移動通信一旦興起，就極有可能影響它的市話和長途電話收入。

圖 14-2 早期的移動無線電收音機電話

不過，當一九六八年摩托羅拉正式啟動移動通信項目後，AT&T公司在一九七一年也進入了這個領域，並且同對方展開了技術競賽。但是兩年後，AT&T公司就輸掉了第一局。

AT&T公司對此並不著急，因為它堅信摩托羅拉的行動電話賣不了幾部，就算能賣出去一些，那些行動電話依然需要接入市話網路和長途電話網路，而這些網路早已經被AT&T公司牢牢地控制住了。

AT&T公司的想法沒有錯。一方面，摩托羅拉的原型機在產品化的過程中遇到了很多問題，以至遲遲不能上市。另一方面，摩托羅拉必須和AT&T公司一道開發能夠將行動電話接入現有電話網絡的系統AMPS（高級行動電話系統）。這樣一來，摩托羅拉只能賺製造手機的錢，而話費的錢依然會被AT&T公司賺走。

摩托羅拉的行動電話在亮相一次之後就悄無聲息了。到了二十世紀七〇年代後期，日本和北歐國家也開始研製自己的行動電話。雖然它們採用了更為先進的積體電路晶片，無線通訊的技術也有了進步，但是同樣只具有象徵意義，而無法投入實用，也不具有實際影響力。

在資訊時代，很多改變世界的產品第一次亮相和後來的成功之間，要間隔長達七至十年。這很好理解，因為剛剛研發出來的產品總是不盡如人意，有這樣或者那樣的毛病。如果這個產品真的很有市場前景，經過幾年的時間，人們就會慢慢把主要問題逐一解決掉。至於為什麼要這麼長的時間，主要是因為資訊時代兩、三次新產品反覆運算需要的時長就是七至十年。

由於受到摩爾定律的影響，積體電路的性能每十八個月就翻番，但是大部分廠家做不到如此頻繁地更新產品，因為這樣它們不僅趕不上技術反覆運算的進度，也來不及收回新產品研發的成本，因此它們通常選擇每三、四年翻兩番，七至十年就可以趕上積體電路或者相關技術兩、三代的更新。這樣，原來達不到的技術指標就有可能達到，原來降不下來的成本就有可能降下來。但是，如果方向錯了，新產品第一次亮相後常常就沒有下文了。經常去一年一度的「拉斯維加斯國際消費類電子產品展覽會」（CES）的各大公司情報人員和風險投資人都有這樣一個經驗，他們會跟蹤關注每年展會上最搶眼的新概念產品，因為它們中有一半左右會在七年後大量出現在市場上，從而改變世界。

十年後，摩托羅拉在行動電話研發上取得了第二個里程碑式的成就——基於一九七三年手機原型製作的商用行動電話終於上市了。這就是該公司的DynaTAC系列產品，在中國被稱為「大哥大」（見圖14-3）。早期的大哥大充一次電足足需要十小時，只能打電話半小時。

圖14-3　1983年推出的第一款商用手機 DynaTAC 8000X

從單位能量傳輸資訊的角度說，比起固定電話，它一點也不划算，但是由於它可以隨時隨地打電話，因此一上市就獲得了很高的讚譽。摩托羅拉和 AT&T 公司合作打造的行動電話網路 AMPS 也就成為第一代移動通信，俗稱 1G 的代表。當時，貝爾實驗室方面負責這項工程的弗倫凱爾（Richard H. Frenkiel）稱讚道：「這是一次真正的勝利，一項重大突破。」

行動電話的發展速度遠遠超出了 AT&T 公司的預期。到一九九八年，摩托羅拉每年在手機銷售上的收入高達三百億美元，占了它當時年收入的三分之二。[2] 與此同時，AT&T 公司的有線電話業務雖然通信量依然在提高，但是收入開始陷入停滯。幾年後，語音通話的市場就成為移動通信的天下，而固定電話在歐美和日本之外的國家就越來越罕見了。

移動通信和另一個在資訊時代興起的通信手段——網際網路，終結了 AT&T 公司自貝爾發明電話以來在資訊產業長達一個多世紀的壟斷地位。這一方面是因為 AT&T 公司固有的基因讓它難以割捨現有的固定電話業務；另一方面則是因為它低估了積體電路技術進步的速度，以及當大量資金投入無線通訊之後，這個領域自我進化的速度。雖然摩托羅拉第一代手機已經使用了積體電路，但是它裡面依然有大大小小多達三十個相對獨立的電路及上百個半導體晶片。但是到了第二代移動通信時代，也就是俗稱的 2G 時代，上百個晶片就被集成為一個超大規模的積體電路晶片，這就使手機在功耗、成本及可靠性都有了質的飛躍。

移動通信在基地台建設方面的進步速度也大致如此。與此同時，無線通訊在投入市場使用的第一個十年裡頻寬增加了一個數量級，這就讓無線通訊傳輸資料的成本降低了一個數量級。雖然AT&T公司在移動通信出現的頭十年裡依靠過去的慣性還在發展，但是它已經不再是「通信」的代名詞了。

摩托羅拉的風光也只持續了二十年。自二〇〇一年「九一一」事件之後，它也陷入市場不斷下滑的窘境。這其中固然有其第三代領導人小高爾文（二戰時摩托羅拉總經理鮑勃・高爾文的孫子）領導不力的因素，但是移動通信迅速地升級換代也是一個重要原因。以摩托羅拉「大哥大」為代表的第一代移動通信系統，很快就被證明在傳輸和處理資訊方面不僅效率低，而且幾乎沒有什麼可以提升的空間。

二十世紀九〇年代，基於數位化的第二代移動通信系統很快誕生了，它在單位功耗通信的效率方面比第一代提升了兩個數量級。此時的摩托羅拉已經陷入二十年前AT&T公司的兩難處境：放棄已經佔據了百分之九十市場份額的第一代移動通信，摩托羅拉不甘心；而和諾基亞等公司一起站到新的起跑線上，摩托羅拉又力不從心。但是，快速發展的通信技術由

2 John F. Mitchell, *Time* Magazine Milestones section, July 6, 2009, p.17.

不得摩托羅拉猶豫不決，命運之神很快將它拋棄。隨後，諾基亞的輝煌也只持續了十年。每次技術的升級換代都會淘汰原有的主導企業，扶持出新的明星，這裡面的根本原因我們將會在下一章進行詳細解釋。

移動通信在普及過程中遇到了一個巨大難題，就是當太多人使用這種通信方式後，空中的頻寬開始變得不夠用了，因此優化資訊傳輸的編碼方式，合理有效地使用頻寬，就成為移動通信技術的核心競爭力。

變頻通信和 CDMA

我們在使用手機進行通信時，每個基地台在它的服務範圍內總的頻寬是一個常數。比如我們今天使用 4G 通信，主要是 B39、B40 和 B41 三個頻帶。以 B40 為例，它的工作頻率是二千三百兆赫至二千四百兆赫，也就是說頻寬是一百兆赫。根據我們前面介紹的向農第二定律，即：

$$C=B\times\log(1+S/N)$$

這個頻帶總的資訊傳輸率不可能超過這個通道的容量，或者說總傳輸率為：

$$R<B\times\log(1+S/N)$$

在任何一個時代，已有的技術條件使得我們在通信系統中能夠實現的信噪比幾乎是一個常數，不可能變得更高。因此頻寬B一旦確定，一個基地台在單位時間裡能夠傳輸的資訊總量就被牢牢地限定了。接下來，通信專家所能做的無非是盡可能想辦法讓總的資訊傳輸率R無限地接近通道容量C。當然，一個基地台全部的頻寬不可能只給一個移動用戶使用，而是要由多個用戶共用，那麼怎麼劃分這個頻寬，就是藝術了。

早期的無線通訊中使用過兩種技術，頻分多址（FDMA）和時分多址（TDMA）。頻分多址，顧名思義，是對頻率進行切分，每一通道使用一個不同的頻率，比如對講機採用的就是這個原理。由於相鄰頻率會互相干擾，因此每個無線通道不可能密密麻麻地排著，中間要留有足夠的頻率間隙。這樣，把每個使用者能夠做到的資訊傳輸率加起來，就會遠遠低於基地台總的通道容量。

時分多址則是將同一頻帶按時間分成很多份，每個用戶只佔用這個頻帶傳輸1/N的時間，剩下來的時間留給其他用戶使用。比如我們打電話，一秒的語音資料可能在一個比較寬的頻帶上傳輸只需要萬分之一秒的時間，於是通信系統將0.1秒的語音收集起來之後，統一編碼傳輸，佔用頻道十萬分之一秒的時間。用這種方法傳輸資訊會有0.1秒的延時，但是只要這個延時不太長，我們是可以接受的。此時，這個頻帶剩下的0.99999秒時間，我們就可以拿來給其他用戶傳輸資訊。這樣，所有用戶都在分時使用頻帶，但是在切換用戶時，依然要浪費一些時間。我們把頻分多址和時分多址對頻帶和時間的利用用圖14-4來表示。

從圖中可以看到，無論是頻分多址還是時分多址，都無法充分利用頻率或者時間的間隙。那麼能否有一種編碼方式在許多人共用基地台的頻寬時，不出現（或者少出現）頻率上和時間上的間隙呢？比如圖中最右圖的情形。碼分多址（CDMA）編碼和正交頻分複用（OFDM）編碼就解決了上述問題。如果我們把它們對整個頻帶的利用情況畫出來，大致就如右圖的情形。

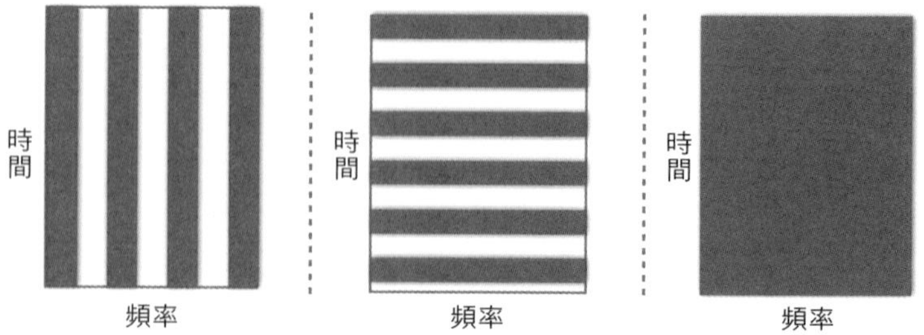

圖14-4　頻分多址（左圖）、時分多址（中圖）和理性編碼（右圖）對頻率和時間的利用

海迪·拉馬爾（Hedy Lamarr）
1914年11月9日至2000年1月19日

烏黑秀髮，湛藍雙眸，逆天顏值……你沒有看錯，這樣一位美貌驚人的好萊塢女明星，竟然還是一位偉大的發明家。作為一名演員，她天資過人，曾是好萊塢片酬最高的影星之一；她思想前衛，是世界電影史上第一位演出裸體鏡頭的女演員。作為一名科學家，她智慧超群，自學成才，在反法西斯戰爭中做出過傑出貢獻。她關於頻率跳變的理論影響並且啟發著未來幾十年內通信領域的發展。

碼分多址編碼方式，是基於一種被稱為「跳頻」的無線通訊技術。跳頻技術的發明人海迪·拉馬爾其實並非一名職業科學家，而是一名演員，關於通信方面的研究工作只是她的業餘愛好。

在二戰期間，拉馬爾有一次和她的鄰居、作曲家安太爾（George Antheil）閒聊。兩個人說到德國人用無線電來操控魚雷攻擊目標。但是，如果對方的船知道了遙控頻率，發出同樣頻率的信號，就能讓魚雷受到干擾，偏離目標。拉馬爾後來在彈鋼琴時就想，是否可以用鋼琴不同的鍵所發出的不同頻率來對資訊進行加密？接收者如果知道調頻的序列就可以解密資訊，如果不知道這個序列，聽起來就像許多毫無意義的音符堆在一起。比如，我們拿施特勞斯的《藍色多瑙河》作為密碼，將要傳遞的音訊和它疊加後進行傳輸，然後告訴接收者用《藍色多瑙河》解密。如果他知道這首曲子，自然就能解密，否則收到的只能是一些凌亂的音符。

後來拉馬爾和安太爾一道發明了一種稱為「保密通信系統」的跳頻通信技術，並且在一九四一年獲得了美國專利。在這種技術中，通信信號的載波頻率是快速跳變（也稱為跳頻）的，只要發送方和接收方事先約定一個序列（一般是一個隨機數序列）即可。想截獲資訊的人因為不知道這個序列而無能為力。拉馬爾最早是採用鋼琴的八十八個鍵的頻率作為載波頻率，將約定好的調頻序列做在鋼琴卷（Piano Roll）[3]上，然後載波頻率根據鋼琴卷上的打孔位置而變化。

這種跳頻技術是今天CDMA編碼的前身。在很長一段時間裡，跳頻技術的應用都集中在軍事領域。比如，美國海軍早在二戰時就曾想利用這項技術來研製敵人無法干擾的無線電控制的魚雷，但是因為軍方內有反對意見而被暫時擱置。到了越南戰爭期間，跳頻技術發展成為CDMA編碼通信技術，美軍飛行員使用了基於這種技術的求救設備，這些設備所發出的信號覆蓋了非常寬的頻率範圍，而每個頻率上的能量卻非常低，很難獲取，也無法干擾。即使能夠截獲信號，也會因為不知道密碼而無法破解。此後，軍用雷達開始使用這種技術。在這以前，雷達由於發射的無線電波頻率是固定的，很容易被對方的反雷達導彈識別並擊中；採用跳頻技術後，雷達發射波的頻率不斷隨機跳變，對方很難發現。

CDMA技術用於民用領域，特別是廣泛用於通信，則是很晚的事，這時離拉馬爾發明這項技術已經過去近半個世紀了。在二十世紀八〇年代，當移動通信的需求急劇增加之後，大家很快便發現空中的頻寬不夠用了。由於當時的技術還不太能進行更高頻率、遠距離的通信，只能想辦法提高頻寬的使用效率。當時，絕大多數人想的辦法還是在頻分多址和時分多址技術上做改進。但是著名的通信專家維特比（Andrew J. Viterbi）和雅各斯（Irwin M. Jacobs）認識到需要採用一種非傳統的方式來提高傳輸率，於是他們想到了跳頻技術和CDMA。

維特比和雅各斯都屬於應用型的科學家，他們善於把技術變成產品或者實際問題的解決方案，然後直接賺錢。當想清楚該如何用CDMA解決移動通信問題之後，他們創辦了高通公司（Qualcomm），提出了兩代CDMA的通信標準（CDMA-1和CDMA-2000），並且和歐洲、日本的通信公司一同制定了3G時代的主要移動通信標準WCDMA。此後，高通公司一直是制定移動通信標準的主要公司之一。

為什麼CDMA相比時分多址或者頻分多址能夠更有效地傳輸資訊呢？因為它充分利用了前文說到的頻帶或者時間上的縫隙。使用CDMA通信，可以佔用整個頻帶和整個時間段。

3 鋼琴卷是一個自動控制鋼琴演奏的紙卷，上面打了孔，表示不同的音符。讀卷機因此可以知道音符並且控制鋼琴，這有點像今天的MIDI（樂器數位介面）鋼琴自動演奏器。

當然接下來問題來了，多個發送者使用同一個頻帶同時發射信號，豈不打架了？沒關係，每個發送者使用不同的密碼，相應的接收者在接到不同信號時，通過密碼過濾掉自己無法解碼的信號，只留下和自己密碼對應的信號即可。

比如，一個班上有五十名學生，分別是 S1、S2……S50，他們分別對應自己的家長 P1、P2……P50。五十名學生向五十名家長匯報考試成績，他們不想讓其他人知道。這些學生同時撥打電話給家長，不過每一對通話（S1 對 P1，S2 對 P2……S50 對 P50）都被通信系統安排了一個特殊的密碼。每個家長其實收到的是五十個學生全部打來的電話，但是他的手機只能解碼自己孩子的電話，剩下的信號因為無法解碼就被過濾掉了。這樣五十個孩子同時在說話，但是家長感覺只有自己的孩子在和自己說話。由於這種方法是根據不同的密碼區分發送資訊的人，因此被稱為「碼分多址」。

CDMA 除了傳輸資訊效率高，在通信史上還有另一個重要的意義，即它第一次把資訊加密和擴展頻寬這兩件事情統一了起來，而這背後最重要的理論基礎是數學。因此，二〇〇七年，維特比作為數學家和電腦科學家，被授予美國科技界最高成就獎——國家科學獎。

今天，隨著 4G 和 5G 的出現，CDMA 逐漸退出了歷史舞臺。但是 4G 和 5G 使用的正交頻分複用技術和 CDMA 有很大的相似性。首先，它們提高資訊傳輸率的方法都是採用全頻段、全時段的傳輸，而不是讓每個人佔有一個很窄的頻寬，或者一個很短的時間段，這樣可以保證頻帶和時間不會因為被切割而出現很多縫隙。其次，它們都是通過數學變換，讓不同的人傳輸的資訊不打架。正交頻分複用利用的是正交（垂直）信號沒有相關性這個原理，既然沒有相關性，那麼許多使用者就可以並行發送資訊而不打架。當然，要找到彼此正交的載波信號（這在通信上被稱為基函數），就要用到大量的數學思維了，這恐怕也是任正非感歎數學對華為幫助很大的原因。

當然，從1G到即將普及的5G，頻寬B在不斷增加，這是移動通信速率提升的第一驅動力。此外，基地台分布越來越密集，傳輸距離縮短，同時通信設備對信號的敏感度不斷提高，這些導致通信信噪比的提升，也對通信速率的提升有很大的幫助。但是由於信噪比提升和通信速率提升是對數關係，它的作用顯然沒有頻寬提升那麼明顯。由此可見，整個電信產業的發展趨勢，從本質上說，就是按照向農第二定律來提升資訊傳輸的速度和效率。

衛星通信的可能性

今天在通信領域的另一個熱門話題是衛星通信。特別是近年來隨著 SpaceX 公司一批又一批的衛星發射成功，眼看著全球衛星通信網路快要建立起來的時候，很多資訊領域之外的人開始猜測，它是否比即將普及的5G更先進。這個話題不僅被媒體炒作，而且借助人們的情懷和夢想在發達的社交網路上不斷被放大傳播。生活在資訊時代，在瞭解資訊的前世今生時，我們必須要詳細瞭解一下衛星通信這個看似是資訊通信領域的明珠。

在資訊領域中，很多時候一項新技術需要長達半個世紀才能讓大眾受益。比如我們前面說到的CDMA技術誕生於一九四〇年，而它的普及則是在二十世紀九〇年代之後。今天4G和5G使用的關鍵技術OFDM其實早在二十世紀六〇年代就誕生了，從技術研發到今天的市場普及，這中間相隔了近五十年。衛星通信也是如此。

說起衛星通信，就必須要說到兩個里程碑。

第一個里程碑，就是讓蘇聯人引以為傲、讓美國人十分恐懼的「斯普特尼克危機」。一九五七年正值冷戰時期美蘇全方位競賽的高潮，它們在技術、軍事乃至制度上的競賽又集中體現為太空競賽。雖然美國成功將德國著名的火箭專家、V2火箭的負責人馮．布勞恩吸引到了美國，但是在很長的時間裡，美國在火箭技術方面沒有太大的作為，還是讓由柯洛廖夫領導的蘇聯團隊搶得了先機。

十月四日，美國人自珍珠港事件後又一次被震驚了，因為這一天，蘇聯在拜科努爾發射場成功發射了世界上第一顆人造地球衛星斯普特尼克一號（Sputnik-1），並順利將衛星送入了預定軌道。這顆衛星被賦予了太多的世界第一。《紐約時報》當時甚至這樣說，「該衛星的發射不亞於原始人第一次學會直立行走」，這是個極高的評價。斯普特尼克一號上面有兩部無線電發報機，可以不斷向地面發送資訊，這可以看成人類的第一次衛星通信，雖然它還只是單方向的。這件事情在美國被稱為「斯普特尼克危機」有兩個原因。直接的原因是既然蘇聯能把衛星發射上天，就有可能用同樣的火箭技術製造出洲際導彈攻擊美國本土。更深層的原因則是，美國人感到自己在技術上全面落後了，這深深傷害了美國人的自尊。

在遭受了巨大刺激之後，美國迅速推出了《國防教育法案》，旨在加強中小學數學、自然科學和工程的教育。同時，通信專家和火箭專家奮起直追，大約五年後，美國人實現了衛星通信史上的第二個里程碑——衛星電視廣播。一九六二年七月十日，美國成功發射了電星一號（Telstar 1）通信衛星，兩天後正式開始轉播電視節目。在大西洋對岸的法國第一次通過衛星收看到美國的電視節目。

在接下來的三十年，衛星通信特別是衛星電視逐漸開始普及。不過，這時的衛星通信總體上來說是，一對多廣播式的，也就是說，將一路電視節目送到衛星上，再通過廣播的方式傳送給各個衛星接收器。雖然全世界有大約三分之一地區的人能收看到了該衛星傳輸的節目，但是它的資訊傳輸量其實很小。比如傳輸一套1080P高清電視節目，在進行視訊壓縮後，只需要6Mbps（六兆比特每秒）的資訊傳輸率就可以了，這大約就是我們平時一個人看網路視頻所需要的傳輸率。即使傳輸一套4K高清的視頻節目，也只需要16 Mbps就足夠了。

由於衛星和我們之間的距離很遠，因此它發射的信號傳遞到我們地面上的時候已經非常弱了，我們需要很大的接收天線（像一個鍋）來接收它，才能保證信噪比足夠高。同理，如果我們要向衛星發射信號，就需要非常大的發射天線和極高的發射功率，以保證衛星在收到信號時還能有足夠高的信噪比。一個通信衛星通常只能轉播上百套節目，也就是說，它可以保證一百個人同時觀看不同的視頻。如果用同樣的頻寬來傳送語音信號，在能保證語音勉強可以辨識的情況下，大約能支援幾萬人同時使用。然而，要想讓語音聽起來和平時打電話那樣不失真，則僅僅能保證上千人同時使用。

到了二十世紀九〇年代，摩托羅拉公司開始考慮使用大量廉價的低軌道衛星來取代地面的基地台，從而構建一個全球的移動通信系統。它最初打算發射七十七顆衛星，後來為了進一步節省成本降低到六十六顆。由於七十七是金屬銥的原子數，因此這個計畫也被稱為「銥星計畫」。這個計畫在當年是非常激勵人心的，但結果是衛星上天了，摩托羅拉卻隕落了。這一方面是因為銥星計畫耗資巨大，拖垮了摩托羅拉；另一方面，也是更深層的原因，則是它讓摩托羅拉走上了一條錯誤的發展道路。在銥星計畫之初，即二十世紀九〇年代初，世界上的移動通信業務主要是語音通信，總體資訊傳輸率並不高，衛星能夠實現的傳輸率大致可以達到當時手機通信的同一個數量級，[4]因此可以在一定的場合取代手機。

從當時「大哥大」手機和銥星手機的體積和功耗對比來看，它們基本上是具有可比性的。此外，當時地面的基地台密度不高，很多地方沒有手機信號，通過衛星提供移動通信服務是一個選項。但是，等到二十世紀九〇年代末銥星系統建設完成時，全世界移動通信已經進入2G 時代的後期，幾年後3G 就開始投入使用了，傳輸音樂和圖片占了移動通信業務的很大一部分。因而，此時只能夠提供語音服務的銥星系統就顯得落伍了。

在這期間，摩托羅拉對市場發展趨勢的驟然改變毫無所覺，依舊重點關注語音通信，這就使得摩托羅拉走向了歧途。當銥星系統的服務全面開通時，全世界都已經使用很小巧的功能手機了。此時，半個磚頭大小、外觀和對講機差不多的銥星手機實在無法吸引人們的目光，當時，只有在那些無法建立基地台的特殊地區，比如海上、南極或者喜馬拉雅山，人們才會偶爾使用它。

4 當時「大哥大」語音通信的資訊傳輸率大約相當於16Kbps（千兆比特每秒），而銥星系統提供的手機通話資訊傳輸率為2.4Kbps，語音效果比較差，但是依然能夠滿足語音通信的基本需要。

當然，有些讀者朋友可能要問，為什麼銥星不能像地面上的移動通信網路那樣提升資訊傳輸率呢？答案還是在向農第二定律中。我們需要再次將通道容量的計算公式寫一遍：

$C=B\times\log(1+S/N)$。

其中我們特別要關注的是信噪比（S/N），在發射功率和雜訊條件相同的情況下，它和傳輸距離的平方成反比。即使是近地衛星，到手機的距離也有幾百公里，是基地台到手機距離的幾百倍，因此手機能收到的衛星信號信噪比只有它所收到的基地台信號的十萬分之一左右。如果再考慮到衛星的發射功率要比基地台小很多（衛星可沒法使用交流電），而且衛星信號穿過雲層傳播到地面時，雜訊衰減要快得多，實際的信噪比會降到百分之一。這樣一來，同樣的頻寬，衛星通信的資訊傳輸率只有基地台的二十分之一左右〔log（1000000）～20〕。這就是衛星通信傳輸率無法有效提高的根本原因。

那麼SpaceX的星鏈計畫準備發射三萬多顆衛星，能否靠數量解決這個問題呢？它是否能取代5G？答案很簡單，依然是否定的。且不說和未來的5G相比，即使和4G相比，星鏈計畫所能承載的通信量連4G的一個零頭都不到。我們在前面計算每一顆衛星的傳輸率時，是假設衛星通信和基地台通信的頻寬是相同的。事實上，以第二代銥星計畫為例，衛星通信的頻寬只有4G基地台的十分之一左右。

此外，由於基地台之間的資訊傳輸是靠光纖完成的，不佔用空中寶貴的頻寬，而衛星通信則由於無法在衛星之間架設光纖，因此還要浪費至少一半的頻寬在衛星之間形成資訊通路。這樣算下來，一顆衛星總的資訊傳輸容量只有基地台的四百分之一。目前中國僅4G基地台就有五百多萬個，加上其他基地台超過八百萬個。[5]也就是說，如果要用星鏈計畫解決中國目前的移動通信問題，需要三十二億顆低軌道通信衛星。因此，很多人由於不瞭解向農第二定律，從情懷出發來判斷這項技術，覺得衛星通信比地面基地台的移動通信更先進，這是毫無理論根據的。

當然，有人可能會問，為什麼GPS（全球定位系統）能服務於全世界所有的汽車？那是因為GPS的傳輸率只有每秒幾個比特到十幾比特，大約相當於我們看視頻所需傳輸率的百萬分之一。也就是說，一個道路上有上百輛車行駛的大型城市，所有GPS的傳輸率加到一起，可以供一個人看視頻。

從傳輸的資訊量來說，衛星通信從來只是通信的輔助手段，所要解決的問題也和日常的移動通信完全不同。簡單地說，它要解決的是覆蓋率問題，特別是基地台覆蓋不到的地區，

5 資料來源：工信部《二〇一九年通信業統計公報》。

比如海上和南極，而不是提高傳輸率的問題。因此，很多人拿星鏈計畫和5G相比，就如同拿橘子和蘋果相比，毫無可比性。

從1G到5G的發展過程，始終貫穿著一個基本原則，那就是使用更少的能量傳輸和處理更多的資訊。在這個過程中，每一代移動通信的技術進步，都伴隨著傳輸和處理資訊的能耗下降一到兩個數量級，這相當於使用同樣的能耗可以傳輸和處理十到一百倍的資訊。相比之下，衛星通信並不符合這個原則。因為它在傳輸同樣的資訊時，需要多用幾百倍的能量，這個代價僅僅是換來了一些便利性。因此是，從規模經濟的角度說，它不會成為通信的主流。

本章小結

移動通信的目的是給人們帶來便利性，讓人們隨時隨地訪問和傳輸資訊。應該說，這個目的今天不僅達成了，而且它的發展速度遠遠超出我們的預期。這要感謝向農第二定律為人類指出了改進移動通信技術的基本方法，即提高頻寬和信噪比，這讓人類少走了很多彎路。

此外，半導體技術的進步對移動通信的發展功不可沒。正是靠摩爾定律，我們才得以用更少的能量來傳輸更多的資訊。

第十五章
資訊技術和產業發展的規律

我們今天很難想像，還有哪種工業品在製造過程中沒有使用半導體積體電路晶片。二〇一八年全世界製造的晶片首次超過一萬億片，[1]攤到每個人頭上是一百三十片。半導體產業的繁榮，以及它所帶動的全球經濟的持續增長，首先要感謝摩爾定律。因為摩爾定律不僅揭示了資訊產業的發展規律，還鼓勵著 IT 行業的從業者不斷創新，創造出了一個又一個的奇蹟。

英特爾的誕生

一九六八年夏日的一天，諾伊斯和摩爾推開了亞瑟．洛克的辦公室大門。寒暄之後，諾伊斯對洛克說：「洛克，我們要辭去公司總裁的職務。」

「好啊，」洛克說，「你們肯定已經為下一步做好了準備，談談你們的打算吧。」

「摩爾三年前就說，積體電路的性能會兩年翻番，可是有些人不相信。我們想自己幹，我們將以令人窒息的快節奏橫掃整個市場。」諾伊斯信心滿滿地說。

「摩爾，這確實聽起來讓人難以置信。不過，在積體電路技術方面，你們是行家，我相信你們的判斷。需要我幫什麼忙？」洛克已經完全明白了諾伊斯和摩爾的意圖。

「洛克，首先，我們希望你也一起來做這件事。你可以擔任新公司的董事長。不過，你需要為我們尋找投資。」摩爾興奮地說道。

「你們需要多少投資？」洛克問道。

「需要一千萬美元。」諾伊斯逮住這個極為難得的機會開始獅子大開口。要知道當時的一千萬美元大約相當於二〇二〇年的一點五億美元。「哦，諾伊斯，這可不是個小數目，就你們兩個人？」洛克聽後吃了一驚，提出了疑問，卻沒有表現出要拒絕諾伊斯的意思。

「我們有三個人，還有安迪．格魯夫（Andy Grove）。」摩爾回答道，「安迪是一個非常棒的小夥子。」考慮到洛克對格魯夫的情況並不瞭解，摩爾補充了一句。

---

1 Semiconductor Unit Shipments To Exceed One Trillion Devices in 2018[EB/OL].[2016-03-07].https://www.icinsights.com/news/bulletins/Semiconductor-Unit-Shipments-To-Exceed-One-Trillion-Devices-In-2018/.

「一千萬美元還是太多了，我們可能需要仔細算一算，真實的資金需求應該是多少。」洛克回復，「不過，為了讓投資人放心，你們是否也能出一點，比如五十萬美元。」

「洛克，你知道我和摩爾都沒有仙童公司的股票，根本拿不出這些錢。」諾伊斯開始訴苦。這倒不是諾伊斯和摩爾不願出錢，只是五十萬美元在當時依然不是小數目。雖然諾伊斯是仙童公司的總裁，但年薪也只有九萬美元。

「或許我們可以出一半，二十五萬美元。」這時摩爾補充道。洛克聽後聳了聳肩，意思是那點兒錢相比要融資的一千萬美元太少了。洛克隨後自己寫了一張一萬美元的支票，然後說：「還是我去找錢吧。」

對於三位創始人的股權份額，洛克提出了和摩爾不同的看法。他認為，格魯夫資歷太淺，無法和諾伊斯、摩爾相提並論，因此應該作為第一位員工，[2]而不是創始人入職。最終，格魯夫從創始人的名單上被刪除了，這件事也讓格魯夫後來多少有點耿耿於懷。

有了洛克的承諾，諾伊斯和摩爾等人向仙童公司提出了辭呈，然後就幹了起來。他們最初為公司起名為NM，就是諾伊斯和摩爾名字的首字母，但是後來他們覺得這個名字更像工業時代的合夥人公司，於是改了一個更有時代氣息的名字——英特爾（Intel），它既可以被理解為積體電子（integrated electronics）這個短語的縮寫，也可以被理解為「智慧」（intelligence）這個單詞的首碼。

仙童公司的員工在得知諾伊斯等人創業的消息後都覺得若有所失，開始為公司的前途擔心。幾年前，諾伊斯的前任斯波克離開仙童公司去創業，大家雖然覺得公司失去了一個有經驗的掌舵人，但是並不慌張，因為諾伊斯等八位創始人還在。但如今不同了，諾伊斯和摩爾不僅是公司的創始人，也是「八叛徒」中最重要的兩位，在他們之前已經有四位創始人離職了。一直善待員工的諾伊斯在年輕員工的心中就像慈父一樣，當大家想到那位時常到門口吸煙的「慈父」再也不會回來時，就知道這個有一點四萬人的半導體王國終將不可避免地走進深淵。雖然一九六八年美國發生了很多大事，比如馬丁·路德·金和羅伯特·甘迺迪遇刺，美國各地的反越戰和民權運動風潮等，但是諾伊斯和摩爾的離職還是登上了報紙頭條。

諾伊斯過去的下屬，紅杉資本的創始人唐·瓦倫丁看到這個消息後感到非常意外，馬上打電話給諾伊斯，詢問他為什麼改變了主意，現在又開始創業。原來在一年前，當瓦倫丁自己要離開仙童公司，身為總裁的諾伊斯極力挽留，勸他不要走。諾伊斯當時說：「唐，現在

2 後來由於英特爾公司的記錄出了錯，比格魯夫更晚加入公司的萊斯利·瓦達斯的工號是3號，格魯夫反而是4號。

再去創立一家新的半導體公司似乎有點晚了，我們現在幹得還不錯，今後應該會更好。」瓦倫丁對此十分好奇，到底是什麼原因促使諾伊斯改變了想法？諾伊斯並沒有正面回答瓦倫丁，反而建議他一同加入新公司。

諾伊斯和摩爾執意要離開仙童公司是有原因的。簡單地說，在失去公司股份後，諾伊斯等創始人實際上已經失去了重大決議的決策權，而費爾柴爾德家族為了進一步將公司牢牢控制在手中，安排了很多職業經理人擔任公司的要職，這讓諾伊斯感到工作起來礙手礙腳，有勁兒也使不出來。據諾伊斯說，他在一九六八年並不如一九五八年那麼開心，雖然公司的規模比十年前大了很多倍，自己的收入也提高了不少。

促使諾伊斯和摩爾離職的還有個更具體的原因，就是他們看到了一個嶄新的市場機會，而仙童公司卻要放棄這個機會，甚至逆勢而行。摩爾在一九六五年寫了一篇論文《把更多元器件塞進積體電路裡》。在論文中，摩爾指出了未來十年半導體行業的發展方向——製作超大型積體電路，而不是大量的小規模積體電路。但是，如果仙童公司按照摩爾的建議去做，將意味著在短期內它銷售的積體電路總數量要大大減少。對於職業經理人來說，上市公司下個季度的營收財報比十年後公司的發展更為重要。這時，諾伊斯從摩爾的論文中看到了新的機會就在身邊，自己卻無能為力，非常著急。後來，在約翰·霍普金斯大學一次畢業典禮的發言中，摩爾說道，他是一個被動的企業家，如果他不能擺脫不盡如人意的工作環境，就乾脆另起爐灶，創辦一家新公司，而不是主動去修復過去的工作環境。因此，到了一九六八年，他去意已決。

諾伊斯和摩爾其實在諾伊斯家裡「密謀」了好幾次，其中討論的一個問題事關格魯夫。當時摩爾掌控著仙童公司的研發部門，格魯夫雖然年輕，資歷尚淺，卻是摩爾的主要助手之一，摩爾非常看好他。當初，格魯夫博士畢業時原本打算去 IBM 這樣的大公司做研究工作，是摩爾說服了他來到仙童公司，後來事實證明摩爾很有眼光，沒有看錯人。因為沒有格魯夫，就沒有後來英特爾公司的輝煌。

至於格魯夫為什麼要跟隨諾伊斯和摩爾離職，這一方面是因為他一直將摩爾當作自己的恩師看待，摩爾到哪裡，他就跟到哪裡；另一方面，格魯夫和摩爾一樣，看清了未來資訊產業的發展方向。雖然當時的格魯夫還無法預見他未來將多次被評選為全球最佳首席執行官(CEO)，並且成為資訊產業中最有權勢的人，但是他知道，自己和摩爾將創造出全新的半導體積體電路。基於這些考慮，格魯夫雖然不喜歡諾伊斯，或者說看不上他在管理上過於寬容、做事優柔寡斷，甚至擔心未來公司的前景，但還是義無反顧地加入了進來。十年後，格魯夫相當慶幸自己做出了人生中最重要的抉擇。

當諾伊斯宣佈離開仙童公司，一大批精英隨他而去，新公司的骨幹很快就湊齊了。新公司的融資並不是件難事，因為當時諾伊斯的名氣如日中天。不過洛克卻需要跑腿，因為當時矽谷還沒有太多的風險投資公司，而洛克潛在的投資人分布在全美各地。如果換作今天，洛克跑腿的半徑不會超過一公里，參與投資的都是洛克和諾伊斯的老朋友，即投資領域、半導體領域的精英，以及一些社會名流。為了讓大家放心，洛克自己還放入新公司三十萬美元。

當時，諾伊斯特別希望他過去讀本科的母校格林內爾學院能夠從他的創業中獲利。洛克根據諾伊斯的想法，將這個學校的董事會席位標價十萬美元。當時學校的董事會來了一位新董事，人們稱他為「來自奧馬哈的魔術師」。這位新董事並不懂得科技，之前也從來沒有投資過科技企業，但是毫不猶豫投資了諾伊斯的新公司十萬美元，這個人就是後來被譽為股神的沃倫·巴菲特。二〇〇二年，當人們問起巴菲特為什麼要違背自己的投資原則去投資這家他並不瞭解的初創企業，巴菲特的回答簡潔而有哲理——「我賭的是騎手，又不是馬。」這筆投資後來讓格林內爾這個小學校成為美國最有錢的文理學院之一。

當然，有了好的騎手，還要保證馬沿著一個正確的方向奔跑。這個方向其實就是三年前摩爾指出的，製作超大型積體電路。

摩爾定律的奇蹟

今天，幾乎無人不知摩爾定律。簡單地說，摩爾定律就是半導體積體電路的性能，每十八個月就會翻番。當然我們也可以換個角度理解，就是每十八個月同樣性能的晶片價格就會降一半。怎樣理解晶片技術這樣高速的增長呢？科技行業流傳著一段比爾．蓋茲和通用汽車公司老闆之間的對話。蓋茲說，如果汽車工業能夠像電腦領域一樣發展，那麼到了今天，買一輛汽車只需要二十五美元，一升汽油能跑四百公里。其實資訊產業的發展，要遠比這個比喻所描述的速度快得多。

提出摩爾定律的自然是摩爾。一九六五年，他在我們前面提到的那篇著名的論文中，分析了從一九五九年積體電路誕生以來半導體產業的發展狀況，並且預測在未來的十年內，積體電路的集成度，也就是一個積體電路中電晶體的數量，將會每年翻番。後來，他一度把積體電路中電晶體數量增長的速度調整為兩年翻番，隨後大家又把翻番的週期縮短到十八個月。

摩爾當時採用了一個座標來展示這種進步，坐標的橫軸是時間，縱軸是集成度的對數。我們可以把它理解為積體電路性能的數量級每增加一，性能便會增加十倍。之後，摩爾根據過去幾年半導體積體電路發展的情況，把不同時間點出現的積體電路的性能按照時間畫在坐標軸上，它們形成了一條完美的向上增長的直線。由於表示積體電路性能的縱坐標是指數座標，這條直線其實代表了指數增長。今天，人們更習慣於將英特爾公司推出的第一款處理器4004作為起點，把不同時代的處理器按照性能在同樣的坐標系中標出各自的位置，於是就構成了一條完美的向上直線。

翻番增長是一個非常驚人的發展速度。聽說過印度國際象棋故事的人都知道，如果在國際象棋棋盤的第一個格子裡放一粒小麥，第二個格子裡放二粒小麥，第三個放四粒小麥……這樣放下去，要放滿這個棋盤（六十四格），全世界的小麥都不夠。正是因為指數增長的發展速度讓人太難以置信，而且在歷史上從來沒有哪個產業是這樣發展的，因此，即便是摩爾，當時也只敢預測這樣的發展速度能持續十年（從一九六五年到一九七五年為止）。但是，當時沒有人能想到，資訊產業居然按照這個速度發展了半個多世紀。如果再加上摩爾定律提出之前資訊產業的發展階段，它已經高速成長了七十多年。我們不妨看看這七十多年來人類在資訊處理、存儲和傳輸領域的成就，這樣大家對摩爾定律就會有更加直觀的認識。

一九四六年，世界上第一台電子計算機埃尼亞克的速度是能在一秒鐘內完成五千次計算，相當於每秒鐘能進行幾百次浮點運算。那可是個重達二十七噸、耗電一百五十千瓦的大傢伙。而今天（截至二〇一九年），輝達的一個GPU（影像處理器）一秒鐘就可以進行一百萬億次浮點運算，比埃尼亞克快了近萬億倍。至於世界上最快的電腦系統 Fugaku（富岳）每秒能進行四十億億次浮點運算，比埃尼亞克快了千萬億倍。

資訊存儲方面的進步也是如此迅速。埃尼亞克當時還沒有記憶體，只能靠二十個字長的寄存器存儲資訊。如果把它折合成今天的存儲容量，還不到一百位元組。到了一九六五年摩爾提出摩爾定律時，由於半導體記憶體剛起步，那個時代最先進的 IBM-360 電腦系統的記憶體容量也只有八到六十四千位元組（KB）。當時該系統僅主機售價就超過了二十五萬美元，而今天一台不到一千美元的個人電腦，記憶體容量增加了上百萬倍。至於一個同等價格（考慮了通貨膨脹因素）的電腦系統，則又要再高出上千倍。

資訊傳送速率方面的進步同樣是驚人的。一九五六年，當世界上第一條橫跨大西洋的電話電纜 TAT-1 開通時，它只有三十二路四千赫茲的通道來傳輸類比信號。由於雜訊很大，資訊傳輸率非常低，如果折算成今天的傳輸率，大約只有 100Kbps 這個數量級，即一秒鐘十萬比特左右。等到二〇一八年，西班牙電信、微軟和臉書建成的新的跨大西洋光纜已經能達到一百六十萬億 bps 的傳輸率了，比 TAT-1 提高了十億倍以上。如果和十九世紀菲爾德建成的跨大西洋電報光纜相比，TAT-1 進步了十萬倍，卻花了一個世紀的時間；相比之下，最近半個多世紀資訊技術的進步則快得多。

今天，我們每個人都是摩爾定律直接和間接的受益者，任何一個使用手機的人都會感覺到它的性能和服務品質的變化。比如在2G功能機時代，我們除了打電話，只能發送一些短訊，在手機上只能存少量的音樂鈴聲和解析度極低的照片。但是二十年後的今天，我們可以在手機上看高清的視頻節目，存儲上萬張高解析度的照片和大量的視頻。這是因為我們手機的處理器性能、記憶體容量和網速都各自提高了數千倍，甚至上萬倍。至於間接的受益就更多了。今天全世界上萬億個晶片都在服務於人類，這讓我們節省了大量的體力和腦力，也使人類在整體上獲得了富裕和快樂。

摩爾定律在讓全世界人民受益的同時，也定義了資訊產業的產業結構和產品開發方式。我在《浪潮之巔》一書中介紹了「安迪－比爾定律」，其中的安迪就是安迪．格魯夫，比爾則是比爾．蓋茲。這個定律的原話是「比爾要拿走安迪所給的」(What Andy gives, Bill takes away.)。意思是說，在資訊產業中，要靠軟體和服務的提升，消耗掉硬體性能的增長所帶來的好處，只有這樣才能促使大家不斷購買新產品。否則，大家都會留著錢，準備購買十八個月之後出現的性能更高、價格更便宜的產品。如果是那樣，資訊產業就無法發展了。今天整個資訊產業就是這樣運行的，而它的產業鏈也是這樣構成的。

對於開發和資訊相關產品的人來說，由於摩爾定律的作用，他們必須把眼光放在十八個月，甚至三十六個月之後。工程師最需要考慮的，是十八個月後的資訊處理能力能夠讓我們做什麼事，而不是基於今天的技術條件。任何將目光僅僅停留在今天的開發者還沒等到產品上市，就已經落後了。

再說摩爾，他在一九六五年之後就非常清楚，未來積體電路發展的方向不是生產數量更多卻性能平平的晶片，而是要在一個晶片中裝入越來越多、功能越來越強大的電路，或者存儲越來越多的資訊。諾伊斯也認可摩爾的這個觀點。研發超大積體電路這件事，既然仙童公司不願意做，那麼就由英特爾做好了。一旦能夠做出這樣性能不斷提高的處理器或者記憶體，固守過去商業模式的其他企業就只能望洋興嘆了，到時候，英特爾公司就能一統天下。

當然，作為一家小公司，英特爾一開始不可能在所有產品上都壓人一頭。諾伊斯和摩爾選定了當時最重要的半導體記憶體作為突破口，這一方面是因為他們看到了資訊時代對於存儲的大量需求，另一方面知道仙童公司拒絕投資研發當時一個非常有前途的新技術——基於CMOS（互補金屬氧化物半導體）的存儲技術。正是因為英特爾的創始人比其他人更早看清了未來半導體產業的發展方向，所以這家只有幾個人的小公司敢於和一點四萬人的仙童公司，以及同等規模的國家半導體公司、德州儀器公司競爭。

摩爾定律不斷為人們帶來驚喜，但是資訊產業翻番的增長速度實在太匪夷所思，以至多年來一直有人預測摩爾定律將會失效。但事實上，從一九六五年至今，甚至從二戰結束至今，摩爾定律並沒有失效，這簡直是人類文明發展史上的奇蹟。而這個奇蹟的發生符合資訊產業本身的特點，即六十多年前諾伊斯所說的，資訊產業所需的原材料非常少，成本幾乎是零，真正有價值的是工藝。當然，工藝後面則是技術的有力支撐。最初，積體電路的工藝水準是在毫米量級，也就是說，半導體晶片內部元器件的尺寸和電路之間的間距是零點幾毫米那麼大；等到英特爾公司成立時，它已經縮小到了幾十微米的量級；今天最先進的半導體工藝則是在五納米的量級。也就是說，在同樣面積的矽片上，可以多集成上億倍的元器件。這樣一來，積體電路在提升性能的同時，並不需要使用更多的原材料，只需要不斷提升技術水準。

摩爾定律能成立的第二個原因，也可能是更重要的原因，就是人的因素，或者說，是資訊產業科學家和工程師通過不斷的努力，按照摩爾定律規定的速度來要求自己去創新和發明新技術，

戈登·摩爾（Gordon Moore）

摩爾過著近乎傳奇的一生，他於1965年提出的「摩爾定律」，將其創辦的世界頭號處理器生產商英特爾公司帶到了成功的頂峰，成為資訊技術行業經久不衰的神話。他是資訊產業內一位「謙和的偶像」、辛勤工作的「不服老的船長」。在2019富比士全球億萬富豪榜中，他排名第一百四十位，是位致力於環保的「慷慨慈善家」。

才使得這個產業最終的發展契合了摩爾定律的速度。也就是說，摩爾定律更像是結果，而不是原因。這一點是英特爾公司從上到下普遍的共識，而讓整個資訊產業的人做到這一點的，則是安迪．格魯夫。

英特爾的「以色列軍隊」

諾伊斯的一生過得比較順遂。他出生於美國偏遠的愛荷華州，小時候家裡很窮，一直是穿哥哥的鞋子長大（諾伊斯經常說起這件事）。少年時他的生活無拘無束，可以憑自己的喜好做任何事情。高中畢業後，他因為家貧只能進入當地沒有什麼名氣的格林內爾學院。在校期間，他因為把當地農民的豬偷來烤了吃，面臨被判刑入獄的懲罰，[3]但是法官在瞭解實情後網開一面，只懲罰他停學半年，這讓他後來如願以償地進入了麻省理工學院。此後，他雖然在職業生涯剛起步時荒廢了幾年，但從一家企業到另一家企業，他的事業蒸蒸日上，人生之路也越走越順利。在英特爾也是如此，當他離開仙童公司豎起自己創業的大旗，門生舊部

3 愛荷華是農業州，養豬是當地農民一項重要的經濟來源，因此偷豬在當地是重罪。

蜂擁而至，大家都希望跟著他獲得成功，以便從創業中分得一杯羹。

諾伊斯在創辦英特爾公司的初期依然很順利。在同僚的協助下，公司很快就發展得有模有樣。一九六九年初，英特爾就推出了自己的記憶體晶片，這個速度快得讓同行瞠目結舌。隨後，當時生產電腦的美國工業界巨頭霍尼韋爾公司就委託他們開發快速存儲的半導體存儲器——靜態記憶體（SRAM）。在這次合作中，由於英特爾是新創立的小公司，處於相對弱勢的一方，因此不得不接受了霍尼韋爾公司一些落後的想法，影響了新產品研發在技術上的先進性。但是利用這次合作，英特爾真的像兩位創始人在創業之初所設想的那樣，所向披靡，一掃整個半導體行業。

從此，英特爾公司的通用半導體記憶體成為資訊產業追捧的大宗商品，大家不再需要自行開發同類產品，直接向英特爾購買就好了，就如同向水電公司購買水電服務一樣簡單。英特爾也從此由技術的領導者，成為市場價格的制定者。隨後英特爾建成了一條改變世界記憶體市場格局的生產線——MOS記憶體生產線；這條生產線在公司創立之初就存在於創始人的腦海裡了。在記憶體之外的很多領域，英特爾也獲得了巨大的成功，當時它的產品已經廣泛地裝配到了美國最先進的武器中。

一九七一年，英特爾公司在通用微處理器領域的巨大成功，把諾伊斯推向了一生的輝煌頂點。這年，日本的計算器公司 Busicom 委託英特爾開發一款廉價的微處理器。英特爾在當年的十一月份就拿出了樣品，這款處理器的產品代號是4004。它在市場上和技術上非常成功，以至成為我們在前文提到的積體電路發展坐標系中的起始點。不過凡事盛極必衰，諾伊斯的好運氣在此之後就結束了。雖然英特爾公司還在不斷推出新產品，但是它在市場競爭中的處境越來越艱難——人員不斷增加，研發效率卻越來越低。到了二十世紀七〇年代中期，英特爾公司開始出現虧損，對此諾伊斯卻想不出任何解決問題的方法。在嘗試了各種改進方法依然無法走出困境之後，諾伊斯考慮將公司賣掉，他甚至聯繫了英特爾和仙童的老對手國家半導體公司，只是因為價格沒有談攏才未能達成協議。

摩爾在聽說了這件事之後很不高興。作為二十年的老朋友，摩爾覺得，這麼大的事，諾伊斯卻沒有和自己商量，這非常不合適。於是，他找到了諾伊斯，並且提出建議，如果覺得實在幹不下去了，能否讓他試一試。此時，已經走投無路的諾伊斯只能死馬當作活馬醫，將公司交給老朋友試試。雖然事後沒有人問諾伊斯當時他對摩爾有多大的信心，但是大家都知道，諾伊斯當時並不樂觀。畢竟，摩爾是一位一直從事科研工作的科學家，過去也沒有擔任過公司的第一把手，所以幾乎沒有什麼管理背景和經驗。

不過，諾伊斯沒有想到的是，自己沒有做成的事，摩爾卻做成了。難道摩爾真有什麼訣竅？其實答案在於摩爾背後的那個人——安迪．格魯夫。

當初格魯夫跟隨摩爾來到英特爾公司冒了很大風險。洛克逼得他不得不以雇員的身分加入英特爾，這樣一來他獲得公司股票的價格和天使投資人是相同的，而不是像諾伊斯和摩爾一樣享受的是近乎為零的成本。不僅如此，既然是雇員就有可能被解雇。當時格魯夫剛三十二歲，有家庭和兩個孩子要養活，因此他是最希望公司能夠辦好的人。諾伊斯和格魯夫都是很強勢的人，他們彼此看不上對方，但摩爾卻為人寬容溫和，而且摩爾一直很欣賞格魯夫的才華，格魯夫對摩爾也像對待父兄一樣敬重，這讓他們兩人在工作上一直配合得很好。

摩爾和格魯夫都認識到，由於諾伊斯在企業管理上過於寬容，導致英特爾過早出現了大公司的弊病，以至無法按照摩爾定律預測的時間開發出性能高出一倍的產品，這讓公司不再像當初那樣所向披靡，橫掃市場了。要生存下去，並且獲得進一步的發展，就必須做到在摩爾定律規定的時間之前，實現產品性能的翻番。

在摩爾擔任首席執行官的年代，在企業管理上發揮了巨大作用的是格魯夫。格魯夫和諾伊斯都是領袖型人物，但是他們的管理風格完全不同。諾伊斯因為自己和同事過去受過肖克利的壓制，知道過於壓抑的工作氛圍不利於科技企業的創新，因此對所有員工都過於寬容，甚至有的主管喝得醉醺醺地來開會，諾伊斯也不管。格魯夫向諾伊斯提出要嚴懲這類員工，但是後者根本不覺得這是什麼了不得的事情。現在輪到由格魯夫的「導師」摩爾掌管公司大權了，格魯夫在管理上就有了很大的發言權。格魯夫雖然也像諾伊斯一樣，在開會時尊重每一個人的意見，但是他要求提意見的人還要給出解決方案，而不是僅僅簡單地說不行。有了解決方案，就要按期提交設定的結果，而不是一拖再拖。格魯夫的管理之道後來成為他給資訊產業留下的一筆寶貴遺產。他發明了OKR（目標和關鍵結果）管理方法，這是後來谷歌等公司在企業管理上採用的重要考核工具。

摩爾和格魯夫管理大公司的最大特點，也是最成功的地方，就是將大公司重新做小。但凡大事摩爾都會和格魯夫商量，在需要決策時或遇到管理上的難題，他們會一起進行下面這樣的沙盤推演。

摩爾問：「如果矽谷有一家小公司，在這種情況下，他們該怎麼做？」

格魯夫會說，應該裁減某個項目，或者合併一些部門，或者減少某些預算，等等。

摩爾說，那就這麼做。

摩爾和格魯夫做出的最艱難的決定，就是關閉公司起家以來一直賴以生存的記憶體晶片業務，集中精力發展處理器業務。

當時，英特爾公司面臨來自日本半導體企業的巨大挑戰，全球最大的三家半導體企業都成了日本企業。雖然經過摩爾幾年的努力，英特爾成為美國最大的獨立的半導體公司，但是在記憶體市場和日本企業的競爭中越來越被動。到二十世紀八〇年代，記憶體晶片已經不再是二十世紀七〇年代初的高技術產品，而成為一個資金密集型項目，技術含量越來越低。在這種情況下，摩爾和格魯夫又開始了他們一問一答的沙盤推演。

> 摩爾問，如果是矽谷的初創企業，是否會保留這麼多種類的產品線？
>
> 格魯夫答道，如果是初創企業，一定會砍掉那些發展前途不好、技術含量低、利潤率低的產品。
>
> 摩爾說，既然如此，我們何不關閉那些不賺錢的記憶體業務。

隨後，摩爾乾脆把英特爾公司交給了自己的弟子格魯夫。格魯夫不孚眾望，將英特爾打造成了全球第一的半導體公司，並且一度讓它成為世界上市值最高的企業。在英特爾長達三十多年的職業生涯中，格魯夫始終兢兢業業，不敢出任何差錯，因為他的名譽是和這家公司的命運緊密聯繫在一起的。格魯夫深知，如果英特爾公司失敗了，諾伊斯和摩爾依然能夠英名不朽，因為前者發明了積體電路，後者用自己的名字命名了摩爾定律，而他要留名青史，則需要創辦一家偉大的公司。

格魯夫領導下的英特爾紀律嚴明，講究效率和結果，永遠要搶在競爭對手之前讓產品達到摩爾定律給出的性能指標要求。由於他是猶太裔，矽谷將他領導的英特爾公司稱為「以色列軍隊」，因為以色列軍隊歷來以善戰，並且能創造各種奇蹟而聞名於世。

為了確保公司能夠在十八個月內讓產品的性能翻番，或者三年內讓產品的性能翻兩番，格魯夫通常採用兩個團隊背對背開發的方式，既讓它們相互競爭，又增加了一道保險。當其中一個團隊已經明顯落後，他會要求該團隊放棄當前的專案，投入下一代產品的開發中。這樣，英特爾公司總是讓幾個團隊滾動前進。這種做法當然很燒錢，但是一旦產品能夠橫掃市場，巨大的利潤就完全可以負擔得起開發的成本投入。在很長一段時間裡，英特爾公司一直是全球研發經費最高的企業，它在一款處理器上的投入，常常會超過美國之外任何一個國家全部的半導體研發費用。

英特爾公司的快節奏，也逼著整個半導體產業必須按照摩爾定律所規定的節奏往前走，其結果就是摩爾定律總是成立。

安迪·格魯夫（Andy Grove）
1936年9月2日至2016年3月21日

格魯夫有著雷厲風行的傳奇一生。他曾服務英特爾三十年，締造了影響了個人計算機時代的諸多傳奇。他是一位嚴厲的老闆。英特爾的另一位共同創始人亞瑟·洛克曾給出這樣的評價：「沒有諾伊斯，英特爾成不了大公司；沒有摩爾，英特爾成不了技術領先的公司；沒有格魯夫，英特爾成不了一個高效率的公司。英特爾的三駕馬車每個人都很重要，但他們三個人的合作更重要。」

在瞭解了摩爾定律成立的原因之後，我們可能真該認同英特爾人喜歡說的一句話，「摩爾定律是工程師努力實現自我突破的結果」。

資訊產業的根本規律

從一九六五年到二〇二〇年，摩爾定律已經度過了半個多世紀的時光。從二〇一〇年之後，積體電路的性能已經接近物理極限，也就是說，電流運動的速度已經和處理器的速度差不多了，因此很多人覺得摩爾定律即將失效。即便如此，工程師也依然用其他方式或從其他角度進一步提升積體電路的性能，而且這個提升速度非常可觀。我們以iPhone手機為例，二〇一七年底，蘋果推出了iPhone X手機，其處理器性能大約是十年前第一代iPhone手機的一百倍。這正好是十八個月翻番的速度。

今天，工程師考慮的是在單位能耗的基礎上爭取讓處理器的性能和容量翻番，而不是簡單地追求每一個晶片本身性能的翻番。比如，當基於 RISC 系統結構的 ARM 處理器[4]誕生之後，這些晶片在移動設備（手機或平板電腦）上單位功耗的計算能力，就比同時期英特爾處理器提升了四至十倍。在最近十年裡，雖然英特爾處理器的性能提升不如以前那麼快，但是 ARM 處理器性能的提升卻做到了摩爾定律所規定的速度。

如果我們換個角度來理解摩爾定律，即從能量和資訊的關係入手，摩爾定律其實是在要求資訊產業不斷地以更少的能量傳輸、處理和存儲更多的資訊。我們既可以把摩爾定律看成每一個處理器性能提升的速度，也可以理解為單位能量處理資訊能力的提升。我們不妨來看下面兩個具體的例子。

二〇一六年，谷歌的 AlphaGo 戰勝了著名圍棋選手李世石。當時的 AlphaGo 使用了包含一千九百二十個 CPU（中央處理器）的處理器和二百八十個 GPU，計算能力相當於六千億台埃尼亞克的計算能力。而如果用如此規模的埃尼亞克來實現 AlphaGo，需要用掉近四百萬個三峽水電站發電峰值時的發電量。從這裡，我們可以看出資訊產業進步的速度，當然也就

4 RISC是一種電腦簡單指令的系統結構，相比英特爾的系列處理器則是複雜指令的系統結構。ARM是一家設計RISC處理器的公司，今天所有手機的處理器使用的都是ARM的設計。

能夠從能量和資訊的關係來對摩爾定律有具體的理解了。

二〇一七年，谷歌和輝達分別推出了特地為機器學習設計的人工智慧晶片。它們在機器學習等領域可以將單位能耗的計算能力提高近千倍。這兩款處理器並沒有裝配上千倍的元器件，它們性能的提升只是在特定的應用領域中。由於今天全世界需要處理的資訊太多，一個特定領域（比如人臉識別）的計算量都要比十年前全世界的計算量大很多，因此值得為一些特定的應用來設計晶片。

今天，整個資訊產業努力的方向都是用更少的能量處理、傳輸和存儲更多的資訊。就拿當下人們熱議的5G來說，其根本的進步之處在於，它可以用原來百分之一的能量傳輸同樣多的資訊。同理，我們今天逐漸用半導體硬碟（SSD，又稱固態硬碟）取代過去的磁存儲硬碟（HDD，又稱機械硬碟），是因為在存儲同樣多的資訊時，前者比後者能節省百分之九十以上的能量。[5]

再過二十年，半導體元器件的性能可能會接近其物理極限，那時單純地提高性能就會變得非常困難。但是人類依然會追求用更少的能量傳輸、處理和存儲更多的資訊。如果五十年後我們再回顧摩爾定律，就會發現它描述的，其實只是在上述大方向上的某個特定時間段的具體結果。在此之前，人類圍繞著資訊的各種發明，其實就是使用越來越少的能量，傳輸和處理更多的資訊。在此之後，人類依然會沿著這個方向走下去，這其實是從一個很長的時間跨度來理解資訊產業的根本規律。

當然，我們還可以把整個資訊產業放在一個很大的空間維度來考察。利用資訊，其實就是通過資訊來換取能量，使得人類在完成同樣的經濟活動和社會生活時，能夠節省能量和物質（物質從本質上說，也是由能量構成）。電報電話的發明、網際網路的出現，都使得人類可以減少大量不必要的遷移，大大縮短了人與人之間的距離。

電子商務的出現，從本質上說，是用虛擬的購物場景取代原先的物理場景，從而讓商品能夠以更低的能量消耗來流通，同時在生產上避免一些不必要的物質和能量浪費。各種移動通信應用軟體的出現，比如打車軟體，使得人們可以通過使用更多的資訊，節省尋找汽車和尋找乘客所耗費的能量。資訊和能量有個巨大的差別，那就是，資訊是可以近乎無成本的進行複製，而能量消耗掉就沒有了。因此，使用資訊將社會連接起來，是我們社會發展的趨勢，這也讓資訊產業必將在未來社會中居於核心地位。

5 SSD硬碟單位時間的能耗只有HDD的三分之一，但是存儲的資訊量卻是後者的十倍以上。

本章小結

今日的世界受益於半個多世紀前提出的摩爾定律。從最直觀的現象看，摩爾定律使得資訊產業飛速發展，但是它對社會更大的影響，則是讓資訊重塑了整個社會。

摩爾定律能夠成立，是人類歷史上的一個奇蹟，因為在此之前，沒有哪個產業能夠翻番增長且時間長達半個多世紀。這一方面是因為資訊產業本身具有物質成本極低的特點，另一方面則是靠工程師在半個多世紀的時間裡，努力按照摩爾定律所規定的時間點來持續不斷改進技術和工藝。

今後，雖然因為半導體技術接近物理極限而發展放緩，但是人類在追求用更少的能量處理、傳輸和存儲更多資訊方面的努力，從來不會改變。

資訊大歷史

作　　者　吳軍
封面設計　萬勝安
內頁排版　高巧怡
行銷企劃　蕭仰浩、江紫涓
行銷統籌　駱漢琦
業務發行　邱紹溢
營運顧問　郭其彬
編輯協力　李世翎
責任編輯　李嘉琪
總 編 輯　李亞南
出　　版　漫遊者文化事業股份有限公司
地　　址　台北市103大同區重慶北路二段88號2樓之6
電　　話　(02) 2715-2022
傳　　真　(02) 2715-2021
服務信箱　service@azothbooks.com
網路書店　www.azothbooks.com
臉　　書　www.facebook.com/azothbooks.read
營運統籌　大雁文化事業股份有限公司
地　　址　新北市231新店區北新路三段207-3號5樓
電　　話　(02) 8913-1005
訂單傳真　(02) 8913-1056
初版一刷　2022年6月
初版三刷(1)　2024年3月
定　　價　台幣540元

ISBN　978-986-489-643-1

國家圖書館出版品預行編目 (CIP) 資料

資訊大歷史/ 吳軍著. -- 初版. -- 臺北市 : 漫遊者文化事業股份有限公司出版 : 大雁文化事業股份有限公司發行, 2022.06
　面；　公分
ISBN 978-986-489-643-1(平裝)
1. 資訊科學 2. 歷史
312.09　　111007286